U0083439

古代歷史文化研究輯刊

三　編

王　明　蓀　主編

第18冊

明代災荒與救濟政策之研究

蔣武雄　著

國家圖書館出版品預行編目資料

明代災荒與救濟政策之研究／蔣武雄 著 — 初版 — 台北縣永和市：花木蘭文化出版社，2010〔民 99〕

目 4+264 面；19×26 公分

（古代歷史文化研究輯刊 三編；第 18 冊）

ISBN：978-986-254-103-6（精裝）

1. 農業災害　2. 賑災　3. 明代

433.092　　99001267

ISBN - 978-986-2541-03-6

古代歷史文化研究輯刊

三　編　第十八冊　　ISBN：978-986-254-103-6

明代災荒與救濟政策之研究

作　　者　蔣武雄

主　　編　王明蓀

總 編 輯　杜潔祥

出　　版　花木蘭文化出版社

發 行 所　花木蘭文化出版社

發 行 人　高小娟

聯絡地址　台北縣永和市中正路五九五號七樓之三

電話：02-2923-1455／傳眞：02-2923-1452

網　　址　http://www.huamulan.tw　信箱　sut81518@ms59.hinet.net

印　　刷　普羅文化出版廣告事業

初　　版　2010 年 3 月

定　　價　三編 30 冊（精裝）新台幣 46,000 元

明代災荒與救濟政策之研究

蔣武雄　著

作者簡介

蔣武雄，1952 年生。1974 年畢業于東海大學歷史學系；1978 年畢業于政治大學邊政研究所；1986 年畢業于中國文化大學史學研究所博士班；現為東吳大學歷史學系教授。主要研究領域為中國災荒救濟史、中國古人生活史、中國邊疆民族史、宋遼金元史、明史。先後在《東方雜誌》、《中華文化復興月刊》、《中國邊政》、《中國歷史學會史學集刊》、《空大人文學報》、《東吳歷史學報》、《中國中古史研究》、《中央日報長河版》等刊物發表歷史學術論文一百二十餘篇。

提　要

古來聖賢之君，非無災荒之患，惟視其救濟之方良否。如有良法，則災害可獲紓減，反之，則遺害莫大焉。故吾人可謂明末流寇之起，其原因固然多矣，但是如無嚴重災荒與救濟不力為助燃之因素，則流寇當不致有速起與擴大之理，故明代時期災荒之情形及其救濟政策頗關係乎明末國運之轉變。基於上述之旨趣，筆者遂以《明代災荒與救濟政策之研究》為本文之論題。全文計七章、二十五節、二十六萬餘言。

第一章：緒論——分為三節，闡述災荒與救濟之定義，及吾國歷代災荒與救濟政策之特質，並說明研究本文之動機、範圍與方法。

第二章：明代災荒之情形——分為四節，旨在分析明代災荒與自然、人為因素之關係，並就各種天災闡述明代災荒之嚴重。

第三章：明代災荒之預防政策——分為五節，旨在就明代重農、墾荒、倉儲、水利四策，探討其預防災荒之措施。

第四章：明代平時之救濟措施——分為四節，旨在以明代養濟院及恤貧、養老、慈幼、醫療、助葬等項，探討其平時對百姓之救濟。

第五章：明代災荒時之救濟工作——分為六節，旨在以明代之祈神、修省、賑濟、調粟、治蝗、施粥等項，探討其於災荒時之救濟工作。

第六章：明代災荒後之救濟工作——分為三節，旨在就明代之安輯、蠲免等項，探討其於災荒後之救濟工作。

第七章：結論——綜論明代對災荒之預防與救濟，由初期之重視演變為末期施之不力，而影響其國運之轉變。

目次

附　表

附　圖

第一章　緒　論

吾國災荒向稱頻繁，幾至無年不災、無地不荒之地步。僅就歷代史籍與先民所著農書觀之，即可了解吾國歷代災荒之嚴重，以及其對百姓之生命、財產，確實構成很大威脅。幸而吾國歷代主政者，多能本儒家所言，「親親而仁民，仁民而愛物」，使百姓「不獨親其親，不獨子其子，老有所終，幼有所長，鰥寡孤獨廢疾者皆有所養」，故以不忍人之心，行不忍人之政，力行各種救濟措施。筆者研究明代災荒與救濟政策，即是欲了解先民於此漫長災荒救濟史中所作之種種努力，以及其所抱持堅毅忍耐刻苦之精神，從而了解吾國政治、社會、經濟演變之內涵。

第一節　釋「災荒」與「救濟」

吾國以農立國，且民以食爲天，故在古代常以糧食之歉收與否爲災荒之依據，如《墨子》書中有曰：

> 一穀不收謂之饉；二穀不收謂之旱；三穀不收謂之凶；四穀不收謂之餽；五穀不收謂之飢；五穀不孰謂之大侵。〔註1〕

雖然此一引文根據穀物種類之歉收，而將災荒程度劃分爲六個等級，然而其

〔註 1〕《墨子》（台北，先知出版社印行，民國65年10月初版）；卷一，〈七患〉第五，頁10。

所謂「五穀」者，不外泛指吾等人類之主要穀物也。故準此而言，古代所稱之「災荒」，實指天災降臨，影響穀物之成長，或破壞即可收成之穀物，以致使百姓求食不易，為飢餓所困之情形。

近人馬羅利氏（Walter H. Mallory）曾於民國十七、八年，在中國主持華洋義賑會（China International Famine Relief Commission, C. I. N. H. K.），其著作"China：The land of Famina"（中國，飢荒之地）亦曰：

災荒者，乃指基於天然原因而致食糧供給失調之情形。〔註2〕

此種定義，仍與吾國古代學者之觀點無多大差別，僅以糧食之歉收為準則，故其解釋並不完備。鄧雲特《中國救荒史》則擴大「災荒」之定義，曰：

災荒者，乃以人與人社會關係之失調為基調，而引起人對於自然條件控制之失敗，所招致之物質生活上之損害與破壞也。〔註3〕

此一解釋似較為完備而中肯，因天災固然是導致損失之自然條件，然而國家社會長期貧乏、不穩，以及救濟政策之失當，將更易使災荒趨於嚴重、擴大。故吾人論至此，可對「災荒」簡而釋之為：因自然現象與人為條件二者相互失調所造成之破壞情形。

災荒之定義既如上所述，則吾人對於「救濟」二字，即可解釋為：防止或挽救因災荒所造成各種損失之一切活動。此種救濟活動，不論是來自政府或民間，總是有助於人們對抗災荒，而減少更多之損失。

第二節　中國歷代災荒與救濟政策之特質

一、吾國災荒之特性

詳究吾國之災荒史，即可發現災荒發生之頻率，實高居世界各國之冠，且幾乎遍及全國各地。近人竺可楨及鄧雲特曾分別就地區與時間為依據，將歷代災荒作成統計表如下：〔註4〕

〔註 2〕Walter H Mallory, China: Land of Famine（Special Publication, No 6, New York: American Geographical Society, 1926）, p. 2.

〔註 3〕鄧雲特（民國），《中國救荒史》（台北，台灣商務印書館，民國 67 年 7 月台三版），緒言，頁 3。

〔註 4〕表 1 至表 4 引自竺可楨（民國），〈中國歷史上氣候之變遷〉，《東方雜誌》第二十二卷第三號，頁 92～98；表 5、表 6 引自鄧雲特，前引書，頁 52～56。

表一：中國歷代各省水災分布表

朝代	西漢		東漢		兩晉六朝		唐		五代北宋		南宋		元		明		清	
西曆紀元	B.C. 206～A.D.24		25～264		265～617		618～906		907～1126		1127～1279		1280～1367		1368～1643		1644～1847 1861～1900	
次數／省分	總數	每百年數	總數	每百年數	總數	每百年數	總數	每百年數	總數	每百年數	總數	每百年數	總數	每百年數	總數	每百年數	總數	每百年數
直　隸			3	1.3	1	0.3	6	2.1	15	6.9	6	3.9	22	25.3	5	1.8	86	35.5
山　東			4	1.7	5	1.4	5	1.7	12	5.5	1	0.7	18	20.7	6	2.2	55	22.7
山　西			1	0.4	1	0.3	2	0.7	5	2.3			4	4.6	20	7.3	26	10.7
河　南	1	0.4	15	6.4	6	1.7	12	4.2	39	17.8	2	1.3	30	34.4	6	2.2	50	20.6
陝　西	1	0.4	3	1.3	1	0.3	26	9.1	4	1.8	6	3.9	4	4.6	6	2.2	20	8.3
甘　肅					1	0.3	1	0.3	4	1.8	2	1.3	5	5.7			19	7.9
四　川			1	0.4			2	0.7			4	26			3	1.1	5	2.1
湖　北			5	2.1			1	0.3	2	0.9	7	4.6	4	4.6	2	0.7	51	21.1
湖　南			3	1.3	1	0.3			3	1.4			3	3.4	3	1.1	40	16.5
江　西							2	0.7	3	1.4	9	5.9	4	4.6	4	1.5	38	15.7
安　徽	1	0.4			5	1.4	2	0.7	8	3.7	9	5.9	4	4.6			74	30.6
江　蘇			1	0.4	11	3.1	4	1.4	6	2.7	15	9.9	3	3.4	4	1.5	82	33.9
浙　江					2	0.6	4	1.4	3	1.4	27	17.8	4	4.6	11	4.0	46	19.0
福　建					1	0.3			2	0.9	7	4.6	2	2.3	9	3.3	11	4.5
廣　東									1	0.5	1	0.7	1	1.2	4	1.5	16	6.6
廣　西									1	0.5					2	0.7	3	1.2
雲　南															19	6.9	6	2.5
貴　州																	6	2.5
奉　天													3	3.4	2	0.7	17	7.8
吉　林																	10	4.1
黑龍江																	5	2.1
新　疆																	1	0.4
西　藏																		
蒙　古																	2	0.8
青　海																		
地點不明	3	1.3	16	6.8	17	4.8	22	7.7	17	7.8	36	23.7	1	1.2	4	1.5		

表二：中國歷代各省旱災分布表

朝代	西漢		東漢		兩晉六朝		唐		五代北宋		南宋		元		明		清	
西曆紀元	B.C.206～A.D.24		25～264		265～617		618～906		907～1126		1127～1279		1280～1367		1368～1643		1644～1847 1861～1900	
次數／省分	總數	每百年數	總數	每百年數	總數	每百年數	總數	每百年數	總數	每百年數	總數	每百年數	總數	每百年數	總數	每百年數	總數	每百年數
直隸					4	1.0	6	2.1	20	9.1	15	9.9	26	29.9	14	5.1	57	23.6
山東	1	0.4			3	0.9	7	3.4	8	3.7	10	6.6	7	8.1	11	4.0	37	15.3
山西			1	0.4	3	0.9	13	4.5	5	2.3	8	5.3	17	19.6	38	13.8	15	6.2
河南			19	8.1	3	0.9	12	4.2	53	24.2	8	5.3	19	21.9	8	2.9	22	9.1
陝西					7	2.0	13	4.5	15	6.9	8	5.3	11	12.7	20	7.3	18	7.5
甘肅					1	0.3	1	0.4	3	1.4	1	0.7	5	5.8	2	0.7	17	7.0
四川					2	0.6	5	1.7	2	0.9	14	9.2	2	2.3	4	1.5	1	0.4
湖北							5	1.7	5	2.3	7	4.6	11	12.7	44	16.0	18	7.5
湖南							5	1.7	6	2.7	6	4.0	6	6.9	14	5.1	11	4.6
江西							5	1.7	2	0.9	10	6.6	3	3.5	12	4.4	13	5.4
安徽							13	4.5	17	7.8	15	9.9	4	4.6	6	2.2	27	11.2
江蘇			1	0.4	10	2.8	12	4.2	9	4.1	22	14.5	9	10.4	9	3.3	29	12.0
浙江							9	3.1	9	4.1	23	15.2	6	6.9	46	16.7	25	10.6
福建							4	1.4	3	1.4	9	5.9	4	4.6	21	7.6	8	3.3
廣東											2	1.3	4	4.6	8	2.9	2	0.8
廣西									1	0.5			6	6.9	13	4.7	5	2.1
雲南															18	6.6	1	0.4
貴州															3	1.1		
奉天											2	1.3	2	0.3			5	2.1
吉林																		
黑龍江																	3	1.2
新疆																	2	0.8
西藏																		
蒙古											1	0.7	2	2.3			1	0.4
青海											1	0.7					1	0.4
地點不明	28	12.2	42	17.9	122	34.6	90	31.0	69	31.5	48	31.6	9	10.4	13	4.7	10	4.1

表三：中國各世紀各省水災次數表

時期／省分	800～700	700～600	600～500	500～400	400～300	300～200	200～100	100～0	0～100	100～200	200～300	300～400	400～500	500～600	600～700	700～800	800～900	900～1000	1000～1100	1100～1200	1200～1300	1300～1400	1400～1500	1500～1600	1600～1700	1700～1800	1800～1900	總數
直隸										2	2				2	2	2	5	9	4	7	18	3	1	4	31	52	144
山東										3	2	1	2	1	1	1	3	8	4		2	17	2	2	2	20	35	106
山西										1			1			1	1	1	4		1	3	5	12	2	2	24	58
河南									2	10	7	1	1		3	6	3	15	19	5	6	26	3	2	1	19	31	160
江蘇											1	1	10		1	1	2	3	3	13	2	3	3	2	4	37	41	127
安徽											2	1	1		1	1		4	4	6	3	4			1	31	42	101
江西															1	1			3	8	2	4		1	4	8	28	60
浙江													2		1	1	2		2	18	10	5	3	4	4	16	27	95
福建											1								2	6	1	2	4	3	3	2	8	32
湖北										3	2					1		2		5	2	4		2	1	14	36	72
湖南										3		1						3				4		2		7	33	53
陝西										2	1			1	4	13	8	1	3	4	3	3		6	1	5	14	63
甘肅											1							3		3		5				2	17	31
四川											1				1		1			4			1		2		5	15
廣東																		1			1	1	1	3		7	9	23
廣西																		1						1	1		3	6
雲南																							3	12	4	2	4	25
貴州																											5	5
奉天																						3		2			17	22
吉林																										1	9	10
黑龍江																										2	3	3
新疆																											1	1
西藏																												
蒙古																										1	1	2
青海																												
總數	1					1	1	4	4	18	15	5	18	10	13	31	24	36	41	56	43	57	24	43	67	72	81	665

表四：中國歷代各省旱災次數表

時期／省分	800～700	700～600	600～500	500～400	400～300	300～200	200～100	100～0	0～100	100～200	200～300	300～400	400～500	500～600	600～700	700～800	800～900	900～1000	1000～1100	1100～1200	1200～1300	1300～1400	1400～1500	1500～1600	1600～1700	1700～1800	1800～1900	總數
直隸											2	1		1	3	2	1	6	14	3	23	16	7	5	5	8	47	144
山東	1	9	15	1					1		1	1			5	1	3	5	2	4	8	6	5	4	2	8	30	112
山西										1	1	1		1	4	1	5	5	1	1	12	10	7	8	13	3	12	86
河南									5	14			2	1	3	1	8	30	23	2	12	12	4	3	1	2	20	143
江蘇										1		3	6	1	1	2	9	4	2	17	10	6	3	4	2	5	24	100
安徽															1	2	10	5	7	18	2	4	3	2	1	5	22	82
江西																	5	1	1	5	6	2	2	9	1		12	44
浙江												1				1	8	2	4	19	7	6	14	22	12	8	15	119
福建																1	3			6	6	4	4	13	5	5	2	49
湖北															2		3	2	2	5	5	10	15	23	8	4	14	93
湖南																1	4	2	2	7	2	5	9	4			11	47
陝西											2		1	4	5	5	3	6	8	6	6	9	7	9	4	1	16	92
甘肅												1				1				4		5	1	1		6	9	28
四川											2				5				2	10	4	2	2	2		1		30
廣東																					3	3	2	6			2	16
廣西																		1				5	2	7	3	1	4	23
雲南																							2	10	5		1	18
貴州																								2	1			3
奉天																				2	1	1				1	4	9
吉林																												
黑龍江																										1	2	3
新疆																											2	2
西藏																												
蒙古													1								3					1		5
青海																											1	2
總數	1	9	15	1		1	14	13	25	35	24	41	37	41	43	41	43	64	69	58	77	60	54	84	80	36	70	1034

表五：中國各世紀災荒統計表

類別／次數／年代	水災	旱災	蝗災	雹災	風災	疫災	地震	霜雪	歉飢	總計
前十八世紀		7								7
前十六世紀	6									6
前十四世紀	1									1
前十二世紀		1								1
前十一世紀	1						2			3
前十世紀				1						1
前九世紀		9		1						10
前八世紀	2	1	3				2	4	1	13
前七世紀	8	6	4	1		1	1	1	4	26
前六世紀	4	14	3	2			3	1	3	30
前五世紀		1	2				1	1		5
前四世紀	1									1
前三世紀		1	1			1	1		5	9
前二世紀	13	16	12	7	6		7	3	6	70
前一世紀	12	15	2	3	4		9	2	5	52
一世紀	13	20	17	5	2	2	7	1	2	69
二世紀	37	27	21	17	17	7	44	1		171
三世紀	29	25	6	13	16	12	27	2	10	140
四世紀	26	39	9	15	27	8	32		5	161
五世紀	57	37	9	16	26	9	24	11	7	196
六世紀	34	50	11	9	16	7	22	9	5	163
七世紀	41	41	9	11	11	9	13	8	8	151
八世紀	39	41	9	9	26	4	18	4		150
九世紀	39	48	19	18	26	6	22	9	9	196
十世紀	49	55	24	18	20	3	4	6	3	182
十一世紀	67	54	25	18	26	6	31	5	31	263
十二世紀	60	59	31	45	31	16	34	4	36	316
十三世紀	57	70	36	47	31	7	25	13	36	322
十四世紀	73	54	38	47	37	19	56	25	42	391
十五世紀	71	51	25	12	21	15	40	5	32	272
十六世紀	86	74	43	74	48	31	60	9	39	504
十七世紀	66	86	50	60	61	31	73	31	39	507
十八世紀	62	80	35	52	28	28	66	27	33	411
十九世紀	73	73	28	43	30	32	68	18	42	407
二十世紀（至四十年代）	31	19	10	6	8	7	13	3	4	101
總　計	1058	1074	482	550	518	261	705	203	407	5258

表六：中國各朝代災荒統計表

類別 次數 朝代	水災	旱災	蝗災	雹災	風災	疫災	地震	霜雪	歉飢	總計
殷　商	5	8								13
兩　周	16	30	13	5		1	9	7	8	89
秦　漢	76	81	50	35	29	13	68	9	14	375
魏　晉	56	60	14	35	54	17	53	2	13	304
南北朝	77	77	17	18	33	17	40	20	16	315
隋	5	9	1		2	1	3		1	22
唐	115	125	34	37	63	16	52	27	24	493
五　代	11	26	6	3	2		3			51
兩宋（金附）	193	183	90	101	93	32	77	18	87	874
元	92	86	61	69	42	20	56	28	59	513
明	196	174	94	112	97	64	165	16	93	1011
清	192	201	93	131	97	74	169	74	90	1121
民國（至26年）	24	14	9	4	6	6	10	2	2	77
總　計	1058	1074	482	550	518	261	705	203	407	5258

從此些表中所列之數目，顯示出吾國之災荒約具有下列四項特性：〔註5〕

（一）連貫性——此乃就時間而言，幾乎吾國自古以來，即是無年不荒，無時不災，連綿不斷，且當某一災荒正在肆虐之際，或人們正逐漸補救災荒所造成之損失時，另一災荒卻又隱然而起，年復一年，似無有已時。

（二）普及性——就地區而言，吾國各地自古以來，似即無一地曾倖免於災荒之破壞，其分佈極爲廣泛，雖然災荒之類別與大小或有不同，然而各地區之人們確實屢受災荒之威脅，甚至於當某地區發生災荒時，往往波及鄰近地區，使災情更加擴大。

（三）相聯性——當一種災荒發生時，其他災荒亦隨之而起，此種現象尤其表現於吾國境內，亦即吾國之災荒，特別具有相聯性，如某地發生大旱災，則常伴之以蝗災，繼而是飢災與疫災，甚至於多種災荒同時發生，使災情益加嚴重，防不勝防，救不及救。

（四）累積性——每當災荒之後，吾國歷代主政者固然多能予以救濟，

〔註 5〕鄧雲特，前引書，頁 49、60～61。

然而在致災原因未能根除、改善，以及賑濟不力之情況下，往往使另一次災荒更易形成，故吾國災荒頻頻發生，頗具有累積之特性。

綜此四點，吾人不難明白吾國古來之災荒，其嚴重之程度與頻數之繁多，實在令人咋舌，而先民處在此一艱難之環境，所作之種種努力，亦尤足爲吾等欽佩與學習。

二、吾國救濟政策之特質

吾國歷代主政者對於救濟政策之實施，大多具有強烈之責任感，抱持著「民有飢，若己飢之；民有溺，若己溺之」之態度，故每於災荒之際，常能迅速予以救濟，紓解百姓之困苦。此種愛民、濟民之精神，乃成爲吾國救濟政策與政治制度一大特徵。

至於此種救濟精神之建立，其原因有二：

（一）緣於主政者欲建立一理想之社會——由於儒家思想已深植於中國人心中，誠如《禮記．禮運篇》所曰：

> 大道之行也，天下爲公，……故人不獨親其親，不獨子其子，使老有所終，壯有所用，幼有所長，鰥寡孤獨廢疾者皆有所養。……是謂大同。〔註6〕

此正是多數主政者所欲達成之境界，處此大同社會中，人們皆能親愛互助，得以有所終、有所用、有所長、有所養。故當百姓稍有困厄，歷代政府即視爲當急之務，盡力予以救濟。

（二）緣於主政者以救濟百姓爲其保有王位之有效手段——漢代鼂錯〈貴粟論〉曰：

> 人情一日不再食則飢，終歲不製衣則寒。夫腹飢不得食，膚寒不得衣，雖慈母不能保其子，君安能以有其民哉。〔註7〕

亦即「得民者昌，失民者亡」，故當百姓有難，主政者豈有旁觀之理，必速施予救濟。孟子亦曰：

> 老者衣帛食肉，黎民不飢不寒，然而不王者未之有也。〔註8〕

〔註6〕孫希旦（清代），《禮記集解》（上）（台北，台灣商務印書館，民國57年3月台一版），卷二一，〈禮運〉第九之一，頁30。

〔註7〕班固（東漢），《漢書》（台北，鼎文書局，民國67年4月三版），卷二十四上，〈食貨志〉第四上，頁1131。

〔註8〕焦循（清代），《孟子正義》（台北，台灣商務印書館，民國57年3月台一版），

故主政者爲爭取民心歸向，每當災荒之際，即以救濟之策爲獲取民心之良方，平時亦致力「務民於農桑，薄賦歛，廣蓄積，以實倉廩，備水旱」，〔註 9〕期能得乎民心，進而得乎天下。

第三節　研究明代災荒與救濟政策之動機、範圍及方法

筆者研究此一論題，其最大動機，乃在於明代是吾國災荒頗爲頻繁、嚴重之朝代，而其國運又是與災荒有密切關係之朝代。〔註 10〕蓋明代之亡，雖然亡於遼事與流寇之相因，然而如無流寇，明人可專力於遼事，則其國運或不致於速亡，亦即如無嚴重之災荒，而明廷救濟之策又能有效發揮，則流寇當無擴大作亂、攻陷京城、逼死皇帝之理。故筆者在本論文中，欲以明代之災荒與救濟政策爲主題，探討下列各項問題：

（一）明代災荒發生之原因，以及其災情之嚴重。

（二）明廷對於災荒有何預防政策？

（三）明廷之平時救濟措施爲何？

（四）明廷於災荒時，如何救濟百姓？

（五）明廷於災荒後，如何救濟百姓？

（六）明代災荒救濟政策各種弊端之產生。

本論文所參考之史料，約可分爲下列數項：一爲明代當時之史料，如《明實錄》、《明會典》、明人奏議、文集、筆記等；二爲地方志，尤以明人纂修者爲主；三爲清人纂修之史料，如《古今圖書集成》等；四爲民國以來，學者專家之研究成果；五爲外國人之研究成果，其中以日本學者之專著、論文爲主。筆者將此些史料蒐集後，再予以綜合、歸納、分析、比較、演繹，期能對明代史之學術研究，有一微薄之貢獻。

卷一，〈梁惠王章句〉上，頁 70。

〔註 9〕同註 7。

〔註 10〕劉昭民（民國），《中國歷史上氣候之變遷》（台北，台灣商務印書館，民國 71 年 3 月初版），頁 3、11、114。

圖一：明代行政區劃圖（引自和田清編《明史食貨志譯註》（下），附圖）

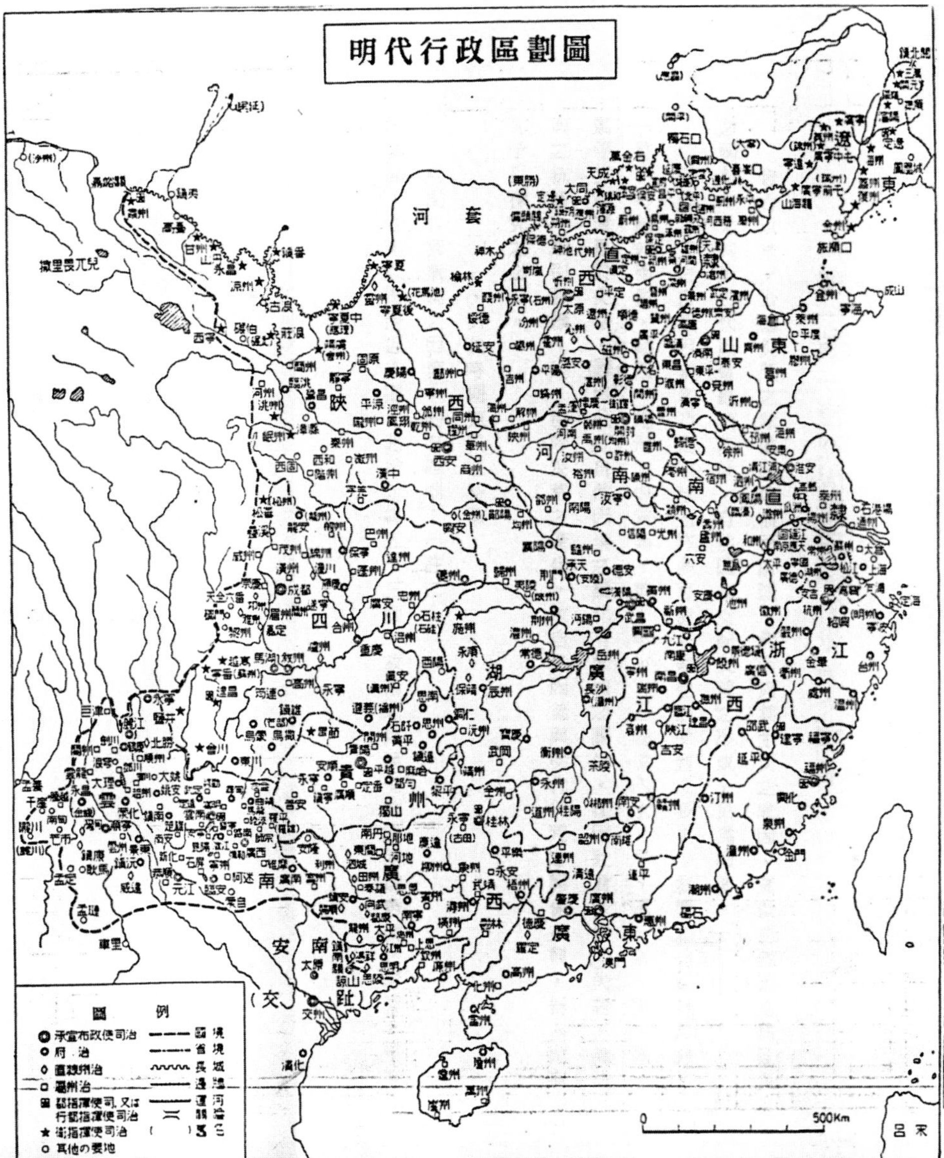

明代行政區劃圖

第二章　明代災荒之情形

第一節　自然因素與明代災荒之關係

自古以來，吾國災荒之頻繁已如前章所述，然而究其主要之成因，實以自然因素為致災之禍首，尤其是古代社會經濟落後，自然因素支配災荒之形成，更為顯著。

何謂災荒之自然因素？乃指地球上許多可使人類生活受到或多或少影響之一切自然力，〔註 1〕諸如雨量、氣溫、地形、地質等。數千年來，吾國境內水、旱、風、雪、霜、雹、震等災害屢見於史籍，即是與此些自然因素之變化有密切之關係，復因社會條件失調，無法與之抗衡，遂引發饑、蝗、疫等災荒之產生。故自然因素與明代災荒之關係如何，吾人尤有先予以探究之必要。

一、明代時期氣候之特徵

支配吾國氣候之因素，約有四端：〔註 2〕

（一）緯度——吾國版圖南近赤道，北逾北緯五十三度，故南北氣溫受太陽照射角度之影響，而有顯著之差異。

〔註 1〕鄧雲特（民國），《中國救荒史》（台北，台灣商務印書館，民國 67 年 7 月台三版），頁 62～64。

〔註 2〕王益厓（民國），《中國地理》（上）（台灣，正中書局，民國 59 年 5 月台三版），頁 129～130。

（二）大陸東岸之海陸分布——吾國位於歐亞大陸東岸，面臨世界最大之太平洋，而歐亞大陸又是世界最大陸塊，故爲季風發達地區。

（三）洋流——吾國沿海有北上之暖流，亦有從渤海沿岸南下之寒流，故南北氣溫與雨量之變化深受其影響。

（四）地形——吾國境內山地高原盆地錯綜相間，各地氣候自受影響，且山脈走向不定，有震旦方向者，有南北縱走者，亦有東西構造帶，故大興安嶺、陰山、隴山、秦嶺及巴顏喀喇山，成爲夏季季風之止境，亦是吾國季風與乾燥地區之界線。

了解支配吾國氣候之因素後，吾人可再從各種植物生長形態受寒暖旱濕氣候之影響，使各種植物花粉（孢子）產生變化，互相比較出古代花粉化石與今日花粉之差異；以及參考現代年平均溫之分佈情形，可略知歷代年平溫之變化；復根據考古學，比較古今物候、動植物之分佈；並就古籍中氣候之長期紀錄加以統計、分析，可了解歷代氣溫升降波動與寒暖旱濕變化之大概情形。〔註 3〕近人劉昭民曾將吾國五千年來歷代之氣候與變遷情形列表如下：〔註 4〕

表七：中國歷代氣候變遷表

朝代	周	春秋戰國	秦	西漢	東漢	三國	晉	南北朝	隋唐	五代	北宋	南宋	元	明
所歷年數	352	524	39	230	196	45	155	169	318	53	267	150	91	276
下雪及大寒年數	2	4	1	7	3	3	26	24	39	2	31	43	17	37
春霜秋霜年數	0	0	0	1	10	20	15	0	7	3	25	13		
夏霜夏雪年數	1	1	1	5	2	0	6	15	7	0	3	6	15	15
冬春無雪無冰年數	0	8	0	2	0	0	0	2	19	0	14	15	0	7
冷暖期	先暖期後冷期	暖期	暖期	暖期	冷期	冷期	冷期	冷期	暖期	暖期	先暖期後冷期	先冷期後暖期	冷期	冷期

〔註 3〕劉昭民（民國），《中國歷史上氣候之變遷》（台北，台灣商務印書館，民國 71 年 3 月初版），頁 22～25。

〔註 4〕書同前，頁 25。

由上表可知，明代時期正值吾國歷史上之第四個冷期，氣候寒冷乾旱。至中期以後，復因進入小冰河時期，其前後氣候之變化極不穩定，故明代之氣候約可分爲四個時期：〔註5〕

（一）明代前期——明太祖洪武元年（1368）至英宗天順元年（1457）——氣候寒冷

明代前期之氣候承元代之後，仍屬寒冷時期，且比元代乾旱，甚至於有時南方氣候嚴寒不殊北方。諸如：

吳元年（1364）二月，昆明雪深七尺，人畜多斃。〔註6〕

洪武十七年（1382），梧城漫天大雪，不殊北方。〔註7〕

正統八年（1443）三月，台州大霜如雪，殺草木，蠶無食葉。〔註8〕

景泰元年（1450）正月，嘉興大雪二旬，深丈許，後雨黑雪。〔註9〕

景泰四年（1453）春，饒州廣信大雨雪積四十日，白封山谷，民絕樵採。〔註10〕

景泰五年（1454）正月，杭州、嘉興、金華大雪，深六七尺，覆壓民居，鳥雀俱死。〔註11〕

此皆爲明代前期南方春季天氣亦甚嚴寒之紀錄，故是時不僅無任何「冬無雪」之記載，且據科學家研究掩埋於地下及沈積在湖底之花粉化石，推測明代前期之年平均溫約比現代低 1℃〔註 12〕，可見明代前期爲氣候寒冷時期。

（二）明代中期——明英宗天順二年（1458）至世宗嘉靖三十五年（1556）——吾國歷史上第四個小冰河時期

明代中期，吾國亦如當時之西歐、北美一樣，氣候轉寒，進入小冰河時期，雖有兩次「冬無雪」之紀錄，一在英宗天順二年（1458），一在憲宗成化

〔註 5〕書同前，頁 114～126。

〔註 6〕陳夢雷（清代），《古今圖書集成》（台北，鼎文書局，民國 66 年 4 月初版），《曆象彙編庶徵典》第一百五卷，〈寒暑異部〉，頁 1094。

〔註 7〕註同前。

〔註 8〕註同前。

〔註 9〕註同前。

〔註10〕註同前。

〔註11〕註同前。

〔註12〕劉昭民，前引書，頁 117。

五年（1469），然而漫天冰雪，嚴霜成凍之景象卻屢見於江南、華中、華南等地，甚至於有許多「夏寒」、「夏霜雪」之紀錄，諸如：

成化十年（1474）夏四月，順寧嚴霜成凍。〔註13〕

成化二十二年（1486）八月，望吉州大雨雪深三、四尺。〔註14〕

正德元年（1506）冬，萬州（今海南島萬寧縣）雨雪。〔註15〕

正德十一年（1516）秋八月，萬泉雨雪。〔註16〕

嘉靖八年（1529），衢州八月雨雪。〔註17〕

嘉靖十八年（1539）秋九月，洪洞雨雪，大雪三日，平地深數尺，化水成河，一夕大風盡合成冰，至春始消。〔註18〕

由此可知明代中期之氣候寒冷異常，且科學家根據花粉化石之研究，亦推測當時之年平均溫比現代約低1.5℃。〔註19〕

（三）明代末期之前半期——明世宗嘉靖三十六年（1557）至神宗萬曆二十七年（1599）——夏寒冬暖

在此一時期，「夏霜雪」之紀錄有六次，「冬無雪」或「冬無冰」之記載有五次，而明代記載「冬無雪」，全數亦不過七次而已，故顯見當時爲夏寒冬暖之氣候。〔註20〕諸如：

嘉靖三十六年（1557）十二月，無雪，帝命祈雪於雷殿諸祠，逾月雪降，群臣表賀。〔註21〕

嘉靖三十七年（1558）八月，靜樂大雨雪，深尺，殺苗。〔註22〕

萬曆十三年（1585）夏，平陽州縣隕霜。〔註23〕

萬曆二十六年（1598），金華立夏有飛雪。〔註24〕

〔註13〕陳夢雷，前引書，頁1095。
〔註14〕註同前。
〔註15〕註同前。
〔註16〕註同前。
〔註17〕註同前。
〔註18〕註同前。
〔註19〕劉昭民，前引書，頁119。
〔註20〕書同前，頁121。
〔註21〕同註13。
〔註22〕註同前。
〔註23〕陳夢雷，前引書，頁1096。
〔註24〕註同前。

另外科學家根據花粉化石之研究，推測當時之年平均溫比現代約低 0.5℃。〔註25〕

（四）明代末期之後半期——明神宗萬曆二十八年（1600）至思宗崇禎十六年（1643）——吾國歷史上第五個小冰河時期

此一時期，適值吾國歷史上第五個小冰河時期，寒冷氣候持續甚久，自明神宗萬曆二十八年（1600）至清聖祖康熙五十九年（1720）止，不僅無任何「冬無雪」之紀錄，且「夏霜雪」之記載很多，甚至於南方亦屢見雨雪。諸如：

> 萬曆二十九年（1601）秋九月，（雲南）省城大雨雪。〔註26〕
>
> 天啓三年（1623）夏五月，四川天降大雪，積深尺許，樹枝禾莖盡折。〔註27〕
>
> 崇禎十二年（1639）秋八月，永和望日隕霜殺稼。〔註28〕

顯見當時氣候嚴寒，科學家根據花粉化石之研究，推測此一時期之年平均溫比現代約低 1.5℃－2℃。〔註29〕

由以上所列之紀錄，吾人已可略知明代時期氣候之特徵，以及明代水旱災發生之頻率很高，尤其是旱災之總數，竟居吾國各世紀之冠，〔註30〕究其原因實在多緣於氣候之變化很不穩定所致。

二、雨量與明代水旱災之關係

雨量之多寡，往往決定於空中溫度之高低。氣溫增高，則降雨之機會減少，氣溫下降，則有降雨之可能。但有時空中氣溫雖已下降，卻未必能下雨，因其上升之氣流甚速，抵制雨滴之下降，或因雲將成雨之時，突遇乾燥之氣流，以致未降至地面即被蒸發，〔註31〕故雨量之多寡頗受氣候變化之影響。

〔註25〕劉昭民，前引書，頁 122。

〔註26〕同註 23。

〔註27〕註同前。

〔註28〕註同前。

〔註29〕劉昭民，前引書，頁 123。

〔註30〕竺藕舫（竺可禎）（民國），〈中國歷史上之旱災〉，《史地學報》第三卷第六期，頁 47～52。

〔註31〕鄧雲特，前引書，頁 65；黃澤倉（民國），《中國天災問題》（上海，商務印書館印行，民國 24 年），頁 1～2。

吾國幅員廣大，地形複雜，不論南北或高山、丘陵、平原等地，氣候之變化均有顯著之差異，尤其是明代時期之氣候極不穩定，其雨量之分佈與多寡更呈不適當、不平均之現象。再加上地形與方位之影響，導致水旱災經常發生，範圍亦極普遍。今吾人欲知明代當時各地雨量之分布與多寡，因欠缺詳細資料，已屬不可能之事，然而如從吾國之地形與方位來分析、探討，仍可了解當時各地之雨量確實非常不平均，因吾國東南臨海，西南有橫斷山脈低谷，間接臨印度洋，而地形由東向西逐漸昇高，依序爲平原、丘陵、高原、沙漠，地勢不整齊，故水氣之分布無法平均。復因吾國境內直行山脈（太行山、泰山）阻止東南季風帶來之雨量，橫行山脈（喜馬拉雅山）阻擋印度洋帶來之雨量。且當東北與西北季風南下時，驅逐東南海面之水氣，使雨量減少，而東南與西南季風北上時，又帶來大量水氣，皆使各地雨量無法平均分布。〔註32〕張師其昀曾作吾國「年平均雨量分布圖」：〔註33〕

圖二：中國年平均雨量分布圖

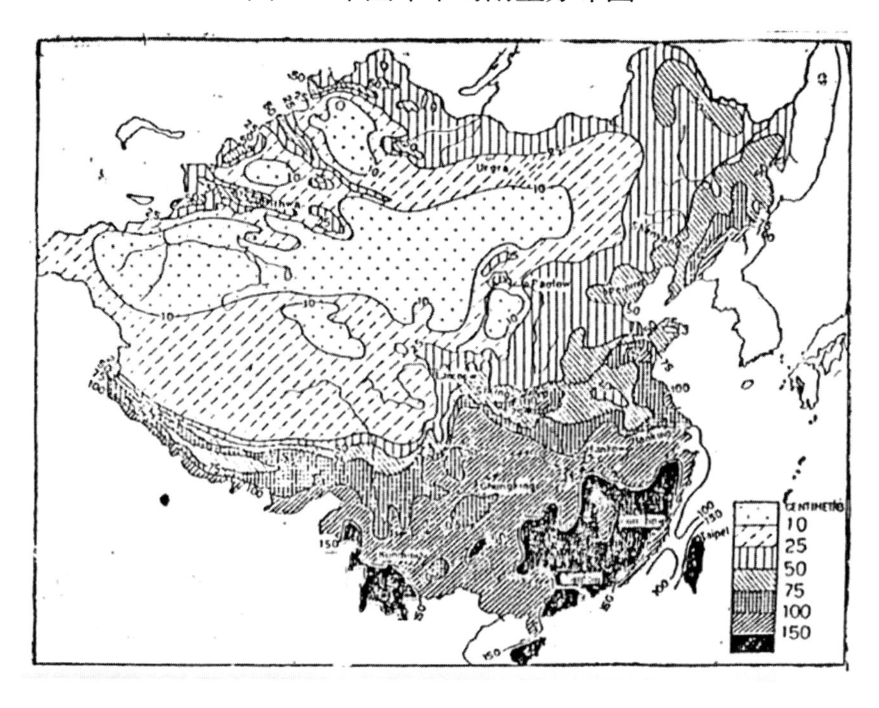

〔註32〕白月恆（民國），《民國地誌總論》第三卷，〈氣候篇〉，轉引自鄧雲特，前引書，頁65～66。

〔註33〕Chi-yun Chang 張師其昀：*Climate and Man in China*.（Published by China Culture publishing Foundation, Taipei, 1953.） p. 14.

吾人據此圖可知，大體上沿著秦嶺與淮河為吾國七百五十公厘之等雨量線，因秦嶺為夏季低緯度海洋氣流北上與冬季高緯度內陸氣流南下之屏障，使秦嶺、淮河以北降雨量不豐，屢見旱災。〔註34〕

總之，吾國之雨量乃是自東南向西北逐漸遞減，山地雨量又多於平原，其間變率極大，〔註35〕使水旱災頻頻發生，尤其是黃河流域，冬季接近高氣壓中心，夏季又為季風到達之邊緣，雨量之多寡隨著季風之強弱而有所變化，旱則赤地千里，不殊沙漠，潦則一片汪洋，幾成澤國，且下游平原之河道又多淤積，常決堤泛濫成災。〔註36〕故明代水旱災之頻繁，實與吾國雨量分布不平均有莫大之關係。

三、地質與明代震災之關係

據吾國史書記載，歷代地震之次數，起自夏桀至今已達三千五百多次。〔註37〕此一數目固然僅限於較嚴重且可考者，然而已屬相當頻繁，平均每年幾近一次。尤其是在明代時期，二百七十六年間，地震次數多達三百五十次，平均約九個月即發生一次，〔註38〕更令吾人想及明代之震災必然相當嚴重。

地震之發生，乃是緣於構成地殼之岩石受到極大之外力作用，最後超過其強度，破裂時所產生之震動。〔註39〕一般而言，地震帶之地質皆有其共同點：(一) 其地質均有重大之斷裂處；(二) 其地質均為時代較新者，大抵屬於地球新生代之第三紀或第四紀初期；〔註40〕(三) 其地質多為水平動斷層

〔註34〕王益厓，前引書，頁134～135。

〔註35〕正中書局編審委員會編（民國），《中國氣候總論》（台北，正中書局，民國43年初版），頁236。

〔註36〕謝義炳（民國），〈清代水旱災之週期研究〉，《氣象學報》第十七卷第一、二、三合期，頁67～74。

〔註37〕黃澤倉，前引書，頁26。

〔註38〕參閱本章第二節第三項。

〔註39〕何春蓀（民國），《普通地質學》（台北，國立編譯館主編，民國70年3月初版），第十七章地震，頁327。

〔註40〕吾國之地質史可分為下列之各代紀：

代	紀	地層性質及主要分佈地區
太古代		片麻岩、片岩、花崗岩等，以見於泰山、五臺山等地者為最標準。

或上下動斷層。〔註 41〕近人翁文灝在其〈中國地震區分布簡說〉中，依吾國各地地質之結構，將全國分爲十六個地震帶，並繪有「中國地震分布圖」(如下圖)。〔註 42〕

(1) 汾渭地塹帶——包括陝西渭河谷、山西汾河谷及其延長地帶。此區地勢兩岸高峙，中間一谷下陷，屬斷層地質，且時代並不久遠，僅起於「始新統」或「洪積統」，故至現代，餘動猶未平息，屢有地震發生。

(2) 太行山拗摺帶——此地帶之地層大多東傾，地勢一昇一降，呈拗摺狀，拗摺較劇烈處即成斷層，且時代尚新，地震亦常發生。

(3) 燕山拗摺帶——燕山之山嶺陡起，拗摺尤烈，斷層極多，故地震頻

元古代	昆陽紀	板岩、千枚岩、石英岩等，以見於雲南昆陽、貴州下江、湖南益陽者爲最標準。
	澂江紀	砂岩爲主，以見於雲南澂江者爲最標準。
古生代	震旦紀	石灰岩及石英岩爲主，以見於河北南口、薊縣、西山等地者爲最標準。
	寒武紀	石灰岩最多，以見於長江三峽及山東泰安者爲最標準。
	奧陶紀	石灰岩爲主，例如北平西山；頁岩爲主，例如長江三峽。
	志留紀	頁岩最多，以長江三峽爲最標準。
	泥盆紀	各種沈積岩均有，以見於廣西、湖南者爲最標準。
	石炭紀	砂岩、頁岩及煤層，如山西太原；石灰岩爲主，如湖南湘鄉。
	二疊紀	石灰岩爲主，如長江三峽；亦有砂岩、頁岩、及煤層，如湖南耒陽。
中生代	三疊紀	石灰岩甚多，如三峽；砂岩爲主，如山西南部。
	侏儸紀	礫岩、砂岩、頁岩及煤層，如北平門頭溝、山西大同、四川威遠。
	白堊紀	多爲紅砂岩及頁岩，如四川中部。
新生代	第三紀	（包括古新、始新、漸新、中新、上新各統），在大陸分布不廣，多在大山谷及山間盆地中，各層在臺灣最發育。
	第四紀	（包括更新及全新統），多在河谷兩旁或平原上。

張師其昀，《中國之自然環境》(台北，中華文化出版事業委員會出版，民國45年1月二版)，頁3～4。

〔註41〕黃澤倉，前引書，頁27～28。

〔註42〕翁文灝（民國），〈中國地震區分布簡說〉，《東方雜誌》第二十一卷第四號，頁144～151。

仍。

（4）山東濰河斷裂帶——山東地層雖平鋪，但是斷層縱橫交割，多爲西北、東南或近於南北走向，此區之地震以濰河爲中心，因其斷層較爲古老，故地震次數較少，但如一旦發生，仍相當劇烈。

（5）山東西南斷裂處——山東兗州以南之山地，多屬太古界片麻岩，而隱約出沒於沖積平原之低山，且爲時代較新之「寒武奧紀」石灰岩，故其間多有斷裂處，向南延伸至蘇皖北部。

（6）甘肅賀蘭山斷裂帶——賀蘭山附近有一由西向東之逆掩斷層，使「震旦紀」地層反在石炭紀地層之上，故地震極易發生。

（7）甘肅涇原斷裂帶——此地帶之斷層在隴山西麓，古來所謂隴西地震，概多源於此。

（8）甘肅武都折斷處——秦嶺在河南、陝西境內，本屬東西走向，至甘肅南部，卻驟然轉爲西北走向，與祁連山遙相呼應，故轉折處頗多，尤以武都、西和、成縣、文縣一帶爲最，乃此地帶之地震中心。

（9）河南南陽折斷處——河南伏牛山脈至方城、南陽一帶驟然中止，南移爲桐柏山脈，二者移離處即爲地震帶。

（10）安徽霍山折斷處——桐柏山脈在河南、湖北二省之間，原屬西北至東南走向，至安徽境內霍山、潛山之間，卻轉變成西南至東北走向，轉折之角度幾成直角，故地震次數頻繁。

（11）四川南部斷裂處——四川、雲南之間，金沙江彎曲成弧形，凹側向北，沿此弧形有一極大之逆掩斷層，古來此區地震繁多而劇烈。

（12）雲南東部湖地斷裂帶——雲南東部地塹很多，諸河匯集成湖，多爲斷層地質。

（13）雲南西部湖地斷裂處——雲南西部大理、麗江一帶湖地狹長，構造多爲斷層，震災頻仍。

（14）廣東瓊州雷州斷陷帶——雷州半島與海南島，相隔未逾三十公里，顯爲斷層陷落。

（15）福建泉汕沿海陷落帶——福建泉州至廣東汕頭之間，海岸曲折，崩落處甚多。

（16）山東登萊海岸陷落處——山東登萊與遼東半島受近代斷層陷落影響，時有地震發生，尤以山東沿海地震較烈。

圖三：中國地震區分布圖

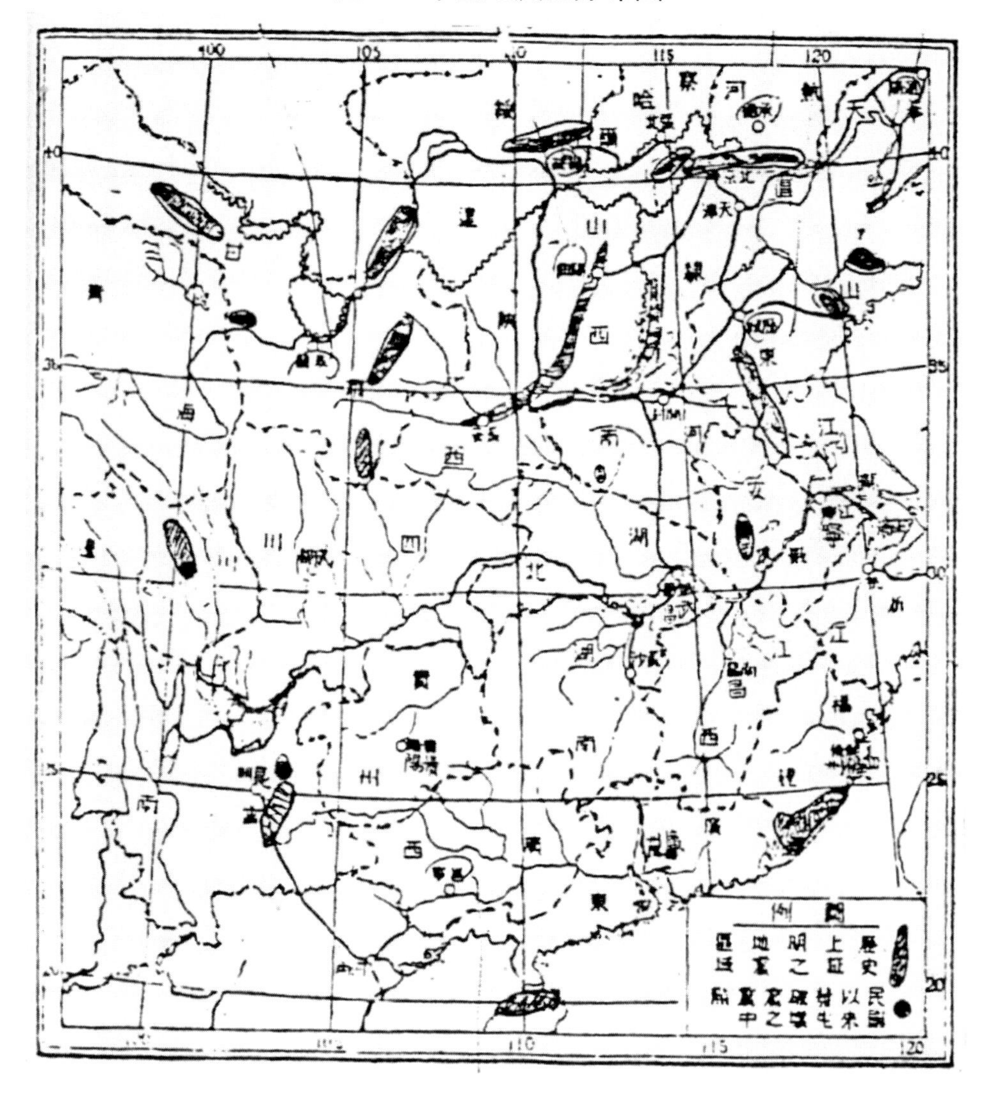

從以上之劃分，吾人已可略知吾國地質之構造與地震帶之分布情形，且進一步了解明代許多地震均與此些地帶之地質結構有密切關係，例如汾渭地塹帶於明世宗嘉靖三十四年（1555）十二月壬寅，發生劇烈之地震，是日山西、陝西、河南同時地震，聲如雷，鷄犬鳴吠，陝西渭南、華州、朝邑、三原等處，山西蒲州等處尤甚。或地裂泉湧，中有魚物，或城墎房屋陷入池中，或平地突成山阜，或一日連震數次，或累日震不止。河渭泛漲，華岳終南山嗚，河清數日，壓死官吏軍民奏報有名者八十三萬有奇。〔註 43〕損失人命竟有如是之多，誠屬空前。而此次地震即是因其地爲斷層地質，且仍屬於「始新統」或「洪積統」，故屢有劇烈地震發生。

四、地形、地質與明代河患之關係

水災之發生，固然與前述氣候之變化有密切關係，但是亦頗受地形、地質之影響，尤其就吾國歷代發生水災最多之河北、河南、山東、江蘇等省而言，往往緣於氣候不穩定，以及黃河、淮河、長江、永定河等河流之不良地形、地質，而使水災更趨嚴重與頻繁。

（一）黃河——黃河之水，爲吾國數千年來愁苦之所寄，素有「中國禍患」之稱，其水患形成之原因，並不在於水量之多寡，而在於水量之忽漲忽落。故黃河之水量雖不如長江，但是水災卻多於長江。〔註 44〕

黃河全長約四四五〇公里，流域面積達七五六六八四平方公里，源於青海省星宿海，高出海平面四四五五公尺，東流至孟津，卻降至海拔一一五公尺，從孟津以東，進入沖積平原，地勢低平，河床坡度較小，水流速率急遽減慢。而黃河流域內之地質復多爲黃壤，一遇水浸，極易侵蝕，崩潰性與透水性皆強，且兩岸黃土層無森林植物覆蔽，童山濯濯，一旦被雨水沖蝕，即成泥漿，混入河中，使黃河河道含沙量增高。〔註 45〕另外渭河流域及山、陝間之各支流，更是供給潼關以下黃河含沙之主源，當其經過陝縣時之含沙量，每年約爲七萬八千七百萬公噸，而經過灤口時，每年卻減爲四萬九千五百萬公噸，其中二萬九千二百萬公噸之差距，多沈澱於陝、灤間，〔註 46〕成爲河床淤積之主因，據估計黃河在灤口之含沙量約三倍於長江大通附近。〔註 47〕故黃河一年搬運之泥沙量，達三億二千六百萬立方公尺，等於有四億七千三百萬公噸，其中百分之九十係屬黃土，而最後運入海中之泥沙，僅占全數百

〔註 43〕《明世宗實錄》（據國立北平圖書館紅格鈔本微捲影印，台北南港，中央研究院史語所校勘印行，民國 57 年影印二版），卷六三，嘉靖三十四年十二月壬寅條。

〔註 44〕王益厓，前引書，頁 181～184。

〔註 45〕宋希尚（民國），《中國河川誌》（台北，中華文化出版事業委員會出版，民國 44 年 11 月二版），頁 1。

〔註 46〕許逸超（民國），〈中國地形氣候與水利〉，《貴大學報》第一期文史號，（台北，大東圖書公司印行），頁 126。

〔註 47〕張師其昀，《中國之自然環境》，頁 51。

分之三十五，沈於河床者有二億二千三百萬立方公尺，〔註48〕致使河床日高，一旦大雨，河水宣洩不暢，即泛濫成災。如明英宗正統十三年（1448）六月，直隸大名府霪雨河決，渰沒三百餘里，壞軍民廬舍二萬區有奇，男婦死者千餘人。〔註49〕天順五年（1461）六月，汴梁霖雨，黃河溢漲，至七月四日，決土城，六日，復決磚城，官舍民居漂沒過半，公帑私積，蕩然一空，死者不可勝計。〔註50〕

（二）淮河——明初淮河之水獨流入海，因其支流多達二十多條，大雨後灌入更多之水流，故水患經常發生。如明英宗天順四年（1460），直隸鳳陽府自五月連雨抵七月，淮水溢決壩埂，毀城垣，沒軍民田廬甚多。〔註51〕憲宗成化十三年（1477）九月，淮水溢淮安府所屬諸州縣，漂官民屋舍，渰沒人蓄甚眾。〔註52〕及至弘治年間，劉大夏築太行堤，不使黃河北犯漕渠，乃致一淮而受全黃之水，合流入海，黃水挾攜黃土隨處淤沈，更使淮河之患趨於嚴重。

（三）永定河——永定河一名桑乾河，俗名渾河。華北各河致災之原因，與黃河之情形頗爲類似，一因全年雨量分配不均，使水位漲落不定，一因含沙量過多，使河床淤積。永定河亦不例外，其上流桑乾河源於山西管涔山，經察哈爾入河北。因其來自黃土高原，砂礫含量特多，幾近百分之四十，可與黃河抗衡。〔註53〕故當其流至平原時，坡度轉小，流速驟減，河沙沈積於河床，屢釀水患。如宣德三年（1428）六月，永定河水溢，衝決盧溝河堤百餘丈，傷民田稼。〔註54〕英宗正統八年（1443）六月，永定河溢，決固安縣賈家里張家口等堤。〔註55〕至十一年（1446）六月，又因久雨，復決之。〔註56〕

（四）長江——長江流域水災之次數雖比前述諸河爲少，但水患之發生，

〔註48〕王益厓，《中國地理》（下），頁546。
〔註49〕《明英宗實錄》（據國立北平圖書館紅格鈔本微捲影印，台北南港，中央研究院史語所校勘印行，民國57年影印二版），卷一六八，正統十三年七月乙酉條。
〔註50〕書同前，卷三三〇，天順五年七月丁巳條。
〔註51〕書同前，卷三一七，天順四年七月辛卯條。
〔註52〕《明憲宗實錄》（據國立北平圖書館紅格鈔本微捲影印，台北南港，中央研究院史語所校勘印行，民國57年影印二版），卷一七〇，成化十三年九月丙寅條。
〔註53〕許逸超，前引書，頁130。
〔註54〕《明宣宗實錄》（據國立北平圖書館紅格鈔本微捲影印，台北南港，中央研究院史語所校勘印行，民國57年影印二版），卷四四，宣德三年六月甲申條。
〔註55〕《明英宗實錄》，卷一〇五，正統八年六月己酉條。
〔註56〕書同前，卷一四二，正統十一年六月甲子條。

仍時有之。尤其江水流至西陵峽以下，地勢平坦，流速漸緩，泥沙易沈澱成洲嶼，使江床寬窄不一，變動無常。而其水位變化，除四川盆地在春季略受融雪影響外，其他地區多受雨量之支配，〔註 57〕故當雨季來臨時，兩岸支流與湖泊之水注入江中，使江水急遽增多，一旦水流受洲嶼阻礙，即橫決漫溢成災。如宣德八年（1433）六月初旬，江西天雨不止，長江泛漲，南昌、南康、饒州、廣信、九江、吉安、建昌、臨江等府瀕江之處，漂流居民，渰沒稻田。〔註 58〕正統九年（1444）七月，江都縣風雨大作，江潮泛漲，沙洲水高丈五六尺，溺男女千二十人，財產田禾渰沒無算。〔註 59〕萬曆十一年（1583）四月，承天府大雨，江水暴漲入城，漂沒官民廬舍，溺死人畜無算。〔註 60〕

論述至此，吾人可知河流所經之區，固然可供養千萬百姓，但是如雨量過多，地形與地質又不良好，即容易造成嚴重水患，此亦為明代水災發生之主要原因。

五、明代旱災與蝗災之關係

明代旱災總數既為吾國各世紀之冠，故發生頻率很高，當其發生時，常使田地不得雨水滋潤，收穫無著，且蝗災亦隨之而起，使農作物遭受雙重之摧殘。蝗災與旱災並作之原因，在於當蝗蝻叢生時，隱藏於地下或稻根深處，其發育成長過程與溫度、降水、土壤含鹽量有很大之關係。蝗卵之發育起點溫度為 15℃，蝗蝻之發育起點溫度為 18℃，且至少須有三十天之日平均溫度皆超過 25℃，始能完成發育與生殖。反之，如一地有二十天之日平均溫低於 10℃，或有五天之日平均溫低於 15℃，蝗卵即無法安全越冬。而多雨之環境亦可直接抑制或延緩蝗蟲之發育，間接有利於病菌之繁殖，減低蟲口之密度，且強度較大之降雨，對蝗蝻亦有殺傷作用。另外蝗卵在含鹽量較高之土壤內無法進行吸水，已吸水之蝗卵在春季鹽分上升時，亦可能因失水過多而延緩發育，甚至乾癟死亡。〔註 61〕

〔註 57〕王益厓，前引書，頁 177。
〔註 58〕《明宣宗實錄》，卷一〇三，宣德八年六月壬申條。
〔註 59〕《明英宗實錄》，卷一一九，正統九年七月丙申條。
〔註 60〕《明神宗實錄》（據國立北平圖書館紅格鈔本微捲影印，台北南港，中央研究院史語所校勘印行，民國 57 年影印二版），卷一三六，萬曆十一年四月甲戌條。
〔註 61〕陳正祥（民國），《中國文化地理》（台北，木鐸出版社，民國 71 年 7 月初版），

明代蝗災之分佈，據徐光啓《農政全書》所言，多發生於「幽涿以南，長淮以北，青兗以西，梁宋以東」〔註 62〕，即今燕山以南、長江以北，沂蒙山地以西，及太行山和伏牛山以東等地。此種分佈之情形正是與其地常患旱災有關，蓋此地區一因受秦嶺山脈阻礙含水分之東南季風吹入，二因氣旋之次數遠少於華南，三因其隣接蒙古，每年冬天在西伯利亞反氣旋之影響下，多吹乾燥之西北風，〔註 63〕故每年平均雨量，僅在四百至五百毫米之間，成爲一乾燥或半乾燥區，〔註 64〕近人陳正祥在〈方志的地理學價値〉中，曾就明代地志所記八蜡廟、蟲王廟及劉猛將軍廟之分佈爲依據，〔註 65〕而推證吾國之蝗災以黃河下游爲最多，尤其是河北、山東、河南三省較爲嚴重，華中以南，蝗災即逐漸減少，至東南沿海，則幾乎沒有，故福建、台灣、廣東、

〈方志的地理學價値〉，頁 53。

〔註 62〕徐光啓（明代），石聲漢（民國），《農政全書校注》（下）（台北，明文書局，民國 70 年 9 月初版），卷四四，荒政，〈備荒考〉中，頁 1301。

〔註 63〕Co-ching Chu, “The Aridity of North China,” in Pacific Affairs, Vol VIII, No.2 June 1955, pp. 211～215。

〔註 64〕Co-ching Chu，前引書，頁 207。

〔註 65〕陳正祥，前引書，頁 50～52。其所繪明代蝗神廟之分佈圖如下：

圖四：明代蝗神廟分佈圖

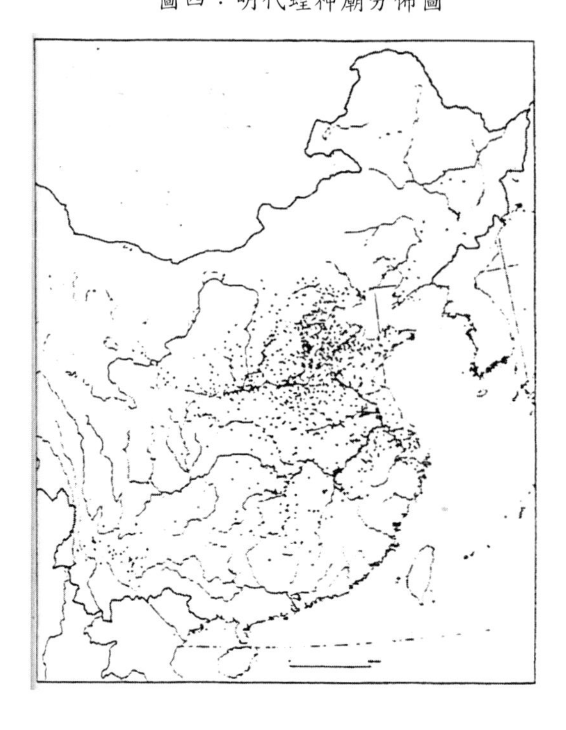

廣西四省，找不到八蜡廟或劉猛將軍廟。吾人如再就其所作〈明代北方蝗災頻率〉圖及〈明代華北平原蝗災發生頻率〉表〔註 66〕詳細探討，更可知道明

〔註 66〕書同前，頁 54～57。其所作明代北方蝗災之圖表如下：

圖五：明代北方蝗災頻率圖

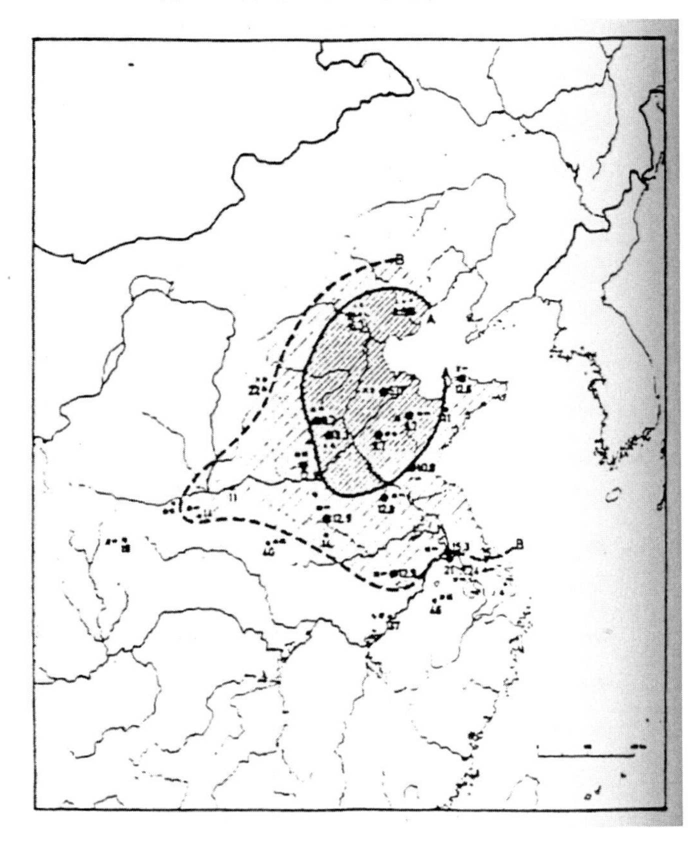

表八：明代華北平原蝗災發生頻率表

登州府	永平府	順天府	廣平府	泰安府	青州府	武定府
1399	1374	1373	1436	1417	1368	1512
1400	1440	1375	1440	1457	1402	1524
1401	1447	1416	1441	1460	1425	1525
1436	1449	1429	1442	1512	1441	1526
1441	1491	1430	1493	1527	1442	1529
1613	1496	1437	1524	1528	1448	1531
1618	1513	1440	1529	1529	1449	1535
1533	1519	1441	1541	1530	1459	1536
1534	1522	1442	1546	1531	1528	1541
1535	1523	1447	1560	1542	1529	1546

1542	1524	1448	1587	1549	1532	1549
1615	1529	1449	1591	1555	1533	1556
1619	1533	1473	1599	1559	1534	1560
1621	1536	1486	1600	1560	1536	1571
1622	1537	1491	1605	1569	1558	1583
1630	1538	1495	1607	1587	1559	1594
1638	1542	1501	1611	1596	1560	1611
1639	1557	1524	1617	1616	1585	1616
1640	1558	1527	1618	1617	1589	1617
——	1559	1532	1627	1622	1582	1619
12.6	1560	1541	1638	1625	1583	1621
	1561	1551	1639	1638	1605	1626
	1562	1557	——	1640	1617	1637
	1564	1558	9.2	——	1623	1638
	1568	1560		9.7	1626	1639
	1583	1561			1630	1642
	1598	1562			1634	——
	1606	1569			1636	5.0
	1616	1587			1637	
	1636	1591			1638	
	1640	1592			1639	
	——	1598			——	
	8.6	1599			8.7	
		1606				
		1617				
		1621				
		1625				
		1637				
		1638				
		1639				
		1640				
		1641				
		1642				
		——				
		6.3				

代蝗災發生之地區多與旱災頻繁地區相符合。誠如嘉靖安徽《宿志州》曰：

> 正德……四年夏，大旱，蝗飛蔽日，歲大飢，人相食。……嘉靖六年春，雨暘失時，二麥少種，夏復苦旱，至於五月乃雨，六月復有飛蝗入境，來自徐邳，時久旱之餘，地土乾渴，所遺子種，從裂地深縫中生長小蝻，厚且數寸，遍野而起。八年至十二年，連歲蝗旱，民多逃亡。〔註67〕

益可說明旱蝗並作致災之嚴重。

第二節　人為因素與明代災荒之關係

災荒之發生，固然多源於天災之來襲，然而吾人不可否認者，即是災荒之形成必與當時之政治、社會、經濟等人為因素有密切之關係，蓋社會經濟結構條件失調，往往會削弱人們對於自然因素之抵抗能力，及至自然界一旦出現反常現象，則束手無策，徒受災荒之打擊，故災荒之輕重，常決定於社

廬州府	揚州府	衛輝府	陳州府	徐州府	沂州府
1462	1456	1409	1440	1372	1440
1528	1491	1436	1464	1432	1441
1530	1529	1441	1508	1524	1477
1534	1536	1446	1513	1531	1492
1535	1583	1467	1514	1532	1493
1537	1589	1528	1519	1533	1527
1540	1590	1538	1520	1544	1528
1566	1616	1540	1525	1558	1541
1616	1617	1541	1582	1582	1545
1617	1618	1545	1587	1589	1555
1622	1639	1555	1616	1605	1559
1640	1640	1567	1617	1609	1565
1641	——	1636	1620	1628	1583
1642	15.3	1638	1633	1632	1615
——		1639	1634	1634	1616
12.9		1640	——	1635	1617
		1641	12.9	1636	1634
		1642		1637	1640
		——		1638	1641
		12.9		1640	——
				1641	10.6
				——	
				12.8	

〔註67〕余鍧（明代），安徽《宿州志》（台北，嘉靖刻本，八卷），卷八，頁雜6。

會經濟結構之強弱。吾國歷代主政者與儒士多深明此理，屢有寬傜減賦勸農消災之論，期使百姓平日安居樂業，稍有積蓄，免得災荒來臨時，遭受飢餓之困。然而實際上，觀之吾國數千年來之社會經濟史，卻是土地集中於少數大地主手中，眾多百姓受其剝削，復遭苛政重稅之逼迫，平日生活即多處於半飢餓狀態，實在遑論有備災之能力，故每當天災忽起，即爆發爲嚴重之災荒。基於此種情形，筆者乃試就明代田土與賦役兩方面之問題加以探討，俾能了解其與災荒發生之關係。

一、明代田土問題與災荒之關係

明初承元末干戈擾攘之餘，田里荒蕪，「山東、河南多是無人之地」，「兩淮之北、大江之南，所在蕭條」，「燕趙齊魯之境，大河內外，長淮南北悉爲丘墟」。〔註 68〕故鄭州知州蘇琦於洪武三年（1370）三月，上奏曰：

> 自辛卯（元順帝至正十一年，1351）河南兵起，天下騷然，兼以元政衰微，將帥凌暴，十年之間，耕桑之地變爲草莽……若不設法招徠耕種，以實中原，恐日久國用虛竭。爲今之計，莫若計復業之民墾田外，其餘荒蕪土田，宜責諸守令召誘流移未入籍之民，官給牛種，及時播種。除官種外，與之置倉中分收受。若遇水旱災傷踏驗，優免其守令正官，召誘户口有增，開田有成，從巡歷御史按察司申舉。若田不加闢，民不加多，則覈非罪。〔註 69〕

此舉乃是欲藉獎懲之法，使官吏能致力於安撫流亡，招徠耕種，殷實中原，以蘇江南轉運之勞，流移之民亦得安於田野，對明初之社會經濟情勢而言，誠爲一安國富民之良法。故太祖即命省臣議計民授田，設官以領之，並設置司農司開治于河南。〔註 70〕復令州郡人民，先因兵災遺下田土，他人墾成熟地者，聽爲己業，業主已還，有司於附近荒田，如數給與，其餘荒田，亦許民墾，闢爲己業。〔註 71〕可謂頗重視墾田之事，並又提出許多優待之辦法以

〔註 68〕顧炎武（明代），《日知錄》，黃汝成（清代），《日知錄集釋》（台北，國泰文化事業有限公司，民國 69 年正月初版），卷十，開墾荒地條，頁 234。

〔註 69〕《明太祖實錄》（據國立北平圖書館紅格鈔本微捲影印，台北南港，中央研究院史語所校勘印行，民國 57 年影印二版），卷五〇，洪武三年三月丁酉條。

〔註 70〕書同前，卷五二，洪武三年五月甲午條。

〔註 71〕清高宗敕撰，《續文獻通考》（台北，新興書局影印萬有文庫本，民國 47 年 10 月初版），卷二，〈田賦〉二，頁 2785。

資獎勵，如洪武三年（1370）六月，太祖以蘇松嘉湖杭五郡，地狹民眾，無地以耕，往往逐末利而民不給，而臨濠爲其故鄉，田多未闢，土有遺利，特諭中書省臣，宜命五郡民無田者往開種，就以所種田爲己業，給資糧牛種，復三年，驗其丁力，計田給之，毋許兼併。又北方近城，地多不治，可招民耕，人給十五畝，蔬地二畝，有餘力者，不限田畝。〔註72〕十三年（1380），詔陝西、河南、山東、北平等布政司，及鳳陽、淮安、揚州、廬州等府，民間田土許儘力開墾，有司毋得起科。〔註73〕

太祖墾田之策既是如此不遺餘力，故自是每歲中書省奏天下墾田數，少者畝以千計，多者至二十餘萬。〔註74〕稅收亦逐年增加，然而及至二十年（1387），太祖以兩浙及蘇州等府富民，畏避傜役，常以田產零星花附於親鄰佃僕之戶，名爲貼脚詭寄，久之相習成風，鄉里欺州縣，州縣欺府，奸弊百出，名爲通天詭寄，〔註75〕乃命戶部覈實天下田土，遣國子生武淳等往各處，隨其稅糧多寡，定爲數區，每區設糧長四人，使集里甲耆民，躬履田畝以量度之，圖其田之方圓，次其字號，悉書主名及田之丈尺，編類爲冊。〔註76〕因所繪之圖狀似魚鱗，故號魚鱗圖冊。此法甚佳，蓋其冊「藏之天府，副在有司，各有定額，雖類摠于布政司，不得過割，不相假借，自來派則，不論起存本折，照糧均派，法令畫一，官府不勞，民庶周知，雖有奸猾，無所容欺」。〔註77〕故魚鱗冊立，土田之訟質焉。如有涉及土地產權糾紛之案件，當事人或政府主管官署，皆可據魚鱗冊加以裁定。且因魚鱗冊以土田爲主，以四境爲界，田地以丘相挨，圖中田地或官有，或民有，或高田，或低地，或塝或瘠，或山或蕩，皆有詳細註明，並添註業主之姓名，故當時所覈得全國田地之頃數，尚稱確實。

至洪武二十六年（1393），覈得天下田土，總八百五十萬七千六百二十三頃。〔註78〕《萬曆會典》亦言：「洪武二十六年，十二布政司並直隸府州田土

〔註72〕《明太祖實錄》，卷五三，洪武三年六月辛巳條。
〔註73〕申時行（明代），《明會典》（二二八卷，萬曆十五年司禮監刊本，台北，台灣商務印書館，民國57年3月台一版），卷十七，〈田土〉，頁448。
〔註74〕張廷玉（清代），《明史》（台北，鼎文書局，民國64年6月台一版），卷七七，志五三，〈食貨〉一，頁1882。
〔註75〕清高宗敕撰，《續文獻通考》，卷二，〈田賦〉二，頁2786。
〔註76〕《明太祖實錄》，卷一八〇，洪武二十年二月戊子條。
〔註77〕呂傑（明代），江西《撫州府志》（台北，弘治刻本，二十八卷），卷七，頁6。
〔註78〕同註74。

總計八百五十萬七千六百二十三頃六十八畝零」。〔註 79〕然而此一數目較之於隋唐時期，實在減少很多，例如隋代開皇九年（589），全國田土總數有一千九百四十萬四千二百六十七頃，唐天寶年間有一千四百三十萬三千八百六十二頃十三畝。〔註 80〕其實明初墾田政策進行得非常積極，並不下於前述諸代，而覈田工作亦相當認眞，洪武二十四年（1391），太祖曾下諭，「所在有司官吏里甲，敢有團局造冊，科斂害民，或將各處寫到如式無差文冊，故行改抹，刁蹬不收者，許老人指實，連冊綁縛害民吏典，赴京具奏，犯人處斬，若頑民賍誣排陷者，抵罪。若官吏里甲，通同人戶，隱瞞作弊，及將原報在官田地，不行明白推收過割，一概影射，減除糧額者，一體處死，隱瞞人戶，家長處死，人口遷發化外」。〔註 81〕可見當時丈量田土之策，乃雷厲風行，土地登記亦頗確實。然而田土之數卻不及前代，究其原因，固然當時猶是明國初建之際，各地田土仍有待於百姓繼續開墾，且其所統計者，僅限於起科有額可稽者，至於太祖爲獎勵百姓墾田，特令永不起科者，〔註 82〕即未計算在內。然而吾人仍深覺明代田土之數，似不應如此之少，而更可怪者，至景帝景泰六年（1455），全國田土竟「止有四百二十八萬有餘」，〔註 83〕孝宗弘治十五年（1502），更止於四百二十二萬八千五十八頃。〔註 84〕嘉靖八年（1529）六月，詹事霍韜曾對此事論之曰：

> 臣等奉命修大明會典，……先于私家將舊典各書飜閱，竊見洪武初年，天下田土八百四十九萬六千頃有奇，弘治十五年，存額四百二十二萬八千頃有奇，失額四百二十六萬八千頃有奇，是宇內額田，存者半，失者半也。……由洪武迄弘治，百四十年耳，天下額田已

〔註 79〕申時行，前引書，頁 437。

〔註 80〕杜佑（唐代），《通典》（台北，新興書局，民國 52 年 11 月初版），卷二食貨二，〈田制〉下，頁 15、16。

〔註 81〕申時行，前引書，卷二〇，〈户口〉二，黃冊，頁 526。

〔註 82〕同註 73。

〔註 83〕《明英宗實錄》，卷二五四，景泰六年六月丙申條。

〔註 84〕《明史》卷七七，志五三，〈食貨〉一，頁 1882。孝宗弘治年間，明代田土之頃數，《明史》與《正德會典》皆謂爲四百二十二萬八千五十八頃，而《萬曆會典》則言六百二十二萬八千五十八頃，日本學者藤井宏，〈明代田土統計に關する一考察〉（《東洋學報》第三〇卷三、四期，第三一卷一期）考證，以《正德會典》及《明史》所稱較爲正確。另可參閱清水泰次，〈明代の田地面積について〉，《史學雜誌》第三十二編第七號，頁 523～540；清水泰次，張錫綸譯，〈明代田土的估計〉，《食貨》第三卷第十期，頁 507～508。

減強半，再數百年，減失不知又如何也。〔註85〕

按霍韜奉命重修大明會典，乃嘉靖八年（1529）四月之事，可見當時田地失額之問題由來已久，且相當嚴重。而魚鱗冊籍亦漸至不實，初，魚鱗之編制，以田爲母，以戶爲子，有條不紊，顧慮尙稱周全，然而時序一久，田地變遷，遂產生弊端，其中最顯著者，即是魚鱗冊上僅登記熟田，未及荒地，致荒地漸成熟田後，卻未盡爲魚鱗冊所登錄。且魚鱗冊日久漫廢，買賣推收，虛僞漸多，「牽蹥譌襲舛，莫可鉤稽，吏胥得高下其手，州邑有司甫離鉛槧，未能綜其始終」。〔註86〕毋怪御史郭弘化曰：「天下田土視國初減半，宜通行清丈。」〔註87〕九年（1530）翰林院學士顧鼎〈錢糧積弊四事〉亦述及改善之方法，其曰：

> 將本管輕重田地塗蕩，照洪武、正統年間，魚鱗風旗式樣，攢造總撒圖本，細開原額田糧、字圩、則號、修段、坍荒、成熟步口數目。府州縣官重複查勘，的確分別界址，沿丘履畝，檢踏丈量，申呈上司，應開墾者開墾，應改正者改正，應除豁者除豁，田數既明，然後刊刻成書，收貯官庫，印行給散，各圖永爲稽察。〔註88〕

蓋田額丈量確實，可使貧民有糧無地者，免受賠償之苦，而富民有地無糧者，亦無以遂欺隱之私也。

神宗萬曆六年（1578），張居正議用開方法，以徑圍乘除，畸零截補，並通丈十三布政司并有直隸府州田土，限至十年丈完。〔註89〕當時曾有防止隱漏之規定，如八年（1579）令各省撫按委官查將浮糧，州縣逐一沿坵履畝丈量，如有歷年詭寄隱漏及開墾未經報官，許令自首改正免罪，仍給本主領種納糧，如首報不實，查出問罪，田產入官。有能訐告得實，即以其在給賞，丈量完日，將查出隱匿田地抵補浮糧。〔註90〕如是，終覈得天下田畝七百零一萬三千九百七十六頃二十八畝，〔註91〕然而此一數目似仍無法與前代相比，更何況當時「有司短縮步弓以求田多，或掊克見田以充虛額」，〔註92〕方達於此數。

論述至此，吾人可知明代田土數額之減少，必然仍有其他原因，否則弘

〔註85〕《明世宗實錄》，卷一〇二，嘉靖八年六月癸酉條。
〔註86〕楊芳（明代），《廣西通志》（台北，萬曆刻本）卷十七，〈財賦志序〉，頁1。
〔註87〕《明史》卷一九四，列傳第八二，〈梁材〉，頁5150。
〔註88〕《明世宗實錄》，卷一一八，嘉靖九年十月辛未條。
〔註89〕《明史》卷七七，志五三，〈食貨〉一，頁1883。
〔註90〕清高宗敕撰，《續文獻通考》卷二，〈田賦〉二，頁2793。
〔註91〕申時行，前引書，頁442。
〔註92〕同註90。

治年間田土之頃數當不致於僅及洪武年間之半。正如霍韜所稱，田土「非撥給於藩府，則欺隱于猾民」，〔註93〕亦即明代初期，太祖惟知獎勵墾荒，而未顧及田土之平均分配與防範兼併等問題，故至中葉，權臣貴族肆意兼併，官田之數急速增加，民田反日趨縮小。僅以蘇州爲例，弘治年間，其「一府之地，無慮皆官田，而民田不過十五分之一」，〔註94〕可見此問題已頗嚴重。

所謂「官田」，《明史．食貨志》稱，乃「皆宋元時入官田地，厥後有還官田、沒官田、斷入官田、學田、皇莊、牧馬草場、城壖、苜蓿地、牲地、園陵墳地、公占隙地、諸王、公主、勳戚、大臣、內監、寺觀賜乞莊田、百官職田、邊臣養廉田、軍、民、商屯田」。〔註95〕明初此類官田特多，「還官田」者，乃指前代貴族富豪之莊園，隨王朝之傾覆，田主沒落而歸官之田；「沒官田」者，指犯罪而被沒收之田；「斷入官田」則指絕嗣無人繼承而歸官之田。然而其中爲民厲者，莫如皇莊及諸王、勳戚、中官莊田爲甚。〔註96〕

「皇莊」者，即是宮中莊田，其土地所有權屬於皇室，每年地租之收入，專供皇室之支出。其起源，緣自洪熙時有仁壽宮莊，其後又有清寧、未央宮莊。天順三年（1459），以諸王未出閣，供用浩繁，立東宮、德王、秀王莊田，二王之藩，地仍歸官。憲宗即位，以沒入曹吉祥地爲宮中莊田，皇莊之名由此始。〔註97〕此後明代諸帝常假皇莊之名，而行地主之實，憲宗末年，李敏陳其害，曰：

> 今畿輔皇莊五，爲地萬二千八百餘頃，……皇莊始正統間，諸王未封，相閒地作莊；王之藩，地仍歸其官，其後乃沿襲。普天之下，莫非王土，何必皇莊，請盡革莊户，賦民耕，概徵銀三分，充各宮用度，無皇莊之名，而有足用之效。〔註98〕

其實「天子以四海爲家，何必置立莊田，與貧民較利？」〔註99〕可是流風所及，當時明國已無法革此粃政，反而時加推廣，故至孝宗弘治時，增置豐潤、新城、雄縣皇莊三處。武宗即位未久，又續建皇莊七處，其後增至三十多處，

〔註93〕同註85。
〔註94〕顧炎武，前引書，卷十，〈蘇松二府田賦之重〉，頁239。
〔註95〕《明史》卷七七，志五三，〈食貨〉一，頁1881。
〔註96〕書同前，頁1886。
〔註97〕書同前，頁1887。
〔註98〕註同前。
〔註99〕註同前。

共計占地三萬七千五百九十五頃四十六畝，〔註100〕時，兵科給事中夏言曾極陳皇莊爲民厲，曰：

> 皇莊既立，則有管理之太監，有奏討之旗校，有跟隨之名色，每處至三四十人，其初管莊人員出入及裝運租稅，俱自備車輛夫馬，不干有司。正德元年以來，權姦用事，朝廷大壞，於是有符驗之請，關文之給。經過州縣，有廩餼之供，有車輛之取，有夫馬之索，其分外生事，巧取財物，又有言之不能盡者。及抵所轄莊田處所，則不免擅作威福，肆行武斷。其甚不靖者，則起蓋房屋，架搭橋梁，擅立關隘，出給票帖，私刻關防，凡民間撐駕舟車，牧放牛馬，采捕魚蝦螺蚌莞蒲之利，靡不括取，而鄰近地土，則展轉移築封堆，包打界址，見畝徵銀。本土豪猾之民，投爲莊頭，撥置生事，幫助爲虐，多方掊尅，獲利不貲。輸之宮闈者曾無十之一二，而私入囊橐者蓋不啻十八九矣。此可爲太息流涕者。〔註101〕

可知皇莊之弊端甚烈，故正德十六年（1521），世宗即位後，特遣夏言、樊繼祖、張希尹等人往順天府查勘各項莊田，並令凡成化、弘治，及正德年間，皇莊及皇親功臣莊田，凡屬奸民投獻，勢要侵占者，盡要查出給主召佃，還官歸民。〔註102〕未久，共覈得皇莊二十九萬九百十九頃，另外先年侵佔民田者有二萬二百二十九頃，各給其主。時，世宗尚欲罷皇莊及官莊，但因戚輩從中阻撓，世宗乃命覈先年頃畝之數以聞，改稱官地，不復名爲皇莊。〔註103〕可是實際上，皇莊之害仍在，各宮田土照例徵銀，〔註104〕夏言所疏請者，並未稍有改善，且多爲宦寺中飽，積逋至數十萬以爲常。〔註105〕

明代之官田，擾害百姓最厲者，除皇莊之外，尚有諸王勳戚中官之莊田。

〔註100〕明武宗即位後，皇莊之數目，據《明史．食貨志》曰：「其後增至三百餘處，《續文獻通考》卷六，〈田賦〉六，則曰：「其後增至二十餘處」，但是據同書引夏言疏統計，皇莊增加之數目，除仁壽、清寧、未央三宮莊田不計外，天順八年建皇莊一，成化間增一，弘治間增三，武宗即位踰月，建皇莊七，正德元年增七，二年增六，四年增二，五年增一，七年增二，八年增五，九年增一，共計三十處。故前二者所稱之數目似皆有誤。參閱萬國鼎，〈明代莊田考略〉，《金陵學報》第三卷第二期，頁9。

〔註101〕清高宗敕撰，《續文獻通考》，卷六，〈田賦〉六，頁2836。

〔註102〕註同前。

〔註103〕註同前。

〔註104〕註同前。

〔註105〕註同前。

其形成之原因有三：

一、賜地——洪武十年（1377），太祖曾賜勳公侯丞相以下莊田，多者百頃，親王莊田千頃。又賜公侯暨武臣百官公田，以其租入充祿，指揮沒於陣者亦賜公田，〔註 106〕故起初莊田具有祿田之作用。〔註 107〕然而「勳臣莊佃，多倚威扞禁」，〔註 108〕至二十四年（1391），太祖乃召諸臣戒諭之，並令公侯復歲祿，歸還所賜之田。〔註 109〕早先因明國初建，元末之權臣貴族隨元室北移，遺下許多荒蕪無主之田地，太祖遂賜之於權貴，可是未料日久名目漸多，例如「在京王府有養贍及香火地，公主郡主及夫人有賜地，公侯伯有給爵及護墳地」。〔註 110〕尤其是至英宗時，權貴宗室之莊田墳塋，或賜或請，已不可勝計，〔註 111〕故諸王勳戚中官之莊田漸多。弘治元年（1488）七月，南京御史張昺上書曾言：「外戚雖罪萬喜，而莊田又賜皇親，是驕縱姻婭之漸也。」〔註 112〕然而明代諸帝似仍未見其害，更以其獨夫所愛之意，而時有賜田之舉。例如弘治年間，「徽、興、岐、衡四王，田多至七千餘頃，會昌、建昌、慶雲三侯爭田，帝輒賜之」。〔註 113〕至神宗時，以其厚愛福王，「括河南、山東、湖廣田為王莊，至四萬頃，群臣力爭，乃減其半」。〔註 114〕熹宗時，桂、惠、瑞三王及遂平、寧德二公主莊田，動以萬計，而魏忠賢一門，橫賜尤甚。〔註 115〕凡此以皇子、皇親之尊，何患乎衣食不足，而猶額外賜以田土，均或多或少影響及百姓之生活條件，使其生活日益艱困也。

二、奏乞——所謂「奏乞」者，即權貴指定田地奏求賜地。明初，因荒蕪無主之田地甚多，故朝廷准許權貴奏乞，至「仁宣之世（1425～1435），乞請漸廣，大臣亦得請沒官莊舍」。〔註 116〕景泰五年（1454）三月，給事中林聰以災異條陳八事，曾曰：「武清侯石亨，指揮鄭倫，身享厚祿，而多奏

〔註 106〕《明史》卷七七，志五三，〈食貨〉一，頁 1886～1887。

〔註 107〕清水泰次，〈明初の祿田の性質〉，《加藤博士還曆紀念東洋史集》所收；另參閱清水泰次，〈明代莊田考〉，《東洋學報》卷一六，三、四期。

〔註 108〕同註 97。

〔註 109〕註同前。

〔註 110〕申時行，引書，卷十七，〈給賜〉條，頁 460～461。

〔註 111〕同註 97。

〔註 112〕《明史》卷一六一，列傳四九，〈張昺〉，頁 4393。

〔註 113〕清高宗敕撰，《文獻通考》，卷六，〈田賦〉六，頁 2835。

〔註 114〕《明史》卷七七，志五三，〈食貨〉一，頁 1889。

〔註 115〕註同前。

〔註 116〕同註 97。

求田地，百戶唐興多至一千二百餘頃，宜爲限制。」〔註 117〕權貴奏請田地，竟被列爲災異之一，顯見當時奏乞甚烈，其害亦劇。憲宗成化四年（1486）春，給事中邱宏奏曰：

> 洪武、永樂間，以畿輔、山東土曠人稀，詔聽民開墾，永不科稅。邇者權豪怙勢，率指爲閒田，朦朧奏乞，如嘉善長公主求文安諸縣地，西天佛子箚實巴求靜海縣地，多至數十百頃，夫地逾百頃，古者百家產也。豈可徇一人之私情，而奪百家恆產哉。〔註 118〕

憲宗雖納其言，詔自今請乞，皆不許，著爲令。〔註 119〕但卻未確實執行，仍時有奏乞之事，故給事中李森曰：

> 比給事中邱宏奏絕權貴請乞，亦既俯從。乃外戚周彧求武張武邑田六百餘頃，翊聖夫人劉氏求通州武清地三百餘頃，詔皆許之，何與前敕悖也？〔註 120〕

可見憲宗仍允許權貴奏乞田地，故當時「帝善其言而已，賜者仍不問」。〔註 121〕迨至孝宗弘治三年（1490），雖然復令「今後如有皇親并權豪勢要之家奏討地土，非奉旨看了來說，一切立案不行，仍要追究撥置主謀之人，參送問罪」。〔註 122〕然而乞地之風仍盛，如弘治十一年（1498），崇王見澤乞河南退灘地二十餘里，興王祐杬前後乞赤馬諸河泊所及近湖地千三百餘頃。〔註 123〕難怪禮部尚書李東陽上疏嘆曰：「勢家鉅族，田連郡縣，猶請乞不已。」〔註 124〕

三、投獻——權貴既肆意巧取豪奪小之田，故一般小地主乃投靠權勢之家，以求倖全。且因明代差徭繁重，許多不堪差徭之小自耕農，常帶產投靠權貴以避之，而自屈於奴僕。初於洪武十年（1377）二月，太祖以食祿之家與庶民貴賤有等，趨事執役以奉上者，乃庶民之事，若賢人君子既貴其身，而復役其家，則君子野人無所分別，非勸士待賢之道，故允許百司現任官員之家有田土者，輸租稅外，悉免其徭役。〔註 125〕此一優待，適予小自耕農避

〔註 117〕《明史》卷一七七，列傳六五，〈林聰〉，頁 4719。
〔註 118〕書同前，卷一八〇，列傳六八，〈邱宏〉，頁 4770。
〔註 119〕註同前。
〔註 120〕清高宗敕撰，《文獻通考》，卷六，〈田賦〉六，頁 2834。
〔註 121〕註同前。
〔註 122〕申時行，前引書，卷十七，頁 458。
〔註 123〕《明史》卷一八三，列傳七一，〈周經〉，頁 4861。
〔註 124〕書同前，卷一八一，列傳六九，〈李東陽〉，頁 4821。
〔註 125〕《明太祖實錄》，卷一一一，洪武十年二月丁卯條。

免差徭之機會，投獻之風乃漸盛行。顧炎武《日知錄》曰：

今日江南士大夫，多有此風，一登仕籍，此輩競來門下，謂之投靠，多者亦至千人。〔註126〕

甚至於有奸民奪人田地投獻於權勢之家，以利己者，趙翼《廿二史箚記》卷三四，〈明鄉官虐民之害〉曰：

又有投獻田產之例，有田產者，爲奸民籍而獻諸勢要，則悉爲勢家所有。……萬曆中（1573～1619），嘉定青浦間，有周星卿素豪俠，一寡婦薄有貲產，子方幼，有姪陰獻其產於勢家，勢家方坐樓船，鼓吹至閱莊，星卿不平，糾強有力者突至索鬥，乃懼而去。訴於官，會新令韓某頗以扶抑爲己任，遂直其事，此亦可見當時獻產惡習。……其他小民，被豪佔而不得直者，正不知凡幾矣。〔註127〕

蕭良幹《拙齋十議．功臣土田議》曰：

奸猾之徒，窺伺瑕釁，不曰無主荒田，則曰無稅官地。獻納於勢豪，效奴堅之誠，投溪壑之欲。失業之民，痛心疾首。〔註128〕

另外屢有奸猾之徒輒取畿內逋田，或妄指軍民田地爲空閒，投獻近倖奏爲皇莊。管莊內臣又憑城狐社鼠之勢收租，而其等即爲設謀投獻之人，橫征巧取，莫敢誰何？致皇親駙馬功臣人等，莊田散佈其間，乘機侵奪。弘治年間，夏言〈勘報皇莊疏〉曰：

夫何近年以來，權倖親暱之臣，不知民間疾苦，不知祖宗制度，妄聽奸民投獻，輒自違例奏討，將畿甸州縣人民奉例開墾永業，指爲無糧地土，一概奪爲己有。由是，公私莊田踰鄉跨邑，小民恆產歲朘月削，至于本等原額徵糧養馬產塩入跕之地，一例混奪，權勢橫行，何所控訴，產業既失，糧稅猶存，徭役苦于併充，糧草困于重出。飢寒愁苦，日益無聊，展轉流亡，靡所底止，以致強梁者起而爲盜賊，柔善者轉死於溝壑，其巧黠者則或投充勢家莊頭家人名目，資其勢以轉爲良善之害，或匿入海户、陵户、勇士、校尉等籍，脫免徭役，以重困敦本之人。〔註129〕

〔註126〕顧炎武，前引書，卷一三，〈奴僕〉，頁325。

〔註127〕趙翼（清代），《廿二史箚記》（台北，華世出版社印行，民國66年9月新一版），卷三四，〈明鄉官虐民之害〉，頁784～785。

〔註128〕蕭良幹（明代），《拙齋十議》（百部叢書集成九八編，藝文印書館印行，民國56年），〈功臣土田議〉，頁7。

〔註129〕徐孚遠等編，《皇明經世文編》（台北，國聯圖書公司據國立中央圖書館藏明

凡此皆爲投獻之弊端，且爲蹙民命脈，竭民膏血者。故明廷三令五申加以禁止，〔註 130〕，例如早於英宗天順二年（1458），即勑皇親公侯伯文武大臣，不許強占官民田地，起蓋房屋，把持行市，侵奪公私之利，事發坐以重罪，其家人及投託者，悉發邊衛，永遠充軍。〔註 131〕憲宗成化二年（1466），題准公侯駙馬伯及勳戚大臣之家，有將官民地土妄稱空閒朦朧奏討，及令家人伴當用強侵占者，行移法司先將抱本奏告人，拏問如律，干礙主使教令人員，奏請拏問，仍追究報地投獻之人，該府州縣官阿附權勢、容令占種，不即具奏者，事發，一體究治。〔註 132〕世宗嘉靖二十四年（1545），題准各王府除欽賜地土不動外，其空閒官田，并軍民徵糧地土，敢有私自投獻，捏契典賣者，許被害之人告發，所在官司，即與丈量明白改正，還官給主，投獻之人，照例問發。〔註 133〕禁止投獻之令雖多，然亦顯示當時權貴侵佔民田甚劇，且禁不勝禁，投獻之風仍然盛行，尤其「治姦民投獻莊田，及貴戚受獻者罪，權倖皆不便」。〔註 134〕使執政者多持之不行，而宦戚輩亦從中阻撓，禁令遂更無法行之徹底矣。

論至此，吾人可知明代田土問題之產生，一因賜地，造成許多大地主；二因勳戚奏乞，奪取民田；三因姦民投獻朱門，使明初雖然鼓勵百姓開墾，且有丈量田土之舉，然而卻疏於防範田土之兼併，故至中葉，兼併日重，皇莊厲民，莊田侵民之事不勝枚舉，尤其是權貴「廣置莊田，不入賦稅，寄戶郡縣，不受征徭，阡陌連亙，而民無立錐」，〔註 135〕且「管莊官校人等往往招集無賴群小，稱爲『莊頭』、『伴當』，佃戶家人名目占民地土，斂民財物，奪民孳畜，甚至污人婦女，戕人性命，民心傷痛入骨，少與分辯，輒被誣奏至差，官校拘拏，舉家驚憾，怨聲交作」，〔註 136〕有時「王府官及諸閹丈地徵稅，

崇禎年間平露堂刊本影印，民國 53 年 9 月初版），卷二〇二，《夏文愍公（夏言）文集》，卷一，〈勘報皇莊疏〉，頁 8。

〔註 130〕清水泰次，《明代土地制度史》（東京，大安株式會社，1968 年 11 月初版），〈明朝投獻禁令考〉，頁 405～420。

〔註 131〕申時行，前引書，卷十七，頁 457～458。

〔註 132〕同註 122。

〔註 133〕書同前，頁 460。

〔註 134〕《明史》卷一七八，列傳六六，〈朱英〉，頁 4742。

〔註 135〕書同前，卷一六四，列傳五二，〈聊讓〉，頁 4450。

〔註 136〕《明孝宗實錄》（據國立北平圖書館紅格鈔本微捲影印，台北南港，中央研究院史語所校勘印行，民國 57 年影印二版），卷二八，弘治二年七月己卯條。

旁午於道，扈養廝役廩食以萬計，漁斂慘不忍聞，駕帖捕民，格殺莊佃，所在騷然」，〔註 137〕故蕭良幹《拙齋十議．功臣土田議》曰：

今腴膏所在，非宮掖之私田，則權門之莊宅，民之世業爲所蠶併；衣食之資既無所給；……閭閻之民，何以堪此。〔註 138〕

田土本爲百姓治產之根本，衣食之來源，而今橫遭權貴強奪至此地步，百姓防災之能力深受斲喪，使百姓不僅平日三餐無以爲繼，天災來臨時，更束手無策，形成嚴重之災荒。

二、明代賦役問題與災荒之關係

明代賦役之制循唐宋之舊，名目尤多，其中以田賦丁役爲最主要，《明史．食貨志》曰：

自楊炎作兩稅法，簡而易行，歷代相沿，至明不改。太祖爲吳王，賦稅十取一，役法計田出夫，……即位之初，定賦役法，一以黃冊爲準。冊有丁有田，丁有役，田有租。租曰夏稅，曰秋糧，凡二等。夏稅無過八月，秋糧無過明年二月。丁曰成丁，曰未成丁，凡二等。民始生，籍其名曰不成丁，年十六曰成丁，成丁而役，六十而免。〔註 139〕

此爲明代賦役制度之梗概

（一）明代田賦制度之缺失

明代之田地略分爲官田與民田，〔註 140〕二者田賦輕重不同，《明史．食貨志》曰：「初，太祖定天下官、民田賦，凡官田畝稅五升三合五勺，民田減二升，重租田八升五合五勺，沒官田一斗二升。〔註 141〕惟蘇、松、嘉、湖，怒其爲張士誠守，乃籍諸豪族及富民田以爲官田，按私租簿爲稅額，而司農卿楊憲又以浙西地膏腴，增其賦，畝加二倍。故浙西官、民田視他方倍蓰，畝稅有二三石者，大抵蘇最重，松、嘉、湖次之，常、杭又次之」。〔註 142〕此一段話，將蘇、松之重賦責任，推及於明太祖身上，固然並不完全正確，

〔註 137〕《明史》卷七七，志五三，〈食貨〉一，頁 1889。
〔註 138〕同註 128。
〔註 139〕《明史》卷七八，志五四，〈食貨〉二，頁 1893。
〔註 140〕參閱本章第二節第一項。
〔註 141〕明初田賦之標準，可參閱清水泰次，張錫綸譯，〈明初田賦考〉，《食貨》，第四卷第二期。
〔註 142〕《明史》卷七八，志五四，〈食貨〉二，頁 1896。

〔註 143〕但是蘇、松被徵重賦，則爲不可否認之事實，故明代時期之田賦，以江南各府尤重，丘濬《大學衍義補》論之曰：

> 臣按東南財賦之淵藪也，自唐宋以來，國計咸仰，於是今日尤爲切要重地。韓愈謂賦出天下，而江南居十九，以今觀之，浙東西又居江南十九，而蘇松常嘉湖五郡又居兩浙十九也。考洪武中，天下夏稅秋糧以石計者，總二千九百四十三萬餘，而浙江布政司二百七十五萬二千餘，蘇州府二百八十萬九千餘，松江府一百二十萬九千餘，常州府五十五萬二千餘。是此一藩三府之地，其民租比天下爲重，其糧額比天下爲多。〔註 144〕

江南田賦既如是之重，故「江南大賈，強半無田，蓋利息薄而賦役重也」。〔註 145〕

直至洪武十三年（1380）三月，太祖以比年蘇、松各郡之民衣食不給，皆爲重租所困，民既困於重租，而官又不知卹，是重賦而輕人，非所以善民也。〔註 146〕故命戶部減蘇、松、嘉、湖四府重稅糧額，「舊額田畝科七斗五升至四斗四升者，減十之二；四斗三升至三斗六升者，俱止徵三斗五升，以下仍舊，自今年爲始，通行改科」。〔註 147〕然而就太祖所定減稅額觀之，每畝七斗五升以上之稅額，及一石以上之稅額，皆未規定減低，且每畝三斗六升以下之稅額仍舊不減，使蘇、松地區重賦之問題仍然存在，〔註 148〕害民甚烈，顧炎武《日知錄》曰：

> 松江一府……租既太重，民不能堪。……愚歷觀往古，自有田稅以來，未有若是之重者也。以農夫蠶婦，凍而織，餒而耕，供稅不足，則賣兒鬻女，又不足，然後不得已而逃，以至田地荒蕪，錢糧年年

〔註 143〕關於蘇松重賦之情形，可參閱吳師緝華，《明代社會經濟史論叢》（上），（作者發行，民國 59 年 9 月初版），〈論明史食貨志載太祖遷怒與蘇松重賦〉，頁 17～32。

〔註 144〕丘濬（明代），《大學衍義補》（台北，台灣商務印書館，一百六十卷，四庫書珍本二集），卷二四，〈治國平天下之要〉，〈制國用〉，頁 20。

〔註 145〕謝肇淛（明代），《五雜俎》（台北，筆記小說大觀八編第六冊，新興書局影印本，十六卷），卷四，頁 36。

〔註 146〕《明太祖實錄》，卷一三〇，洪武十三年三月壬辰條。

〔註 147〕註同前。

〔註 148〕吳師緝華，前引書，頁 27～28。另參閱清水泰次，張錫綸譯，〈明初田賦考〉；清水泰次，〈明代の稅、役と詭寄〉（上），《東洋學報》第一七卷，頁 386～396。

拖欠。〔註149〕

另外明「時，公侯祿米、軍官月俸，皆支於南戶部」，〔註150〕使江南蘇、松等地亦常爲輸糧所困，丘濬《大學衍義補》曰：

> 今國家都燕，歲漕江南米四百餘萬石以實京師，而此五郡者幾居江西湖廣南直隸之半。……竊以蘇州一府計之，以準其餘。蘇州一府七縣，其墾田九萬六千五百六頃，居天下八百四十九萬六千餘頃田數之中，而出二百八十萬九千石稅糧，於天下二千九百四十餘萬石歲額之內，其科徵之重，民力之竭，可知也已。〔註151〕

百姓除以正額遠輸外，又須加耗，如景泰年間（元年至八年，1450～1457），浙江糧軍兌運米，一石加耗米七斗；民自運米，一石加耗米八斗，其餘計水程遠近加耗。〔註152〕故百姓在「田不加多，而賦斂實倍」〔註153〕之情況下，生活更加困窘。尤其民運之舉相當擾民，穆宗時，陸樹聲〈民運困極疏〉曰：

> 人皆知軍運之重，而不知民運之苦，尤有深可憫者。……嘉靖十年以前，民運尚有保全之家，至嘉靖十年以後，凡充是役，未有不破家者。〔註154〕

蓋東南北運之役最險最危，有三千餘里之苦，有洪閘淺溜之苦，有經年隔歲之苦，比之在鄉諸役更險更遠，且正米外又有私耗舂辦，每石約增七斗，車、水腳等銀每石約貼八九錢，故百姓往往至于破家。〔註155〕

江南本爲富庶之區，可是久受重賦之影響，逐漸不堪負荷。給事中徐貞明論曰：

> 神京雄據上游，兵食宜取之畿甸。今皆仰給東南，……夫賦稅所出，括民脂膏，而軍船夫役之費，常以數石致一石，東南之力竭矣。〔註156〕

〔註149〕顧炎武，前引書，卷十，〈蘇松二府田賦之重〉，頁236。

〔註150〕《明史》卷一五三，列傳四一，〈周忱〉，頁4213。

〔註151〕丘濬，前引書，頁20～21。

〔註152〕《明史》卷一七二，列傳六十，〈孫原貞〉，頁4586。

〔註153〕註同前。

〔註154〕徐孚遠，前引書，卷二九一，《陸中丞（陸樹德）文集》卷一，〈民運困極疏〉，頁9～10。

〔註155〕顧炎武，《天下郡國利病書》（台北，台灣商務印書館據清乾嘉間樹蘐草堂鈔本影印），第六冊，〈蘇松〉，頁84。

〔註156〕《明史》卷二二三，列傳一一一，〈徐貞明〉，頁5881。

江南地區之百姓有田者什一，爲人佃作者十九，歲僅秋禾一熟，一畝之收不能至三石，少者不過一石有餘，如今私租既重，多至一石二三斗，少亦八九斗，佃人乃竭一歲之力，糞擁工作，一畝之費可一緡，收成之日，所得不過數斗，遂致有今日完租，而明日乞貸者。〔註 157〕此爲其平靖時期之生活情形，如天災忽而降臨，收穫無得時，即完全無法繳租。萬曆江蘇《嘉定縣志》曰：

> 本縣地形高亢，土脈沙瘠，種稻之田約止十分之一，其餘止堪種花豆，但遇霪雨則易於腐爛，遇旱熯則易於枯槁，又海嘯之虞，不得有秋，十年之內荒歉恆居五六，於是小民日至流移，糧長日至疲困，往往缺兌，上累下繁。〔註 158〕

此種情形，遂使「吳民大困，流亡日多」，〔註 159〕宣宗即位時，布政使周幹巡視蘇、常、嘉、湖諸府，還言：「蘇州等處人民多有逃亡者，詢之耆老，皆云由官府弊政困民及糧長弓兵害民所致，如吳江崑山民田每畝舊稅五升，小民佃種富室田畝，出私租一石，後因沒入官，依私租減二斗，是十分而取其八也。撥賜公侯駙馬等項田，每畝舊輸租一石，後因事故還官，又如私租例盡取之。且十分而取其八，民猶不堪，況盡取之乎？盡取則無以給私家，而必至凍餒，欲不逃亡不可得矣。」〔註 160〕百姓逃亡之數逐年增加，宣德年間，工部右侍郎周忱嘗以太倉一城之戶口考之，洪武二十四年（1391）黃冊，有八千九百八十六戶，而今宣德七年（1432）造冊，止有一千五百六十九戶，覈實又止有見戶七百三十八戶，其餘又皆逃絕虛報之數。戶雖耗，而原授之田俱在，夫以七百三十八戶而當洪武年間八千九百八十六戶之稅糧，欲望其輸納足備而不逃去，其可得乎？〔註 161〕

百姓不僅受重賦之逼迫，且每於舊曆二、八月份，當胥吏下鄉追徵時，即大斛倍收，多方索取，所至鷄犬皆空。可是明廷似視其爲當然，猶派遣差役，追呼敲扑，歲無寧日，而奸富猾胥方且詭寄挪移，并輕分重，使小民疾苦，閭閻凋瘁，日益月增。〔註 162〕當時小民最苦者，乃「無田之糧」，其原因

〔註 157〕顧炎武，《日知錄》，卷十，〈蘇松二府田賦之重〉，頁 240。
〔註 158〕韓浚（明代），江蘇《嘉定縣志》（台北，明萬曆刊本，二十二卷），卷七，頁 2。
〔註 159〕陸世儀（清代），《陸桴亭先生遺書》（清光緒元年刊本），第十九冊，頁 2。
〔註 160〕《明宣宗實錄》，卷六，洪熙元年閏七月丁巳條。
〔註 161〕程敏政（明代），《皇明文衡》（台北，台灣商務印書館，四部叢刊初編，民國 64 年），卷二七，〈周忱與行在戶部諸公書〉。
〔註 162〕《明史》卷七八，志五四，〈食貨〉二，頁 1898～1900。

有二，一為飛洒欺隱，一是坍江事故。〔註163〕前者由「田鬻富室，產去糧存」而起，「戶產盡廢，戶糧猶存，置產之家，視若隔體，代納之戶，慘于剝膚」，「小民多未見聞，第據支付，便為實數，遂致貧戶反溢數倍，豪強坐享餘租，此飛洒之弊也。」〔註164〕後者乃指被水淹沒之田地曰坍江，流移戶絕之田地曰事故。宣德年間，布政使周幹曾謂，仁和、海寧、崑山海水陷官民田千九百餘頃，逮今十有餘年，猶徵其租。〔註165〕田既沒於海，租從何出？故嘉靖二十八年（1549）十二月，巡撫鳳陽都御史龔輝曰：

淮安、贛榆、沐陽、安東、清河及海邳等州縣，連歲災傷，户口逃亡大半，而錢糧照額科派，積年逋負，徒存虛數，又將見在疲民代償，日朘月削，存者必逃，逃者不返，窮困之極，恐釀他變。〔註166〕

此二者困民既甚，使百姓唯有逃亡一途。

萬曆六年（1578），張居正議用開方法，以徑乘除畸零截補，〔註167〕至八年（1580）十一月正式通行丈量天下田畝，〔註168〕雖然定有八款各省直清丈田糧條，神宗亦令各撫按官悉心查覈，著實舉行，毋得苟且了事，及滋勞擾。〔註169〕，使田土數額增加不少，然而實際上乃是「有司爭改小弓以求田多，或掊克見田以充虛額」，〔註170〕故反而造成「北直隸、湖廣、大同、宣府遂先後按溢額增賦」，〔註171〕徒使百姓之田賦加重，生活愈為艱困。而未久明廷復力行加派之舉，於正賦之外，又增遼餉、勦餉、練餉，使百姓更無以堪命。孫承澤《春明夢餘錄》卷三五曰：

舊餉額數統而計之，不過四百九十六萬八千五十六兩一錢五分四釐，合天下商民共為承辦，猶未見其甚困也。至一加遼餉，遂有九百一十三萬四千八百八十餘兩之多，再加練餉遂有七百三十四萬八千八百餘兩之多，視原額舊餉，不啻三四倍矣。而所謂勦餉不與焉，

〔註163〕註同前。
〔註164〕《祁忠惠公遺集》卷一，〈陳民間十四大苦疏〉，轉引自張錫綸，〈明代對於農民的征斂〉，大公報，史地周刊，第九十八期，民國25年8月14日。
〔註165〕《明史》卷七八，志五四，〈食貨〉二，頁1896～1897。
〔註166〕《明世宗實錄》，卷三五五，嘉靖二十八年十二月己未條。
〔註167〕清高宗敕撰，《續文獻通考》，卷二，〈田賦〉二，頁2793。
〔註168〕《明神宗實錄》，卷一〇六，萬曆八年十一月丙子條。
〔註169〕註同前。
〔註170〕同註167。
〔註171〕註同前。

> 軍前之私派不與焉。猶此人民，猶此田土，餉加而田日荒，征急而民日少，皮之不存，毛將安附？當日司計者，肉寧足食哉？〔註172〕

此種弊政，使清朝入關時，將其廢除，以做爲拉攏百姓之手段。《清世祖章皇帝實錄》曰：

> 順治元年（1644），……攝政和碩睿親王諭官吏軍民人等，曰：「……前朝弊政，厲民最甚者，莫如加派遼餉，以致民窮盜起，而復加勦餉，再爲各邊抽練，而復加練餉。惟此三餉，數倍正供，苦累小民，剔脂刮髓，……自順治元年爲始，凡正額之下，一切加派，如遼餉、勦餉、練餉及召買米豆，盡行蠲免。」〔註173〕

可知明代之加派，困民甚劇。

次言明代官田租賦之害民，「官田」者，「官之田也，國家之所有，而耕者猶人家之佃戶也」。〔註174〕即受地於官，歲供租稅者。明初官田稅糧之徵收，雖「按私租簿爲稅額」，〔註175〕但卻有高低之不同，「畝入租三斗或五六斗，或石以上者有之」。〔註176〕故官田租相當繁重，尤其是蘇州一府，秋糧二百七十四萬六千餘石，自民糧十五萬石外，皆官田糧，幾占民田總額百分之百。〔註177〕王弼（成化十一年進士，溧水知縣）在〈永豐謠〉曰：

> 永豐汙接永寧鄉，一畝官田八斗糧，人家種田無厚薄，了得官租身即樂，前年大水平斗門，圩底禾苗沒半分，里胥告災縣官怒，至今追租如追魂，有田追租未足怪，盡將官田作民賣，富家得田貧納租，年年舊租結新債，舊租了，新租促，更向城中賣黃犢，一犢千文任時估，債家算息不算母，嗚呼！有犢可賣君莫悲，東鄰賣犢兼賣兒，但願有兒在我邊，明年還得種官田。〔註178〕

眞是道盡百姓深受官田剝削、逼債之苦。

前之所述，多以明代江南重賦爲例，至於黃河流域之情勢亦然，因有司

〔註172〕孫承澤（明代），《春明夢餘錄》（台北，台灣商務印書館，四庫全書珍本第六集）卷三五，頁12。
〔註173〕《大清世祖章（順治）皇帝實錄》（一）（台北，華文書局印行，民國57年9月再版），卷六，頁9～10。
〔註174〕顧炎武，《日知錄》，卷十，〈蘇松二府田賦之重〉，頁239。
〔註175〕《明史》卷七八，志五四，〈食貨〉二，頁1896。
〔註176〕書同前，頁1899。
〔註177〕同註175。
〔註178〕顧炎武，《日知錄》，卷十，〈蘇松二府田賦之重〉，頁241。

為應廷上之求，不得已往往於額外加派徵納，故河南「中州王糧一項，歲凡百餘萬兩，而京邊新舊諸款，復一百六十餘萬兩，……且上蔡、息縣等處加派偏苦」，〔註179〕順天府所屬州縣，其夏秋常賦，原額折銀不過十萬九千六百兩有奇，其額外加編銀反至十一萬三千六百兩有奇。〔註180〕重賦虐民之結果，常使百姓無以為生，惟有走上逃亡逋賦一途，例如宛平、大興二縣之戶口，有全里逃亡無一丁者，有餘二、三戶者。〔註181〕至於山西因地瘠民貧，大異中原，而王糧邊餉，民間敲朴，如同剜肉醫瘡，加派一項，即達三十九萬八千五百九十餘兩，直踰閩廣二三倍。〔註182〕故當歲旱民飢時，百姓多逃亡，逋負額亦隨之增多，如天順元年至八年（1457～1464），山西所屬州縣拖欠稅糧，竟達數十餘萬。〔註183〕而百姓抗災能力幾完全喪失，惟轉徙四散趕食居住，或徒受災荒之摧殘。〔註184〕

（二）明代徭役制度之弊病

《明史・食貨志》曰：

> （太祖）即位之初，定賦役法，一以黃冊為準，冊有丁有田，丁有役，田有租。……役曰里甲，曰均徭，曰雜泛，凡三等。以戶計曰甲役，以丁計曰徭役，上命非時曰雜役，皆有力役，有雇役。府州縣驗冊丁口多寡，事產厚薄，以均適其力。〔註185〕

準此觀之，明代徭役制度之建立，似在洪武十四年（1381）命天下郡縣編造黃冊之後。〔註186〕然而明代初期，太祖曾在南直隸施行過均工夫制，即洪武元年（1368）二月，太祖為徵發南京附近府州百姓營建都城土木，命中書省議役法。且以立國之初，經營興作必資民力，恐役及貧民，乃命中書省驗田出夫，田一頃出丁夫一人，不及頃者，以別田足之，名曰均工夫。時，直隸應天十八府州及江西饒州、九江、南康三府計田三十五萬七千二百六十九頃，

〔註179〕陳仁錫（明代），《皇明世法錄》（台北，學生書局，據明末原刊本影印，九十二卷，民國54年元月初版），卷三四，頁20。

〔註180〕《明世宗實錄》，卷五三六，嘉靖四十三年七月己未條。

〔註181〕註同前。

〔註182〕陳仁錫，前引書，卷三四，頁17～18。

〔註183〕《明憲宗實錄》，卷四七，成化三年十月辛酉條。

〔註184〕徐孚遠，前引書，卷三八，《商文毅（商輅）文集》卷一，〈招撫流移疏〉，頁5。

〔註185〕《明史》卷七八，志五四，〈食貨〉二，頁1893。

〔註186〕清水泰次，〈明代の税、役と詭寄〉（下），《東洋學報》第一七卷，頁504。

出夫如田之數，遇有興作，於農隙作之。〔註 187〕蓋民力有限，而傜役無窮，故思節其力，毋重困之也。

洪武三年（1370），太祖復命編置直隸應天府州及江西九江、饒州、南康三府均工夫圖冊。每歲農隙，其夫赴京供役，歲率三十日遣歸，田多丁少，以佃戶充夫，其田戶出米一石資其費用，非佃人而計畝出夫者，其資費每田一畝出米二升五合，百畝出二石五斗〔註 188〕顯見此制乃以田畝爲基礎，非以人丁爲本。故易導致「工匠及富商大賈，皆以無田免役，而農夫獨受其困」。〔註 189〕幸而此制，僅是爲了適應一時一地，平均部分傜役之需要，臨時設置而已，具有明顯之過渡性質。〔註 190〕

明代里甲制之創立，起於戶部郎中范敏之議。時，太祖以傜役不均，命編造黃冊，范敏議百一十戶爲里，丁多者十人爲里長，鳩一里之事，以供歲役，十年一周，餘百戶爲十甲。〔註 191〕太祖從其議，乃於洪武十四年（1381）正月，命天下郡縣，編賦役黃冊。其法：「以一百一十戶爲里，一里之中推丁糧多者十人爲之長，餘百戶爲十甲，甲凡十人，歲役里長一人，甲首十人，管攝一里之事，城中曰坊，近城曰廂，鄉都曰里。凡十年一周，先後則各以丁糧多寡爲次。每里編爲一冊，冊之首總爲一圖，其里中鰥寡孤獨不任役者，則帶管於百一十戶之外，而列於圖後，名曰畸零。冊成爲四本，一以進戶部，其三則布政司、府、縣各留其一」，〔註 192〕至此，明代之役法乃有定制，萬曆安徽《青陽縣志》曰：

> 本朝定制十年攢造黃冊一次，每一百十户編爲一圖，圖之中丁田多者十户爲排年，餘爲甲首。排年之中，十年輪當里甲一次，催辦錢糧，應點卯酉。里甲之中，擇年老有德行者充爲老人。又通縣分爲數區，區設糧長，以追收二稅。每甲之中設總小甲以揖捕盜賊，皆爲正役。〔註 193〕

每一職位均有其應盡之職責，其中以里長催辦錢糧爲最重要，太祖亦極重視，

〔註 187〕《明太祖實錄》，卷三〇，洪武元年二月己丑條。
〔註 188〕書同前，卷五四，洪武三年七月辛卯條。
〔註 189〕《明史》卷二一四，列傳一〇二，〈葛守禮〉，頁 5667。
〔註 190〕韋慶遠（民國），《明代黃冊制度》（北平，中華書局，1961 年初版），頁 15。
〔註 191〕《明史》卷一三八，列傳第二六，〈楊思義附范敏〉，頁 3966。
〔註 192〕《明太祖實錄》，卷一三五，洪武十四年正月條。
〔註 193〕蔡立身（明代），安徽《青陽縣志》（台北，萬曆刊本），卷三，頁 17。

故至十七年（1384）七月，諭戶部臣曰：「今天下郡縣民戶，以百一十戶爲里，里有長。然一里之內，貧富異等，牧民之官，苟非其人，則賦役不均，而貧弱者受害。……凡賦役，必驗民之丁糧多寡，產業厚薄，以均其力。賦役均，則民無怨嗟矣。有不奉行，役民，致貧富不均者，罪之。」〔註194〕十八年（1385）正月，復「命天下府州縣官，第其民戶上中下三等，爲賦役冊，貯於廳事，凡遇徭役，則發冊，驗其輕重而役之，以革吏弊」。〔註195〕顯見當時太祖創立此制，進行得非常積極而確實。蓋太祖認爲此制爲一善法，例如以田土多者爲糧長，督其鄉之賦稅，正是「以良民治良民，必無侵漁之患矣」。〔註196〕且可「免有司科擾之弊，於民甚便」。〔註197〕

可是里甲制施行一久，弊端即逐漸產生。如姚文灝〈導河夫奏議〉曰：「近歲役夫，皆臨期取於里甲，而無經制，小民勞擾，吏緣爲姦，富者累年不役，貧者無歲不役。」〔註198〕而糧長一職亦然，洪熙元年（1425），廣西右布政使司周幹奏曰：

> 糧長之設，專以催徵稅糧。近者常、鎮、蘇、松、湖、杭等府，無籍之徒營充糧長，專掊剋小民以肥私己。徵收之時於各里內置倉囤，私造大樣斗斛，而倍量之。又立樣米㨫斛米之名，以巧取之，約收民五倍，卻以平斗正數付與小民。運赴京倉輸納，緣途費用所存無幾，及其不完，著令賠納至有亡身破產者。連年逋負倘遇恩免，利歸糧長，小民全不沾恩，積習成風以爲得計。……此糧長、弓兵所以害民，而致逃亡。〔註199〕

故糧長設立未久，即成擾民之制，甚至「恃其富豪，肆爲亡賴，交結有司，承攬軍需買辦，往往移已收糧米別用，輒假以風濤漂流爲詞，重復追徵，深爲民患」。〔註200〕而更可論者，即是此制施行一久，困擾竟波及糧長本身，尤其是至中葉以後，愈加嚴重，如世宗初即位時，御史馬錄疏曰：「江南之民最苦糧長，白糧輸內府一石，率費四五石，他如酒醋局、供應庫以至軍器、胖

〔註194〕《明太祖實錄》，卷一六三，洪武十七年七月乙卯條。
〔註195〕書同前，卷一七○，洪武十八年正月己卯條。
〔註196〕書同前，卷六八，洪武四年九月丁丑條。
〔註197〕書同前，卷一○二，洪武八年十二月癸巳條。
〔註198〕張內蘊（明代），《三吳水考》（台北，台灣商務印書館，四庫全書珍本三集），卷一○，〈主事姚文灝治水奏〉，頁14。
〔註199〕《明宣宗實錄》，卷六，洪熙元年閏七月丁巳條。
〔註200〕書同前，卷六十，宣德四年十二月乙酉條。

襖、顏料之屬輸內府者，費皆然。」〔註 201〕故任糧長者，輒遭破產，此中原因在於有司不復比較經催里甲負糧人戶，惟立限敲扑糧長，令其下鄉追徵，豪強者固可大斛倍收，多方索取。而孱弱者即爲勢豪所陵，耽延逋負，變產補納。至於舊役侵欠，責償新僉，故一人逋負株連親屬，無辜之民死於箠楚囹圄者幾數百人。且初時，每區糧長不過正、副二人，至此時已多至十人以上，其實收掌管糧之數減少，科斂打點使用年例之數卻增多，使州縣一年之間，輒破中人百家之產。〔註 202〕凡此皆使糧長制之弊端更顯露無遺，故家有千金之產，充糧長一年，即有爲乞丐者；家有壯丁十餘，充糧長一年，即有爲絕戶者，百姓避此役，過於謫戍，〔註 203〕蓋其害莫大焉。

均徭法之擾民亦甚，尤其地主富戶常藉在黃冊上作弊以逃避賦役。成化二年（1466）八月，給事中邱宏疏曰：

> 今也均徭既行，以十里之人户，定十年之差徭，官吏、里書乘造冊而取民財，富豪奸猾通賄賂以避重役。以下作上，以亡爲存。殊不思民之貧富何常，丁之消長不一，只凭籍冊，漫定科差，孤寡老幼皆不免差，空閒人户亦令出銀。故一里之中，甲無一户之閑，十年之內，人無一歲之息。〔註 204〕

此種奸猾富豪與官吏、里書勾結以避役之情形，至明代中葉已是相當嚴重，世宗曾詔曰：

> 民間差徭不均，多由飛詭稅糧爲害，有等奸豪富民大户田地本多，賄囑官吏、里書虛捏名字，花分詭寄，一人之田，分爲數户，規避重差。又有將田地隱寄鄉官勢要之家，托稱典賣，假立文卷，勢家貪其厚賂，田主利于免差，作弊多端，以致耗累小民，困苦日甚。〔註 205〕

可見明代之均徭制至此已演變爲不依田產、人丁之多寡，以定賦役負擔輕重之標準，而是取決於權勢之有無，故導致小民紛紛逃亡以避之。

另外里甲制之雜役亦有許多弊端，起初雜役科派本如赴供役之均工夫制

〔註 201〕《明史》，卷二〇六，列傳九四，〈馬錄〉，頁 5427。
〔註 202〕書同前，卷七八，志五四，〈食貨〉二，頁 1898～1899。
〔註 203〕龍文彬，前引書，卷五一，〈民政〉二，頁 955。
〔註 204〕清高宗敕撰，《續文獻通考》，卷一六，〈職役〉二，頁 2915。
〔註 205〕傅鳳翔（明代），《皇明詔令》（台北，成文出版社，民國 59 年 9 月台一版），卷二〇，〈寬恤詔〉，頁 1746。

一樣，每年至府州縣服役三十日，其費用由地主或各自耕戶合出。《天下郡國利病書》引《松江府志》曰：

> 太祖洪武元年（1368）定役法，每田一頃出丁夫一人，三年置直隸應天均工夫圖冊，每歲農隙，其夫赴京供役，每歲率用三十日遣歸，田多丁少者以佃人充夫，其佃户出米一石，資其費用。非佃人而計畝出夫者，其資費每田一畝出米二升五合，他如府州縣雜差亦如之。〔註 206〕

至洪武二十四年（1391），黃冊重新編成後，雜役不僅取代均工夫制，且其科派，乃將戶分爲上、中、下三等，有不同之標準。〔註 207〕

然而隨著魚鱗圖冊逐漸喪失功效時，黃冊亦形同具文，地方官常虛應故事，將十年來戶數、口數略加更改，即抄寫呈報。〔註 208〕尤其豪強猾吏與官吏里書之勾結，使役功不均之事漸多，如嘉靖年間，「河南山東修河人夫，每歲以數十萬計，皆近河貧民，奔走窮年不得休息」。〔註 209〕顧炎武〈生員論〉亦稱，「天下之病民者有三，曰鄉宦、曰生員、曰吏胥。是三者，法皆得以復其戶，而無雜泛之差，於是雜泛之差，乃盡歸於小民。……富者行關節以求爲生員，而貧者相率而逃且死。」〔註 210〕

里甲制之弊病如此，故嘉靖間有御史龐尚鵬巡按浙江，奏請施行一條鞭法，「總括一州縣之賦役，量地計丁，丁糧畢輸於官，一歲之役，官爲僉募。力差，則計其工食之費，量爲增減，銀差，則計其交納之費，加以增耗，凡額辦、派辦、京庫歲需與存留、供億諸費，以及土貢方物悉併爲一條，皆計畝徵銀，折辦於官，故謂之一條鞭。立法頗爲簡便，嘉靖間，數行數止，至萬曆九年，乃盡行之」。〔註 211〕此一辦法，係將賦稅丁役、以及銀差折變等，均包括在內，化繁雜爲單純，力求簡易便民，使百姓樂於奉行，因正如前之所述，田地多在特權手中，而政府租賦差役卻不能免，且有些人將田地投獻

〔註 206〕顧炎武，《天下郡國利病書》，第六冊，頁 63。

〔註 207〕參閱賴惠敏（民國），《明代南直隸賦役制度的研究》（台北，國立台灣大學出版委員會，民國 72 年 6 月初版），頁 60～64。

〔註 208〕Ping-ti Ho, Studies on the Population of China, 1368～1953（Camb-ridge Harvard University Press, 1959），Chapter I.另參閱韋慶遠，前引書第五章。

〔註 209〕書同前，頁 2916。

〔註 210〕顧炎武（明代），《亭林文集》（台北，新興書局印行，民國 45 年 2 月初版），卷一，〈生員論〉中，頁 11。

〔註 211〕《明史》卷七八，志五四，〈食貨〉二，頁 1902。

權豪，詭寄勢家，以逃避賦役，使官府日見錢縮，一切雜配別科又層出不窮，民不堪其擾，故一條鞭法之施行，適可改善此弊端，使十里丁糧，總於一里，各里丁糧，總於一州一縣，各州縣總於府，各府總於布政司，布政司通將一省丁糧均派一省傜役，內量除優免之數，每糧一石，審銀若干，每丁審銀若干，斟酌繁簡，通融科派，造定冊籍，行令各府州。〔註 212〕尤其是往時夏稅、秋糧及丁銀、兵銀、役銀、貼役銀，種種名色不一，或分時而徵，或分額而徵，上不勝其頭緒之碎煩，下不勝其追呼之雜沓。〔註 213〕故「自嘉靖四十年（1561），侍御龐公尚鵬按浙改作一條鞭法，最稱簡便直捷」，〔註 214〕當時施行一條鞭法，除正供外，無加派之名，民力所難，悉予免除淨盡，往日納稅者深受迭輸之苦，而徵稅者因名目雜、陋規多，易生矇混倍徵之弊，今皆一條徵之，相當方便。然而實際上果然平均乎？非也！蓋一條鞭者之「計畝徵銀」，仍是以田畝爲依據，百姓猶受重稅之逼迫，且繳納役錢後，尚有他役，使百姓須應付「無名供應之費，不時科斂之需，其苦萬狀；即遇災傷蠲免而各項冗費、冗役，及門攤納辦，支應常例等項，有司仍一概追徵，不少減免」。〔註 215〕

綜上所論，吾人可知明代之百姓在重稅繁役之下，其生活條件尤其艱困，平日之生活即「凍骨無兼衣，飢腸不再食，垣舍弗蔽，苫藁未完，流移日眾，棄地猥多，留者輸去者之糧，生者承死者之役」，〔註 216〕毫無預防與抗拒天災來臨之能力，故每當災荒發生時，常迅速擴大，破壞甚巨。

第三節　明代災荒之嚴重

災荒發生時，不僅破壞人類財物，降低其生存條件，更危及寶貴之生命，使整個社會經濟處處顯現出失調之現象。而論及明代之災荒，筆者將其略分爲水災、旱災、蝗災、震災、飢災、疫災、火災、雪霜雹災、風災等項，論述於后：

〔註 212〕《明世宗實錄》，卷一二三，嘉靖十年三月己酉條。
〔註 213〕顧炎武，《天下郡國利病書》，第六冊，〈蘇松〉，頁 64。
〔註 214〕註同前。
〔註 215〕清高宗敕撰，《續文獻通考》，卷一六，〈職役〉二，頁 2918。
〔註 216〕《明史》卷二二六，列傳一一四，〈呂坤〉，頁 5938。

一、水　災

英人 L.H. Dudley 在《中國之土地、人民》書中述及吾國之水災情形，稱「當平原之河流沖毀堤岸以後，整片油綠之作物全數被沖去，一地景象都被無邊之水掩蓋，只有墳堆上之樹木或村落上之土牆，凸露於其上。洪水退後，呈現一片灰褐色不能生產之廣漠，百姓雖逃出潦難，但卻即將被宣告餓死在那泛濫以前曾有過豐富生產之土地上」。〔註 217〕自古以來，吾國百姓即是常遭受水患如此無情之打擊。

（一）豪雨成災

明代之氣候既呈不穩定現象，故霪雨和暴風雨之次數甚多，尤其是華北地區，夏季時常霪雨連旬，使農作物缺乏陽光照射，無法行光合作用，根部亦因浸水太久，腐爛枯萎。明人陳琛〈六月雨多害稼〉詩曰：

> 野氣蒼茫曉半開，轟轟地底又聞雷，晴鳩報喜雨鳩到，五月糶新六月來，租稼滿供和尚樂，農夫盡作杜鵑哀，書生才拙無經濟，空坐吟風弄月臺。〔註 218〕

此正是農人受霪雨所苦之寫照。有時雨水較多，淹沒田禾，收穫無望，災情就比較嚴重，如永樂二年（1404）五月大雨，吳江田禾盡沒，農民忍飢，車水救田，仰天而哭，子女呼父母索食，繞車而哭，男婦壯者，相率以糠雜菱藚荇藻食之，老幼入城行乞不能得，多投於河。〔註 219〕萬曆七年（1579）五月久雨，大水連天，長洲、吳江、常熟、崑山、華亭諸縣一望無際，禾苗渰盡。〔註 220〕

然而豪雨成災之危害，往往並不止於此，除淹沒田禾外，屢有溺斃民眾、毀壞房屋之情事發生，造成更嚴重之水患。如永樂七年（1409）閏四月甲子，祁門大雨，洪水入城，至晡已落，咸謂水不再作。是夜一鼓，濃雲四合，震雷交作，驟雨霶霈，俄頃水湧迅奔而起，直夜昏黑，人無所之，舉皆登屋，三鼓時盈城，民庶悉隨屋漂，譙樓前水高丈餘，至黎明方殺，民廬十去其九，

〔註 217〕Bukton. L. H. Dudley, "China, the Land and the People," p. 220.轉引自 G. B. Cressey, "China' s Geographic Foundations" 薛貽源譯，《中國的地理基礎》（台北，開明書局，民國 62 年 12 月台二版），頁 156。

〔註 218〕陳夢雷，前引書，《曆象編庶徵典》第七十九卷，〈雨災部藝文〉二，頁 833。

〔註 219〕書同前，頁 825。

〔註 220〕書同前，頁 828。

溺死男婦六十餘人，凡漂官民房屋三百五十餘間，卷籍學糧俱渰沒。〔註 221〕成化十七年（1481），常州春夏亢旱，秋大水，平地泛溢，渰沒田疇，壞民廬舍，人多溺死。〔註 222〕嘉靖二十五年（1546）六月二十五日，北京連雨，西山水發，涌入都城數尺，房屋多倒，溺死者無算。〔註 223〕

（二）河溢江漲

吾國許多江河常因下流河床淤澱，渲洩不暢，一遇連日豪雨，江河即暴漲，沖毀堤防，使兩岸民眾皆罹水患。尤其是華北地區之黃河及伊、洛、汴、淮等河，與江南地區之長、錢塘、珠等江，以及兩湖附近之水患經常發生。

首論黃河，清人黎世序謂：「豫省河身皆寬二、三十里，江境豐、碭一帶，河身亦尚寬一、二十里，至徐城一帶，南係城郭，北盡山岡，河身僅寬八十餘丈，較上游容水不及十分之一，平日歸槽之水，尙可流行，一遇淫潦不時，非常汎漲，即有壅遏擡高之患」。〔註 224〕故終明之世，黃河爲一大患，屢次泛濫成災，如正統十三年（1448）六月，直隸大名府淫雨河決，渰沒三百餘里，壞軍民廬舍二萬區有奇，男婦死者千餘人。〔註 225〕弘治二年（1489），河決原武，泛濫於宿之符離，禾盡沒，民溺死甚眾。〔註 226〕嘉靖九年（1530）庚寅秋，河決，沒禾，平地水深丈餘，濤聲若雷，溺死者數百十人。〔註 227〕

長江流域水患之次數，雖不及黃河流域，然而仍極頻繁，如萬曆十一年（1583）癸未夏四月，興安州猛雨數日，漢江漲溢，傳有一龍橫塞黃洋河口，水壅高城丈餘，全城渰沒，公署民舍一空，溺死者五千餘人，闔家全溺無稽者不計數。〔註 228〕

至於其他河溢之患，亦常造成嚴重之災害，如成化十八年（1482）六月

〔註 221〕汪舜民（明代），江西《徽州府志》（台北，明弘治刊本，十二卷），卷十，〈祥異〉，頁 74。

〔註 222〕趙錦（明代）江蘇《江陰縣志》（台北，嘉靖刊本，萬曆修補本），卷二，頁 36。

〔註 223〕王圻（明代），《稗史彙編》（台北，筆記小說大觀三編，新興書局影印本，一七五卷，民國 62 年 4 月），卷一七一，〈黑雲蕩日大水入京〉，頁 16。

〔註 224〕賀長齡（清代），《皇朝經世文編》（台北，國風出版社印行，民國 52 年 7 月初版），卷一百，工政，河防五，黎世序，〈建虎山腰減壩疏〉，頁 8。

〔註 225〕《明英宗實錄》，卷一六八，正統十三年七月乙酉條。

〔註 226〕余鍧，前引書，卷八，頁雜 3。

〔註 227〕尤麒（明代），山東《武城縣志》（台北，明嘉靖刻本，十卷），卷九，頁 69。

〔註 228〕同註 220。

至八月，河南霪雨，衛、漳、滹沱等河漲溢，「漂損廬舍三十一萬四千二百餘間，渰死居民一萬一千八百餘人」。〔註229〕其慘狀由此可見。

（三）海潮之患

吾國東南沿海地區於夏、秋二季，常遭颱風之侵襲，不僅風大雨急，拔樹摧屋，江河暴漲，且驅來海潮，泛濫成巨災，尤其人命之死亡更是驚人。如洪武二十三年（1390）七月，揚州海潮泛溢，溺死竈丁三萬餘人。松江、海鹽亦各二萬餘人，〔註230〕同時附近之通州亦因海溢，壞捍海隄，溺死呂四等場鹽丁三萬餘口。〔註231〕弘治十四年（1501）八月，「廣東瓊山縣颶風暴雨，海翻漲，平地水高七尺，壞房屋，軍民男婦死者，不可勝計」。〔註232〕嘉靖十八年（1539），海溢，「漂沒揚州鹽場數十，人民死者無算」，〔註233〕而通州、海門各鹽場之海溢，則「高二丈餘，溺死民竈男婦二萬九千餘口，漂沒官民廬舍畜產不可勝計」。〔註234〕二十年（1541）七月十八日，浙江黃巖縣亦遭「颶風掣屋，發石拔木，大雨如注，洪潮暴漲，平地水數丈，死者無算」。〔註235〕至天啓七年（1627）七月，「浙江海嘯，湮沒民居田產，流屍積血，腥蔽江河，錢塘、仁和、海寧、山陰、會稽、蕭山等縣俱被其患」。〔註236〕此種海溢之患，不僅破壞性猛烈，且危害人命動輒成千成萬，構成極大之威脅。

二、旱　災

吾國自古以農立國，依天而食，每年亟須適當之雨量，以助五穀順利成長。然而在明代時期，其旱災總數竟居各世紀之冠，致五穀常枯萎而死，年年歉收，

〔註229〕龍文彬（清代），《明會要》（台北，世界書局印行，民國52年4月二版），卷七十，〈祥異〉三，頁1356。

〔註230〕徐學聚（明代），《國朝典彙》（台北，學生書局印行，民國54年6月初版），卷百十四，〈災異〉，頁7。

〔註231〕林雲程（明代），江蘇《通州志》（台北，萬曆刻本），卷二，頁6。

〔註232〕沈德符（明代），《萬曆野獲編》（台北，筆記小說大觀十五編，新興書局印行，民國62年4月），卷二九，〈禨祥〉，〈弘治異變〉，頁739。

〔註233〕王圻，前引書，卷一七一，〈大風金山露脚〉，頁13。

〔註234〕同註231。

〔註235〕袁應祺（明代），浙江《黃巖縣志》（台北，萬曆刻本，七卷），卷七，〈紀變〉，頁11。

〔註236〕鄭仲夔（明代），《耳新》（台北，筆記小說大觀三編，新興書局影印本），卷七，〈災異〉條，頁4。

且蝗、飢、疫等災隨之發生，形成嚴重之社會經濟問題。宣德八年（1433）六月，宣宗在〈憫旱詩〉中述及旱災之情形，與其對百姓之關懷，曰：

> 亢暘久不雨，夏景將及終。禾稼紛欲槁，望霓切三農。祠神既無益，老壯憂忡忡。饘粥將不繼，何以至歲窮。予為兆民主，所憂所民同。仰首瞻紫微，籲天攄精衷。天德在發育，豈忍民瘝痌。施霖貴及早，其必昭感通。翹跂望有渰，冀以蘇疲癃。〔註237〕

頗有憂國憂民之情懷，故明代諸帝常有賑災之詔。然而旱、蝗、飢、疫等災經常發生，使百姓仍深受災荒之摧殘。如成化十二年（1476），福建延平府順昌縣，自四月至于十二月不雨，赤地彌望，原田坼裂，深或至一丈餘，闊一二尺，無稼無收，人民艱食，坼裂處經三年始復。〔註238〕十八年（1482），安徽宿州府大旱，民疫且飢。〔註239〕二十一年，山東莘縣「亢陽不雨，夏麥秋禾徧地赤野，富者猶可庶幾，貧者何以存活」。〔註240〕二十二年（1486），福建安溪縣春三月旱，五月六月大旱，禾死，歲荒，民多流移他郡。〔註241〕弘治五年（1492），山東大旱，自春徂夏，亢陽不雨，焦禾殺稼，井涸樹枯，莘縣「是時逃竄他方者甚眾，而父子兄弟有離散不能相保者。是歲亦大飢，斗米至百錢，民不堪命」。〔註242〕可見旱災一旦發生，田中之土，乾結坼裂，禾苗枯死，農產失收，五穀踴貴，百姓備受飢餓之苦，家人無法相保，遂流亡載道，移至他郡，以求存活，此際即亟須政府施以救濟，否則災情必更趨慘重。

三、蝗　災

旱蝗之並作，往往增加災荒之嚴重性，尤其是在旱災之後，農作物已遭枯損，蝗害又隨之而起，動輒數以萬計，隔離天日，弘治六年（1493）六月，曾有「飛蝗過京師，自東南而西北，日為掩者三日」之紀錄，〔註243〕可見數目多得嚇人，且其所至之處，「飛空如雲，行地如水，過無遺稼」，〔註244〕

〔註237〕《明宣宗實錄》，卷一○三，宣德八年六月乙酉條。

〔註238〕鄭慶雲（明代），福建《延平府志》（台北，嘉靖刻本，二十三卷），卷二二，〈祥異〉，頁7。

〔註239〕余鍧，前引書，卷八，頁雜4。

〔註240〕吳宗器（明代），山東《莘縣志》（台北，正德刻本，十卷），卷六，頁32。

〔註241〕汪瑀（明代），福建《安溪縣志》（台北，嘉靖刻本），卷八，〈雜志〉，頁69。

〔註242〕吳宗器，前引書，頁33。

〔註243〕龍文彬，前引書，頁1369。

〔註244〕吳宗器，前引書，頁34。

民田多被一掃而空，蕩然無存。故每次「蝗之爲災，甚於水旱，凡所過處，草枯地赤，六畜無以爲飼，不惟傷禾稼而已」，〔註 245〕且飢、疫復起，使災情更加慘重。如正德四年（1509）夏，宿州「大旱，蝗飛蔽日，歲大飢，人相食。……嘉靖六年（1527）春，雨暘失時，二麥少種，夏復苦旱，至於五月乃雨，六月復有飛蝗入境，來自徐邳，時久旱之餘，地土乾竭，所遺子種，從裂地深縫中生長小蝻，厚且數寸，遍地而起，八年至十二年（1529～1533）連歲蝗旱，民多逃亡。……十三年（1534）六月，飛蝗從東北入境，延蔓不絕，至七月始西去，秋稼無收。十四年、十五年（1535、1536），連歲飛蝗遍野」。〔註 246〕僅此宿州一地之旱蝗等災，竟如此頻繁，難怪有民婦眼見田禾被蝗蟲嚙食將盡，一年之辛苦皆屬徒然時，即自盡於田中，其慘境實足堪憐也。

四、震　災

震災之範圍雖較水旱災狹小，但是其破壞性很強，往往直接損及人畜屋舍，造成嚴重災害。明代震災之次數頗多，其中最劇烈者，莫過於明世宗嘉靖三十四年（1555）十二月壬寅之晉、陝、豫大地震。是日，此三省同時地震，聲如雷，鷄犬鳴吠。陝西渭南、華州、朝邑、三原等處，山西蒲州等處尤甚，或地裂泉湧，中有魚物，或城墎房屋陷入池中，或平地突成山阜，或一日連震數次，或累日震不止，河、渭泛漲，華岳、終南山鳴，河清數日，壓死官吏軍民奏報有名者八十三萬有奇。而不知名未經奏報者，復不可數計。〔註 247〕明人李開先曾記當時其所見所聞之震災情形，稱平陽府所屬蒲、解、絳、隰、霍、吉六州二十八縣，壓死軍民四萬二千九百六十五名，塌毀房屋一十五萬六千五百六十七間，土窰二萬六千六十七空，頭畜三萬一千三百九十五頭匹。至於蒲州、滎河、安邑、臨晉，十去八九，數難盡查，大約不下十數萬。〔註 248〕並作〈地震〉詩十首，以述其事。其中前二首：

> 地震連山陜，殘傷億萬家。室廬盡倒塌，骸骨亂交加。占必陰偏盛，兆或政有差。平生三老友，一夜委泥沙。

〔註 245〕同註 239。

〔註 246〕書同前，頁雜 6。

〔註 247〕同註 43。

〔註 248〕李開先（明代），《閒居集》，平陽哀，轉引自杜聯喆，《旭林存稿》（台北，藝文印書館，民國 67 年 2 月初版），頁 66。

家全或失主，主在卻無家。土裂火從出，山崩水更加。天時非錯迕，
人事有參差。一望炊煙斷，風吹滿目沙。〔註 249〕

可見此次地震之劇烈及災情之慘重，誠爲世所罕見。

至於其他許多地區，因位於吾國地震帶上〔註 250〕，亦常發生地震。例如成化十七年（1481）六月十九日亥時，雲南鶴慶軍民府滿川地震至天明約百次，次日午時止，廨舍墻垣俱倒，壓死軍民囚犯皂隸二千餘人，傷者數多，鄉村民屋倒塌一半，壓死民婦不知其數。麗江軍民府通安州亦於本日戌時地震，人皆偃仆，墻垣多傾，以後晝夜徐動，約有八九十次，至二十四日卯時方止。〔註 251〕弘治十四年（1501）春正月朔，陝西韓城縣地震，有聲如雷，傾倒軍民房屋，壓死男婦無數，自朔至望，震猶不止。〔註 252〕嘉靖十五年（1536）二月二十八日丑時，四川行都司附郭、建昌衛、建昌前衛、寧番衛，地震如雷吼者數陣，都司與二衛民居城墻，一時皆倒，壓死都指揮一人、指揮二人、千戶二人、百戶一人、鎮撫一人、吏三人、士夫一人、太學生一人、土官、土婦各一人，其他軍民夷獠不可數計，又徐都司父子、書吏、軍伴等百餘，無一人得脫，水湧地裂，陷下三四尺，衛城內外俱若浮塊，震至次月初六日猶未止。〔註 253〕顯見震災危害百姓生命與財產甚鉅。

五、火　災

星星之火，可以燎原，尤其是古代官民房舍多屬木造之屋，且無完善之消防組織與設備，故一旦發生火災，即束手無策，任其焚燒，延燒民屋千百，釀成大禍。如徽州府一地，於惠帝二年（1400）春月朔，祁門災，由洗馬巷口延至舊美俗坊，凡燒民居千餘家。至成化九年（1473）九月，從養濟院至一都止，復燒燬民居八百餘家及儒學徵輸庫。〔註 254〕而福建延平府亦於「成化二十三年（1487）八月甲戌夜，火延燒四鶴、西水二城門樓，并公署民廬佛寺凡千餘區。……弘治十一年（1498）七月望，南平縣吏舍火，延燒縣治及儒學城隍廟民居，直抵四鶴門止，計千餘區。……正德四年（1509）八月，

〔註 249〕書同前，頁 69。
〔註 250〕參閱本章第一節第三項。
〔註 251〕王圻，前引書，卷一七一，〈雲南地震〉，頁 37。
〔註 252〕同註 232。
〔註 253〕沈德符，前引書，卷二九，〈禨祥〉，地震，頁 743。
〔註 254〕汪舜民，前引書，頁 74～75。

民居弗戒於火，延燒公署民舍佛廬凡七百餘區。十二年（1517）九月，火延燒衛署城樓軍民屋宇，自通衢以及軍營凡九千五百餘區」。〔註255〕

此種火災，多緣於一時之疏忽，然而因無消防組織與設備，故撲救稽遲，使火勢蔓延迅速，如有大風助長，更是不可收拾，不僅官民房舍被燬，人命亦多損傷。例如「弘治十一年（1498），自春徂夏，貴州大火，燬官民房舍千八百餘所，死傷者六千餘人」。〔註256〕嘉靖三十五年（1556）九月，杭州府城東南隅及郭外大火，官民廬舍焚燬數千區，死者甚眾。〔註257〕可見火災之害，不僅起於不定之時，且致災迅速、劇烈，誠不能不特予以防範也。

六、飢　災

天災發生後，穀物受損，飢災乃隨之形成，使百姓受飢餓之苦，無法度日，死亡者日增，而存活者亦多食草根樹皮，或人相食，或流爲盜賊，致民亂四起。

明代之水旱蝗等災，其嚴重程度既如前述，〔註258〕故各地飢災時常發生，萬曆十六年（1588），金陵大飢，有嫠婦陳氏作〈遣荒〉詩曰：「年來水旱作災屯，疾疫家家盡掩門。兒女莫嫌全食粥，眼前不死亦天恩。」〔註259〕可見當時百姓屢受天災之威脅，只要不死，即使僅食米粥，亦已覺莫大之幸運。然而飢災之慘重，實際上並不止於此，如萬曆十六、七、八年，江夏連年飢荒，百姓以釆菱藤葛櫟蕨蝦蛸之屬充飢，闔室奄奄臥，不能出門戶，兄弟親戚粒米不相通。〔註260〕

明代之飢災，以山東、河南、山西三省最爲頻繁且嚴重。如萬曆四十五、四十六年（1617、1618），「山東洊飢，人相食，萊州市人肉，慘不忍述。」〔註261〕崇禎末，河南、山東大旱，草根木皮皆盡，以人爲糧，官吏亦不能禁。〔註

〔註255〕鄭慶雲，前引書，頁3～4。
〔註256〕龍文彬，前引書，頁1360。
〔註257〕徐學聚，前引書，頁46。
〔註258〕參閱本章第三節第一、二、三項。
〔註259〕談孺木（明代），《棗林雜俎》（台北，筆記小說大觀二十二編，新興書局影印本），〈義集〉，陳氏〈遣荒〉詩，頁7。
〔註260〕熊廷弼（明代），《熊襄愍公集》（台北，中央研究院傅斯年圖書館藏），卷八，〈性氣先生傳〉，頁27。
〔註261〕談孺木，前引書，智集，〈荒慘〉，頁33。
〔註262〕紀昀（清代），《灤陽消夏錄》（台北，筆記小說大觀三四編，新興書局影印本），

262〕至於山西一地，據成化二十年（1484）九月，巡撫左僉都御史葉琪所奏，該省連年災傷，平陽一府逃移者五萬八千七百餘戶，內安邑、猗氏兩縣餓死男婦六千七百餘口，蒲鮮等州臨晉等縣餓莩盈途，不可數計，父棄其子，夫賣其妻，甚至有全家聚哭，投河而死者，棄其子女於市井而逃者。〔註263〕《王敬所集》〈山西災荒疏〉亦稱，山西大約一省，俱係飢荒，是以人民逃散，閭里蕭條，甚至有行百餘里，而不聞雞聲者。壯者徙而爲盜，老弱轉于溝瘠，其僅存者，屑槐柳之皮，襍糠而食之，父棄其子，夫棄其妻，插標于頭，置之通衢，一飽而易，命曰人市。〔註264〕

至崇禎末年，由於年年不斷飢荒，百姓相食之慘象，更時有所聞。如「崇禎十年（1637），浙江大飢，父子、兄弟、夫妻相食。十二年（1639），兩畿、山東、河南、陝西、山西、浙江、三吳皆飢，自淮而北至畿南，樹皮食盡，發瘞胔以食」。〔註265〕可見飢荒之情形不僅嚴重，且範圍很廣，飢民既不得食，遂到處流竄，淪爲流寇，致使明國天下大亂，終至衰亡。

七、疫　災

水旱蝗災之後，飢民相繼死亡，暴屍遍野，疾病遂起，且因古代醫藥效果不佳，衛生不良，致疾病傳染迅速，蔓延遼闊，死亡者眾。如「永樂六年（1408）正月，江西建昌、撫州，福建建寧、邵武，自去年至是月，疫死者七萬八千四百餘人。八年（1410），登州、寧海諸州縣，自正月至六月，疫死者六千餘人。邵武比歲大疫，至是年冬，死絕者萬二千戶。……正統九年冬，紹興、寧波、台州，瘟疫大作，及明年，死者三萬餘人。……景泰七年（1456）五月，桂林疫，死者二萬餘人」。〔註266〕正德十六年（1521）六月，福建福州等府亢旱，癘疫盛行，府縣官病死者四十餘員，軍民死者無算。〔註267〕嘉靖三年（1524）二月，南京亦大疫，先是大旱，江南流民來就食者數百萬，有司設粥隨食隨斃，至春蒸爲疾疫，比屋死亡，百無一存，墻傾屋塌，如無人

卷二，頁6。

〔註263〕《明憲宗實錄》，卷二五六，成化二十年九月己酉條。

〔註264〕徐孚遠，前引書，卷三四三，《王敬所（王宗沐）集》卷一，〈山西災荒疏〉，頁1。

〔註265〕《明史》卷三〇，志六，〈五行〉三，頁511。

〔註266〕書同前，卷二八，志四，〈五行〉一，頁442。

〔註267〕徐學聚，前引書，頁33。

境，人鬼縱橫，可駭可怖。〔註268〕有時在水災之後，亦會疫災叢生，如弘治十四年（1501）十一月，江西贛州府連日大雷雨，各縣遂多瘴病，有朝病暮死者。〔註269〕

疫災發生後，雖有政府所設之漏澤園或地方上之義塚可資埋葬，但是死亡者眾，暴屍於外，使疾病迅速流行，無法阻止，病死者急遽增多，甚至全家無一存活。「崇禎辛巳（十四年，1641），江震一路大疫，嘗有一家數十人，合門相枕籍死者，偶觸其氣必死。諸生王玉錫師陳君山一家，父子妻孥五人一夜死。……後十七年（1644）疫又作，有無病而口中噴血輒死者」。〔註270〕

當疫災蔓延之際，百姓日處於恐怖中，乃對死亡產生幻象，誤以爲鬼魅作怪，如弘治「十四年（1501）六月，雲南雲龍州民疫疾，十家九臥，內有不病者，見鬼輒被打死，有被打頭跡，有因沈病死者，有病在家爲鬼壓死者，百姓死將半」。〔註271〕可見每當疫災形成時，百姓之生命即深受威脅，而死亡者多成千成萬以上，誠爲相當可怖之天災也。

八、雪雹霜災

寒冷乾旱乃明代時期氣候之特徵，是吾國歷史上之第四個冷期，〔註272〕故雪雹霜災屢見不鮮。如「景泰四年（1453）冬十一月戊辰，至明年孟春，山東、河南、浙江、直隸、淮徐大雪數尺，淮東之海，冰四十餘里，人畜凍死萬計。五年（1454）正月，江南諸府大雪連四旬，蘇、常凍餓死者無算」。〔註273〕可見災情相當嚴重。故《稗史彙編》亦記之曰:「景泰申戌（五年，1454），吳多雪，正月望日，一夕積七八尺，比曉城廓塡咽，民屋被壓，通衢委巷，僵而死者，比比皆是，突而烟者十二三而已。」〔註274〕

雹災之範圍雖然較小，且往往來得急，去得快，短至數秒鐘，長至三、四十分鐘，但其災害亦在所難免，尤其雨雹具有極速之衝力，對於禾稼、人

〔註268〕書同前，卷九九，〈救荒〉，頁19。
〔註269〕同註232。
〔註270〕朱梅叔（清代），《埋憂集》（台北，筆記小說大觀正編，新興書局影印本），卷三，〈疫異〉，頁7。
〔註271〕同註232。
〔註272〕參閱本章第一節第一項。
〔註273〕《明史》卷二八，志四，〈五行〉一，頁426。
〔註274〕王圻，前引書，卷一七一，〈大雪變〉，頁34。

畜、房屋，均會產生莫大之破壞力與殺傷力。如「成化八年（1472）七月丙午，隴州大風雨雹，中有如牛者五，長七、八尺，厚三、四寸，六日方銷」。〔註275〕「二十一年（1485）三月己丑夜，番禺、南海風雷大作，飛雹交下，壞民居萬餘，死者千餘人」。〔註276〕「正德九年（1514）五月，河南開州雨雹如卵、如拳、如碗，二麥蕩然一空，人畜死傷者甚眾」。〔註277〕「嘉靖三十六年（1557）春，橫州大雨雹，是日未時，州北三十里，交椅、銀水、六村、長寨等地，忽震雷暴風雨雹，大者如米升，小者如雞卵，有柄、有三角，有七、八角者，傷死村民牧豎十餘，牲畜禽獸無算」。〔註278〕雨雹之際，往往如石交下，而大小竟如卵、如拳、如碗，動物一旦受擊，多非死即傷，民屋亦多遭損毀，故爲破壞力頗強之災害。

霜災多發生於三、四月份，正是禾苗成長季節，故農作物常受損傷。如「洪武二十六年（1393）四月丙申，遼州榆社縣隕霜損麥。……成化二年（1467）四月乙巳，宣府隕霜殺青苗。……正德十三年（1518）三月壬戌，遼東隕霜，禾苗皆死」。〔註279〕禾苗既遭凍死，是年之收成必大爲減少，百姓之生計遂受影響。

九、風　災

風災之爲害，以颶風（颱風）爲最，明代中葉，婁元禮《田家五行》之〈農家占候謠諺〉曰：

> 夏秋之交，大風及海沙雲起，俗呼謂之風潮，古人名之曰颶風，言其具四方之風，故名颶風。有此風必有霖淫大雨同作，甚則拔木偃禾，壞房室，決堤堰，其先必有如斷虹之狀者見，名曰颶母。航海之人見此，則又名破帆風。〔註280〕

可見明人對於颶風已有深入之了解。

〔註275〕徐學聚，前引書，卷百十四，〈災異〉，頁19。
〔註276〕《明史》卷二八，志四，〈五行〉一，頁409。
〔註277〕王崇慶（明代），河南《開州志》（台北，嘉靖刻本，十卷），卷八，頁6。
〔註278〕楊芳，前引書，卷四十，雜記四，〈災異〉，頁16。
〔註279〕《明太祖實錄》，卷二二七，洪武二十六年四月丙申條；《明憲宗實錄》，卷二九，成化二年四月乙巳條；《明武宗實錄》，卷一六○，正德十三年三月壬戌條。
〔註280〕婁元禮（明代），《田家五行》（中央研究院傅斯年圖書館藏），卷上，頁3。

當颶風驟至，往往風雨俱作，復引來海潮，毀屋破舟，漂溺人畜，淹浸田穀，釀成巨災。如「永樂九年（1411）九月，雷州颶風暴雨，淹遂溪、海康，壞田禾八百餘頃，溺死千六百餘人」。〔註281〕「嘉靖元年（1522）七月二十五日，風潮大作，是夜靖江漂沒萬人，崇明并沿江亦然」。〔註282〕「隆慶二年（1568）七月，台州颶風，海潮大漲，挾天台山諸水入城，三日溺死三萬餘人，沒田十五萬畝，壞廬舍五萬區」。〔註283〕此種風災，誠是駭人，不僅屋舍受損，田禾無收，而人命之死傷更是成千上萬，天災之難防，由此可見。

有時大風起於內陸，致災雖不如前述颶風之大，然而人、物亦多損傷，如「天順三年（1459）四月，順天、河間、真定、保定、廣平、濟南，連日烈風，麥苗盡敗。……正德十六年（1521）十二月辛卯，甘肅行都司狂風，壞官民廬舍樹木無算。……嘉靖五年（1526），陝西屢發大風，捲掣廟宇，民居百數十家，了無蹤跡」。〔註284〕此種內陸之風，雖未挾帶海潮，然而亦多無法防範，徒受其摧殘。

第四節　結　語

明代災荒之頻繁，幾至無年無災，無年不荒之地步。究其原因，主要緣於吾國地理環境本身之缺失，亦即氣候、地形、地質之複雜，乃種下年年災荒之禍根。

吾國氣候受緯度、洋流、地形及大陸東岸海陸分布之影響，常呈不穩定之現象。至明代時期，適值吾國歷史上第四個冷期，氣候比較寒冷乾旱，中葉以後，又因進入小冰河時期，氣候變化更加劇烈，故屢有天災發生，尤其是雨量之分佈頗不平均，旱則赤地千里，蝗災紛起，潦則一片汪洋，且江河因地形、地質之關係，常驟漲決堤，泛濫成災。

至於明代之震災，則因受吾國地質構造，包括許多地塹垂直斷層、水平移動大斷層、山脈折斷處之影響，故經常發生地震。如世宗嘉靖三十四年（1555），晉、陝、豫三省之地震，死亡竟有八十三萬人之眾，即是發生於汾

〔註281〕《明史》卷二八，志四，〈五行〉一，頁446。
〔註282〕李詡（明代），《戒菴老人漫筆》（台北，筆記小說大觀三三編，新興書局印行），卷一，〈靖江漂沒〉，頁14。
〔註283〕《明史》卷二八，志四，〈五行〉一，頁452。
〔註284〕書同前，卷三○，志六，〈五行〉三，頁489～490。

渭地塹之斷層上。

在明代時期，因社會生產力不高，以及科學猶未昌明，自然因素對於災荒之形成具有很大之影響力與支配力，故常能暢然肆虐成災，給予百姓莫大之威脅。然而吾人皆知自然條件之失調，並非致災之唯一原因，其災荒程度之輕重，必然亦深受社會經濟結構強弱之影響。觀之明代之災荒情形，此一現象更爲顯著，尤其是田土與賦役兩大問題，在明代災荒史上，皆扮演相當重要之角色。明初雖曾致力於墾田之務，然而卻忽略加以平均分配，以致富豪權勢之家，廣占田土，不入賦稅，寄戶郡縣，不受徵徭。而百姓則時受繁役苛稅之逼迫，以及地主殘酷之剝削，生活艱困，甚至流亡他鄉，投倚豪門爲佃客、人奴，形成戶產、田畝與稅糧脫節，丁口與徭役懸距之現象，使社會經濟結構隱然伏下許多危機，百姓不僅無防災能力，亦無備災之積蓄，遂徒然任災荒予以無情之摧殘與破壞。

總之，詳究明代災荒之情形，吾人可知水、旱、蝗、震等災，固然屬於天害，治世亦未能免。然而欲使災荒不致於擴大，尤須有健全之社會經濟結構，蓋百姓之生活無虞，則防災、備災之基本能力俱在其中矣。此亦爲主政者安民、保民之第一要務也。

第三章　明代災荒之預防政策

第一節　重農政策

古來吾國以農立國，視農務爲國事之本。蓋「人非稼穡則勿生，故聖賢獨於耕耨之間，靡不殷殷告戒」。〔註 1〕而歷代學者對於重農之言論亦多有所闡發。如《管子．治國篇》曰：

> 民事農則田墾；田墾則粟多；粟多則國富。〔註 2〕

《漢書．食貨志》曰：

> 腹肌不得食，膚寒不得衣，雖慈母不能保其子，君安能以有其民哉？明主知其然也，故務民於農桑，薄賦斂，廣蓄積，以實倉廩，備水旱，故民可得而有也。〔註 3〕

凡此皆爲強調重視農務，方可足食、安民、富國之言論，亦即重農非僅爲闢地利，殖嘉穀，而全國政教之本，亦繫於此矣。明代君臣多深明此理，故對農務極爲重視，起自「國初，農桑之政，勸課耕植，具有成法」。〔註 4〕

〔註 1〕倪國璉（清代），《康濟錄》（台北，陽明山莊印，民國 40 年 2 月），〈教農桑總論〉，頁 51。

〔註 2〕《管子》（台北，台灣商務印書館，國學基本叢書，民國 57 年 3 月台一版），第十五卷，〈治國〉第四十八，〈區言〉四，頁 97。

〔註 3〕班固（東漢），《漢書》（台北，鼎文書局，民國 67 年 4 月三版），卷二四上，〈食貨志〉第四上，頁 1131。

〔註 4〕申時行（明代），《明會典》（二二八卷，萬曆十五年司禮監刊本，台北，台灣商務印書館，民國 57 年 3 月台一版），卷十七，〈農桑〉，頁 463。

一、明代皇帝之重農

明太祖出身布衣，早年「嘗於田間，復與眾英賢深究民生利病，故注意於農事者獨詳」，〔註5〕頗知「爲國之道，以足食爲本，大亂未平，民多轉徙，失其本業，而國之費，所資不少，皆出於民，若使之不得盡力田畝，則國家費用，何所資賴焉」；〔註6〕「君天下者不可一日無民，養民者不可一日無食，食之所恃在農」；〔註7〕「人皆言農桑衣食之本，然棄本逐末，鮮有救其弊者。先王之世，野無不耕之民，室無不蠶之女，水旱無虞，飢寒不至」。〔註8〕故對農務多所講求，屢於詔書中，毫不諱言其來自民間、昔在田里、本爲淮右布衣，以示不忘農務之意。〔註9〕

太祖既重視農務，故於渡江之初，見比因兵亂，隄防頹圮，民廢耕耨，乃設營田司，以康茂才爲營田使，修築隄防，專掌水利。尤其當時軍務實殷，用度爲急，理財之道，莫先於農，故於春作方興之際，頗慮旱潦不時，有妨農事，特派康茂才分巡各處，俾高無患乾，卑不病澇，使之蓄洩得宜。〔註10〕至洪武元年（1368）十一月，御史尋适以國家已定，請耕耤田，享先農，以勸天下，太祖深以爲然，特諭廷臣曰：

> 古者天子耤田千畝，所以供粢盛，備饋饍。自經喪亂，其禮已廢，上無以教，下無以勸。朕莅祚以來，悉修先王之典，而耤田爲先，故首欲舉而行之，以爲天下勸。〔註11〕

遂令來春舉行耤田禮。

二年（1369）二月壬午，太祖躬享先農，以后稷氏配祀，耕耤田于南郊，建先農壇在耤田之北，再行耕耤禮。由太常卿奏請詣耕耤位，太祖至

〔註5〕馮應京（明代），《皇明經世實用編》（萬曆刊本，二十八卷，中央圖書館藏），卷十五，〈利集〉一，〈重農考〉。

〔註6〕《明太祖寶訓》（中央研究院歷史語言研究所校印本明實錄附錄之五，民國56年3月印行），卷三，頁31。

〔註7〕書同前，卷三，頁32。

〔註8〕書同前，卷三，頁37。

〔註9〕吳晗（民國），〈明初社會生產力的發展〉，歷史教學研究編，《中國資本主義萌芽問題討論集》（上）（北京，三聯書局，1957年），頁126～159。

〔註10〕《明太祖實錄》（據國立北平圖書館紅格鈔本微捲影印，台北南港，中央研究院史語所校勘印行，民國57年影印二版），卷六，戊戌年（元至正十八年）二月乙亥條。

〔註11〕徐學聚（明代），《國朝典彙》（二〇〇卷，台北，學生書局印行，民國54年元月初版），卷十八，頁1。

位，南向立，三公以下及應從耕者各就耕位，戶部尚書北面進耒耜，御耒耜二具韜以青絹，御耕牛四，被以青衣，太常卿導引太祖秉耒三推，戶部尚書跪受耒，太常卿奏請復位南面坐，三公五推，尚書九推，各退就位，太常卿導引太祖還大次，應天府尹及上元、江寧兩縣令率庶人終畝，既又命皇后率內外命婦蠶於北郊，以爲祭祀衣服。是日，宴勞百官耆宿於壇所。〔註 12〕其過程頗爲隆重，遂成定制。至二十年（1422）二月，太祖復行耤田，曾謂自即位以來，恆舉行之，無非因耕耤田爲古禮，一以供粢盛，一以勸農務本，冀望百姓知勤，盡力田畝，遂其生養，並欲以此禮制提醒群臣亦能重視農務。〔註 13〕

太祖不僅屢示重農之訓令，且對農人之辛苦亦常表示敬意。二年（1369）五月乙巳，其至鍾山，見田者冒暑而耘，甚苦，憫其勞，乃徒步至淳化門，始騎歸。並諭侍臣曰：

> 農爲國本，百需皆其所出，彼辛勤若是，爲之司牧者，亦嘗閔念之乎？且均爲人耳，身處富貴而不知貧賤之艱難，古人常以爲戒，夫衣帛當思織女之勤，食粟當念耕夫之苦。〔註 14〕

蓋其對農人生活之辛勞，不僅親身經歷，且誠惻然于心，故其雖已貴爲皇帝，卻仍不忘農家生活之情形。三年（1370）六月戊午，當其憫旱甚而禱雨於山川壇時，特命皇后與諸妃親執爨，爲昔日農家之食，令太子諸王躬饋于齋所。至是日四鼓，太祖素服草履，徒步出詣山川壇，設藁席露坐，晝曝于日，頃刻不移，夜臥于地，衣不解帶，皇太子捧榼進蔬食，雜麻麥菽麥，凡三日。〔註 15〕此一舉動，實爲歷代帝王少見，而且其希望不僅自己知農、重農，群臣亦能知農、重農，體認農稼之苦，進而關心百姓，盡力民務，以佐其治國裕民之道。二十八年（1395）十二月，曾諭群臣曰：

> 四民之業莫勞于農，觀其終歲勤勞少得休息，時和歲豐，數口之家，猶可足食，不幸水旱，年穀不登，則舉家飢困。朕一食一衣，則念稼穡機杼之勤，爾等居有廣廈，乘有肥馬，衣有文繡，食有膏梁，當念民勞，大抵百姓足而後國富，百姓逸而後國安，未有民困窮而

〔註 12〕龍文彬（清代），《明會要》（台北，世界書局，民國 52 年 4 月二版），卷八，禮三，頁 123。

〔註 13〕《明太祖實錄》一八〇，洪武二十年二月乙未條。

〔註 14〕書同前，卷四二，洪武二年五月乙巳條。

〔註 15〕書同前，卷五三，洪武三年六月戊午條。

國獨富安者，爾等其思，佐朕裕民之道，庶幾食祿無愧。〔註 16〕

另外，太祖亦常諭凡興作不得有違農時，以使百姓得盡力田畝，如有興作，須俟農隙方可爲之，蓋「民力有限，而傜役無窮，當思節其力，毋重困之。民力勞困，豈能獨安」。〔註 17〕故曾令「自今凡有興作不獲已者，暫借其力。至于不急之務，浮汎之役，宜罷之」。〔註 18〕十二年（1379），有宋國公馮勝於開封府督工建周王宮殿，欲從九月興役，太祖認爲中原民食所恃者二麥耳，如正當播種之時而役之，是奪其時也。過此則天寒地凍，種不得入土，來年何以續食。自古治天下者，必重農時，遂令勅至其即放還，俟農隙之時，赴工未晚。〔註 19〕

太祖重農之意如此殷切，不僅造福百姓，且爲後代諸帝立下許多典範，故至成祖時，亦能重視農務，如永樂元年（1403）正月，成祖以江北地廣民稀，務農者少，近因兵革蝗旱，人民流徙廢業，倘不及時勸民，使盡力農畝，將不免有失所者，乃令來春宜早遣人督勸。〔註 20〕顯見其亦頗有太祖重農之遺風，尤其不願因興役而違農時。時，有戶部言漕運至者漸多，請發民置倉貯之，成祖訓以東作將興，不可役民，民如失春種，則一歲之計廢，故令法司除死罪外，出徙流以下定等第輸作。〔註 21〕此爲其重農之意，且除承襲太祖祭先農、耕耤田之制外，復加上禮樂之儀，〔註 22〕使耕耤之禮制更趨完備。

仁宗在位雖短，然而重農之舉並未減於前朝，初即位時，有通政司請以四方雨澤章奏類送給事中收存，仁宗曰：

> 祖宗所以令天下奏雨澤者，欲前知水旱以施恤民之政，此良法美意。今州縣雨澤，乃積於通政司，上之人何由知？又欲送給事中收貯，是欲上之人終不知也。如此徒勞州縣何爲？自今四方所奏雨澤，至即封進，朕親閱焉。〔註 23〕

〔註 16〕書同前，卷二五〇，洪武二十八年十二月壬辰條。
〔註 17〕書同前，卷三〇，洪武元年二月乙丑條。
〔註 18〕註同前。
〔註 19〕書同前，卷一二六，洪武十二年八月丁亥條。
〔註 20〕《明太宗實錄》（據國立北平圖書館紅格鈔本微捲影印，台北南港，中央研究院史語所校勘印行，民國 57 年影印二版），卷一五，永樂元年正月癸酉條。
〔註 21〕書同前，卷一六〇，永樂十三年正月甲子條。
〔註 22〕申時行，前引書，卷五一，〈禮部〉九，頁 1335～1336。
〔註 23〕《明仁宗實錄》（據國立北平圖書館紅格鈔本微捲影印，台北南港，中央研究院史語所校勘印行，民國 57 年影印二版），卷三上，永樂二十二年十月乙巳條。

其關心百姓之情，由此可見。故亦能重視農務，曾以「農者生民衣食之原，耕耘收穫不可失時。自今一切不急之役，有當用人力者，皆俟農隙，前代蓋有不恤農事，而以徭役妨耕作召亂亡者矣，不可不謹」等語，〔註 24〕諭示戶部尚書夏原吉等人，蓋農時確不可違也。未久，有太師英國公張輔、太子少保兵部尚書李慶，奏請令直隸及近京都司官軍更番於京師操備。仁宗不願因而有違農時，乃諭以「古者務農講武皆有定期，故兩不偏廢，今宜略倣此意，無廢屯種，令畢農事而後來，先農事宜，遣歸，庶皆不妨悞」。〔註 25〕因農務爲國事之本，須殷切講求，不可荒廢也。

宣宗之重農，於明代諸帝中，不下於太祖，故當其初立，即於宣德元年（1426）二月丁丑，行祭先農、耕耤田之禮。〔註 26〕時，有行在禮部進耕耤田儀注，宣宗觀之，謂侍臣曰：

> 先王制耤田以奉粢盛，以率天下務農，天子公卿躬秉耒耜，所貴有實心耳，爲人君誠體祖宗之心，念創業艱難，愛恤蒼生，使明德至治，達於神明，則黍稷之薦不徒親耕矣。農民勤苦終歲，猶恐不免於飢寒，國家輕徭薄斂，使之以時，而貴農重穀，禁止遊食，則人咸趨耕稼，不徒勸率之矣。不然三推五推，何益於事。〔註 27〕

此一段話，不僅表示宣宗本人有重農之意，且其認爲行耕蜡田，須貴有實心，不該流於形式，否則天子公卿之三推五推，實皆無益。而重農之策，亦須從根本上做起，國家要輕徭薄斂，不奪農時，貴農重穀，百姓自多願盡力於農事。此種觀點，誠爲至確之論。

宣宗之重視農務，表現於言行者頗多，如宣德元年五月戊申，午朝退，宣宗語侍臣憫念農夫，曰：「天氣尚炎，正農夫耕耘之時。」乃誦聶夷中〈鋤禾當午〉之詩，且曰：「吾每誦此，未嘗不念農夫。」又曰：「朕八九歲讀書，皇考（仁宗）臨視，親舉筆寫是詩以示。且問曰：『解否？』對曰：『稼穡艱難在此也。』皇考笑而頷之，自是常教以農事，銘於心不敢忘。」〔註 28〕可見宣宗自幼即受仁宗常教以重農之薰陶，故對農務多所講求。二年（1427）

〔註 24〕書同前，卷四上，永樂二十二年十一月甲戌條。

〔註 25〕書同前，卷四上，永樂二十二年十一月乙亥條。

〔註 26〕《明宣宗實錄》（據國立北平圖書館紅格鈔本微捲影印，台北南港，中央研究院史語所校勘印行，民國 57 年影印二版），卷一四，宣德元年二月丁丑條。

〔註 27〕書同前，卷一四，宣德元年二月乙亥條。

〔註 28〕徐學聚，前引書，卷九二，〈農桑〉，頁 5。

三月，宣宗以其所作〈西漢循吏論〉，出示少師蹇義等人，並訓以「教養之道，農桑學校而已，農桑之業修，則民足于衣食而遂其生，學校之政舉，則民習于禮義而全其性，如是足以爲善治矣」。〔註 29〕蓋農桑學校之政策，爲國家善治之道，不可不力行也。三年（1428）正月，宣宗作帝訓二十五篇，其中亦有〈重農〉一篇，以訓臣民。〔註 30〕同年四月，有民建言朝政，當以重農爲首務，宣宗大是之，曰：「國家重農，則百姓得盡力，天下富庶。……朕於斯事，蓋寢食未嘗忘也。」〔註 31〕其重農精神如此，誠天下之幸也。

宣宗雖貴爲皇帝，然而卻能把握機會與農民多所接觸，且從而了解農民之生活情形。如宣德五年（1430）三月戊申，宣宗奉皇太后率皇后還京師道中，遙見耕者，以數騎往視之，下馬從容詢其稼穡之事，因取所執耒耜三推。耕者初不知其爲皇帝，既而中官語之，乃驚躍羅拜。宣宗顧侍臣曰：「朕三舉耒，已不勝勞，況常事此乎？人恆言勞苦莫如農，信矣。」乃命耕者隨至營，各賜鈔六十錠，已而道路所經農家，亦悉賜鈔如之。〔註 32〕其親近農民之態度，必然相當親切，故當時農民竟未察其爲皇帝。翌日，宣宗又謂諸臣曰：「昨謁陵還道昌平東郊，見耕夫在田，召而問之，知人事之艱難，吏治之得失，因錄其語成篇，今以示卿，卿亦當體念不忘也。」〔註 33〕可見其對農民、農事，並未因其爲皇帝之身，而有所隔閡與忽略，且尤望諸臣亦能重視農務，關心百姓之疾苦。

宣宗既知農務，故對農民之辛勞頗爲體念，六年（1431）六月丁未，作〈憫農詩〉，出示吏部尚書郭進，其詩曰：

> 農者國所重，八政之本源。辛苦事耕作，憂勞亘晨昏。豐年僅能給，歉歲安可論。既無糠覈肥，安得繒絮溫。恭惟祖宗法，周悉今具存。遐邇同一視，覆育如乾坤。嘗聞古循吏，卓有父母恩。惟當慎所擇，庶用安黎元。〔註 34〕

並謂因其昨宵不寐，思農民之艱難，能使之得其所，則在賢守令，故作此詩示之，冀望能爲其擇賢，毋使農民受苦。〔註 35〕其以不忍人之心，欲行不忍

〔註 29〕《明宣宗實錄》，卷二六，宣德二年三月辛丑條。

〔註 30〕書同前，卷三八，宣德三年二月條。

〔註 31〕書同前，卷四一，宣德三年四月戊午條。

〔註 32〕書同前，卷六四，宣德五年三月戊申條。

〔註 33〕書同前，卷六四，宣德五年三月庚戌條。

〔註 34〕書同前，卷八〇，宣德六年六月丁未條。

〔註 35〕註同前。

人之政，於不寐之夜，竟特別思及農民之苦，且欲部臣擇賢能守令爲其解困，愛民之心由此可見。七年（1432）九月庚辰，宣宗朝退，御便殿，論農事，又出〈織婦〉詞一章示群臣，其詞曰：

昔嘗歷田野，親覩織婦勞。春深蠶作蠒，五月絲可繅繅。準擬織爲帛，兩手理絲精揀擇。理之有緒纔上機，弄杼抛梭寒下織。斯螽動股織未停，雞聲三號先夙興。機梭軋軋不蹔息，辛勤累日帛始成。嗚呼！育蠶作蠒，未必如甕盎，累絲由寸積爲丈，上供公府次豪家，織者冬寒無挾纊紛紛。當時富貴人綺羅，燁燁華其身，安知織婦最辛苦，我獨沈思一憐汝。〔註 36〕

此二首詩詞，出自宣宗之手，且句句皆爲關心百姓農桑之言，其重農之心昭然若揭，而求治之情亦已溢于言表矣。

綜觀前述，可知明代初期諸帝之重農精神甚爲高昂，對農務絲毫不曾忽視。然而及至明代中葉，國運漸趨衰疲，內憂外患紛起，而諸位皇帝復多荒於朝政，重農之意遂逐漸淡薄，甚至於連耕耤田之形式亦多變質。如弘治元年（1488）二月丁未，孝宗行耕耤田，禮畢，宴群臣，教坊竟以雜伎進，幸經都御史馬文升厲聲曰：「新天子當知稼穡艱難，豈宜以此瀆亂宸聰？」即斥去之。〔註 37〕嘉靖九年（1530）二月，禮部上耕耤儀，世宗竟以其過煩，命來歲別議。〔註 38〕十六年（1537），又諭：凡遇親耕，則以戶部尚書代替皇帝先祭先農，等皇帝至，再行三推禮。〔註 39〕三十八年（1559），復罷親耕，惟遣官祭先農。〔註 40〕可知明代中葉以後，皇帝對於農務已逐漸荒怠，而重農精神亦不及昔日矣。

二、設農官勸農桑

明太祖既來自民間，又極重視農務，故起自「國初，農桑之政，勸課耕植，具有成法」，〔註 41〕屢有勸農之詔，如起兵之初，於丙午年（至正二十六年，1366）及吳元年（至正二十七年，1367），曾先後訓示中書省臣「今春時

〔註 36〕書同前，卷九五，宣德七年九月庚辰條。
〔註 37〕龍文彬，前引書，卷八，〈禮〉三，頁 124。
〔註 38〕註同前。
〔註 39〕註同前。
〔註 40〕註同前。
〔註 41〕同註 4。

和，宜令有司勸民農事，勿奪其時，一歲之中，觀其收穫多寡立爲勸懲，若年穀豐登，衣食給足，則國富而民安，此爲治之先務，立國之根本，卿等其行之」；〔註42〕「足衣食者，在於勸農桑，……農桑舉，則小人務本，如是爲治則不勞，而政舉矣」。〔註43〕蓋其深知農桑之務不可荒廢，故於是年（1367），令天下農民，凡有田五畝至十畝者，栽桑、麻、木綿各半畝，十畝以上者倍之，田多者，率以是爲差，有司親臨督勸，惰不如令者有罰，不種桑者，使出絹一疋，不種麻者，使出麻布一疋，不種木綿者，使出綿布一疋。〔註44〕並設司農卿，以楊思義爲之。〔註45〕翌年，太祖建元洪武，設六部，思義任戶部尚書，奏請令民間皆植桑麻，四年始徵其稅，不種桑者輸絹，不種麻者輸布，如周官「里布法」。〔註46〕太祖允之，乃規定「桑麻科徵之額，麻每畝八兩，木綿每畝四兩，栽桑者，四年以後有成，始徵其租」。〔註47〕自此明代農桑之政，始有成規可循，且得以迅速推展。

四年（1371），太祖慮有司對農桑之政，行之不逮，故又令各府州縣行移提調官，須常用心勸諭農民趁時種植，並將種過桑麻等項田畝，計科絲綿等項，分豁舊有新收數目開報，〔註48〕以便稽考，而促進農桑作物之生產。但是仍有少數地方官怠於職責，未能努力實行，太祖特於五年（1372）十二月，詔曰：

> 農桑衣食之本，學校道理之原，朕嘗設置有司頒降條章，敦篤教化，務使民豐足食，理道暢焉，何有司不遵朕命。秩滿赴京者，往往不書農桑之務，學校之教，甚違朕意，特勅中書令，有司今後考課必書農桑學校之績，違者降罰。〔註49〕

並規定民有不奉天時，負地利者，亦論如律。〔註50〕

十八年（1385），有大臣議農桑起科太重，百姓艱難，太祖遂令今後以定數

〔註42〕《明太祖寶訓》，卷三，頁31。
〔註43〕書同前，卷一，頁2。
〔註44〕《明太祖實錄》，卷十七，乙巳年（吳元年）六月乙卯條。
〔註45〕張廷玉（清代），《明史》（台北，鼎文書局，民國64年6月台一版），卷一三八，列傳六六，〈楊思義〉，頁3965。
〔註46〕書同前，頁3965～3966。
〔註47〕同註4。
〔註48〕同註4。
〔註49〕《明太祖實錄》，卷七七，洪武五年十二月甲戌條。
〔註50〕註同前。

爲額，聽從種植，不必起科。〔註51〕並再訓示戶部「人皆言農桑衣食之本，然棄本逐末，鮮有救其弊者，……朕思足食在於禁末作，足衣在於禁華靡，爾宜申明天下四民各守其業，不許游食，庶民之家不許衣錦繡，庶幾可以絕其弊也」。〔註52〕蓋百姓如皆重視農桑之務，節約勤儉，則生活即可獲得改善，且當年歲豐饒，民庶給足，田里安逸之際，百姓易飽則忘飢，暖則忘寒，不思爲備，一旦猝遇凶荒，將茫然無所措。故太祖又命工部諭示民間，如有隙地，皆令種植桑棗，授以種植之法，增種棉花者，率蠲其稅，歲終具數以聞。〔註53〕至二十九年（1396）五月，太祖以湖廣諸郡宜桑，而種之者猶少，乃命於淮安府及徐州取桑種二十石，遣人送至辰沅、靖全、道永、寶慶、衡州等處，各給一石，使其民種之。〔註54〕此種蠲其稅、提供桑種與教導種植方法，以鼓勵百姓力事農桑之措施，頗使吾人由衷敬佩太祖重農之精神，誠爲歷代所少見。

至於農官之設立，除有前述以楊思義爲司農卿外，太祖曾於三年（1370）五月，置司農司，掌省臣計民授田事，開治所於河南，司設卿一員，少卿二員，丞四員，主簿、錄事各二員。〔註55〕而最值得論述者，即是二十一年（1388），自河南、山東置鼓督農。初時，太祖曾遣人督河南、山東不勤於農事者，至此時，改以各該里分由老人勸督，每村置鼓一面，遇農種時月，五更擂鼓，眾人聞鼓下田，該管老人點閘，若有懶惰不下田者，許老人責決，務要嚴切督併，見丁著業，毋容惰夫游食，若是老人不肯勸督，農民窮窘爲非犯法到官，本鄉老人有罪。〔註56〕此一措施，成效顯著，故至三十年（1397）九月，將其推廣至全國，命戶部令天下每鄉里各置木鐸一面，選年老或瞽者，每月六次持鐸，徇于道路，指示百姓須孝順父母，尊敬長上，和睦鄉里，教訓子孫，各安生理，毋作非爲。且每村里置一鼓，凡遇農種時月，清晨鳴鼓集眾，皆會田所，及時力田，其怠惰者，里老人督責之，里老縱其怠惰，不勸督者有罰。〔註57〕此種以民督促農事，不失爲一良法，蓋年老者，瞭然鄉里之情況，以其擔任此職，可謂適得其人，且須對有司負責，否則罰之，故

〔註51〕同註4。

〔註52〕《明太祖實錄》，卷一七五，洪武十八年九月戊子條。

〔註53〕書同前，卷二三二，洪武二十七年六月庚戌條。

〔註54〕徐學聚，前引書，卷九二，〈農桑〉，頁3。

〔註55〕《明太祖實錄》，卷五二，洪武三年五月甲戌條。

〔註56〕同註4。

〔註57〕《明太祖實錄》，卷二五五，洪武三十年九月辛亥條。

其亦不敢怠惰也。馮應京《皇明經世實用編》卷十七，述及此事曰：

> 我太祖御製責任條例，言縣親臨里長，務要明播條章。教民榜文曰：「百姓凡遇農種時月，五更擂鼓，眾人聞鼓下田，正古授時之意。今宜於冬至日，將來歲十二月月令，最切要於民者，總刊一紙，布之各鄉，每月朔旦，仍將本月月令，刊一紙，布之。悉令陰陽官任其事。」〔註58〕

可見當時置鼓督農之舉，進行頗爲積極。然而山東、河南仍有惰於農事，以致衣食不給者，太祖乃於三十一年（1398）正月，命戶部遣所舉人材，分詣各郡縣督民耕種，並具籍所種田地與收穀之數以聞。〔註59〕

論述至此，吾人深覺太祖以其出身民間，熟知農事，故對農桑之務未曾怠忽，且其所行之農業政策，亦多能切於實際，而見成效。《皇明經世實用編》卷十五，即有贊曰：

> 蓋當是時，榛莽之地，在在禾麻，遊散之民，人人錢鎛。每月旦，召京師父老，躬諭以力田敦行。於都哉，高皇帝之爲烈也。體天地養萬物之心，師帝王經井牧之意，仁義既效，樂利無窮，而猶蠲租之詔，無歲不下，遣賑之使，有玩必誅，恆若飢寒之迫吾民，注望子臣之繼厥志。至今讀「嘉瓜」一贊，雖千萬世，休忘勸農之句，而情見乎詞矣。則豈非世世率繇之盛軌哉？〔註60〕

此一贊語，使吾人益知，太祖初建明國，所立典範多矣，而重農之舉措，更爲此中較顯著者。

成祖之世，重農之風已行，故對百官勸課農桑之事，屢有訓示，如永樂元年（1403），成祖以近因兵戈蝗旱，民流徙廢業，如不勸使盡力田畝，將有失所者，遂命戶部速遣人督勸。〔註61〕二年（1404）正月，復勅諭天下文武諸司，「今春時和，東作方興，宜各究心務實，申明教術，勸課農桑，問其疾苦，卹其飢寒，革苛刻之風，崇寬厚之政」。〔註62〕蓋農作物必須配合節氣變化以栽培之，故特勅諭百官，督勸百姓把握季節，力事稼穡，勿失良時，其重農殷殷之意，由此可見。同年四月，又勅諭文武群臣，須「存恤軍民，勸課農桑，愼固封守，

〔註58〕馮應京，前引書，卷一七，〈陰陽學〉。
〔註59〕徐學聚，前引書，卷九三，〈農桑〉，頁3～4。
〔註60〕馮應京，前引書，卷一五，〈重農考〉。
〔註61〕註同前。
〔註62〕《明太祖實錄》，卷二七，永樂二年正月甲辰條。

輯寧邦國，臻於治理，以稱朕憫念元元之意」。〔註63〕誠爲一治世之君也。

宣宗重農之精神已如前項所述，故其農桑之政亦彰然可見。如宣德元年（1426）三月，宣宗以去冬雪，今春又得雨澤，似覺秋來可望，然尚慮小民阽於飢寒，困於傜役，不能盡力農畝，乃訓示戶部尚書夏原吉移文戒飭邑省徵傜，勸課農桑，貧乏有不給者，發倉廩賑貸之。〔註 64〕蓋如農桑廢，一民負耒，則百家待食，一女理織，則百夫待衣，欲民不貧，何可得也，故趁此適宜播種季節，務要百姓皆能及時盡力田畝，以冀秋收有成。四年（1429）九月，宣宗以洪武時，曾令天下栽種桑棗，而數十年來，百姓無知者砍伐殆盡，存者亦多枯瘁，有司亦不督民更栽，致使百姓無所貲，故令郡縣督民以時栽種，遣官巡視。〔註65〕七年（1432），有順天府尹李庸，言其所屬州縣舊有桑棗，近已砍伐殆盡，乃從其請，令州縣每里擇耆老一人勸督栽種，官常點視。〔註 66〕至此，農桑之務復又見成效矣。同時宣宗爲使勸課農桑能行之徹底，亦屢設農官，如宣德二年（1427）四月，因蘇、松、嘉、湖、杭、常六府地廣，田圩低窪，租糧浩大，正佐官常以公事離職，率委屬官權署，以致農務廢弛，乃增設蘇、松、嘉、湖、杭、常督農通判屬縣督縣丞。〔註 67〕六年（1431）二月，又從蘇州知府況鍾之請，改蘇、松、嘉、湖、杭、常督農通判縣丞曰催糧官，其正官仍督農務。〔註68〕

英宗繼位後，即令天下布政司、都司須嚴督所屬栽種桑棗。〔註 69〕然而成效似不甚佳，故山西參政王來奏曰：

> 郡縣官不以農業爲務，致民多遊惰，……田日荒閒，租稅無出，累及良民，宜擇守長賢者，以課農爲職。其荒田，令附近之家通力合作，供租之外，聽其均分，原主復業則還之，蠶桑可裨本業者，聽其規畫。仍令提學風憲官督之，庶人知務本。〔註70〕

〔註63〕書同前，卷三十，永樂二年四月己丑條。
〔註64〕同註28。
〔註65〕《明宣宗實錄》，卷五八，宣德四年九月壬戌條。
〔註66〕徐學聚，前引書，卷九二，〈農桑〉，頁7。
〔註67〕《明宣宗實錄》，卷二七，宣德二年四月庚申條。
〔註68〕書同前，卷七六，宣德六年二月己亥條。
〔註69〕《明英宗實錄》（據國立北平圖書館紅格鈔本微捲影印，台北南港，中央研究院史語所校勘印行，民國57年影印二版），卷十一，宣德十年十一月辛巳條。（時英宗已即位）
〔註70〕《明史》，卷一七二，列傳六十，〈王來〉，頁4583～4584。

英宗從之，乃於正統元年（1436）八月，命提學憲官兼督民間栽種桑棗。〔註71〕九年（1444）七月，復從漕運右參將湯節之奏請，再度申明種桑棗法，並勸富民出穀貸民種子。〔註72〕

明代中葉以後，地方官對於勸督農桑之務，荒怠者似乎逐漸增多，故至景帝景泰二年（1451）二月，詔畿內、山東巡撫鎮守都御史等官舉廉能官吏，專司勸農、授民荒田、貸牛種等事。〔註73〕四年（1453）十月，又以農桑爲衣食之源，勸課乃有司之責，特命兵部尙書孫原貞等人督同三司官分督府縣屯堡官，令里老省諭鄉村，除士工商賈并在官供役之人，其餘悉令務農，及時耕種，若有荒閒田地，令無田及丁多田少之人開墾，或缺牛具種子，於有力之家勸借，收成後量爲酬給，若原係稅額，俟三年後徵收。其土地宜桑棗添柿等木，隨宜酌量丁田多寡，定與數目，督令栽種，務在各鄉各村，家家有之，不許圍作一二園圃，以備點視，虛應故事，敢有怠惰，不務生理者，許里老依教民榜例懲治，縣官嚴加分督，府官依時點視，布、按都司總督比較，仍將開墾種過田地，并桑棗數目，造冊繳報。〔註74〕並命孫原貞等人宜嚴禁約，愼選廉正官員，設法整理，毋令從人需索科斂，如違並聽巡撫等官糾察拿問奏請罷黜。〔註75〕雖有如此明確之訓示，然而明代重農之精神已不似往日，故中葉以後，明廷所設之勸農官亦逐漸加多，如憲宗成化年間（1465～1487），勸農官幾乎遍佈全國各地，〔註76〕此一事實，並不表示明廷仍重視農務，反而顯示出百姓多有遊惰，不力事農務者，而地方官對農務亦漫不經心，致使朝廷不得不多設勸農官，以求改善。惜自明代中葉以來，忽視農務之風已深，所派之勸農官，成效並不很大，甚至勸農官本身亦未能盡於職守。馮應京〈重農考〉曰：

> （洪武時）未嘗特爲農事設專官，人盡農官也。以農桑責之郡縣，以屯種之衛所，非農事修舉不得注上考，蓋設官分職，原以爲民，……舍此更何事哉，嗣後不察，而增設府州縣勸農佐貳，設屯田水利臬臣，又或特遣重臣諸牧民之長其賢者，亦或體上愛養至意，不然者，

〔註71〕《明英宗實錄》，卷二一，正統元年八月丁丑條。

〔註72〕書同前，卷一一八，正統九年七月癸丑條。

〔註73〕書同前，卷二〇一，景泰二年二月癸巳條。

〔註74〕書同前。

〔註75〕註同前。

〔註76〕申時行，前引書，卷十七，〈農桑〉，頁464～465。

且見以爲業有專官而已，可弛擔也。……本府州縣行移提調官，常用心勸諭農民趁時種植植，……今則徒爲具文而已，旌舉守令何曾稱某守某令興過若干水利，勸過若干農桑。〔註77〕

可見勸農官與地方官吏對於農務已多有荒怠，故世宗於嘉靖六年（1527），詔令「江南等處，各該撫按官，通行所屬府州縣原設有治農官處，不許營幹別差，責令著實修舉本等職業，專一循行勸課，原無官處，定委佐貳一員帶管，果有實效，具奏旌擢，如或因循廢職，作罷軟罷絀」。〔註78〕，何瑭於〈民財空虛疏〉更建議，曰：

臣愚以爲設官勸農，非假以事權，則無以使之行其志，非濟以賞罰，則不能使之盡其心，……三年之後，地已成熟，……官量陞轉，仍留勸農，六年之後，農功大成，超與陞授，否者量行責降。〔註79〕

惜明代末期，隨著內憂外患之交困，以及天災之頻繁，農務之推展已有所不逮，致使百姓生活愈爲艱困，全國社會、經濟、政治等方面皆受影響，逐漸走上衰亡途徑。近人陶希聖氏謂：「中國歷代政府的基礎不在都市，而在農村；歷代政府的事業，不在振興商業，而在便利農業」，〔註80〕實爲至確之論。元代翰林學士王磐在「農桑輯要」序亦曰：「大哉農桑！眞斯民衣食之源，有國者富強之本。王者所以興教化、厚風俗、敦孝弟、崇禮教、致太平，躋斯民於仁壽，未有不權輿於此者矣。」〔註81〕無奈明末未能致力於此，再加上天災屢降，遂演變成流寇紛起之混亂局面。

第二節　墾荒政策

爲政者欲使百姓足食，固然須行重農之政，使其努力於農桑之務，然而「賑恤之法，莫大于墾荒田，而廣屯種」。〔註82〕熟田開墾愈多，農產愈增，

〔註77〕同註60。

〔註78〕申時行，前引書，卷十七，〈農桑〉，頁465。

〔註79〕陳子壯（明代），《昭代經濟言》（台北，台灣商務印書館，百部叢書集成，嶺南叢書），卷四，何瑭〈民財空虛疏〉，頁18。

〔註80〕陶希聖（民國），《中國社會之史的分析》（台北，食貨出版社，民國68年4月台灣初版），頁78。

〔註81〕元代司農司，《農桑輯要》（七卷，台北，台灣商務印書館，四庫全書珍本別集），〈王磐序〉，頁1。

〔註82〕談遷（明代），《國榷》（台北，鼎文書局，民國67年7月初版），卷八四，泰

則一有災荒，百姓可不致爲飢餓所困也。

明初，承元末紛亂之際，民戶多流離死亡，土地版籍亦皆荒廢，太祖曾謂其「往濠州，所經州縣，見百姓稀少，田野荒蕪，由兵興以來，人民死亡，或流徙他郡，不得以歸鄉里，骨肉離散，生業蕩盡」，〔註83〕可見當時亟須招撫百姓，從事開墾。故太祖於洪武元年（1368）正月，遣周鑄等一百六十四人往浙西，覈實田畝，定其賦稅，以免妄有增擾。〔註84〕五月，又令凡各處府州縣官員任內，以戶口增、田野闢爲尙，所行事蹟從監察御史、按察司考覈，以爲獎懲之憑據。〔註85〕蓋此際之急務，尤以增戶口、墾荒田爲優先也。八月，太祖復令各處人民，先因兵災遺下之田土，他人開墾成熟者，聽爲己業，如業主已還，有司於附近荒田撥補。〔註86〕此舉頗有鼓勵作用，不僅使兵禍所造成之抛荒田，隨即有人予以耕種，且業主還鄉後，仍可由地方官撥補荒田，不虞將無以爲生，三餐不繼。然而此一措施仍有其弊端，易引發百姓因田地而起衝突，故未久太祖又令復業人民，現今丁少而舊田多者，不許依前占護，止許儘力耕墾爲業。現今丁多而舊田少者，有司於附近荒田，驗丁撥付。〔註87〕至此時，明初墾荒之務，乃有定規可循。

太祖對於新任之官吏，常以增戶口、墾荒地之語訓示之。如元年（1368）十二月，當宋冕出任開封知府，太祖即諭以「今喪亂之後，中原草莽，人民稀少，所謂田野闢，戶口增，此中原今日之急務，若江南則無此曠土流民矣。汝往治郡，務在安人民，勸農桑，以求實效，勿學迂儒，但能談論而已」。〔註88〕可見太祖頗重視墾荒之務，而地方官亦多能有所建言，例如三年（1370）三月，鄭州知州蘇琦以自辛卯（元至正十一年，1351）河南兵起，天下騷然，兼因元政衰微，將帥凌暴，十年之間，耕桑變爲草莽，若不設法招徠耕種，以實中原，恐日久國用虛竭。乃建議「爲今之計，莫若計復業之民墾田外，其餘荒蕪土田，宜責諸守令，召誘流移未入籍之民，官給牛種，及時播種，除官種之外，與之置倉中分收受。守令正官，召誘戶口有增，闢

昌元年八月辛未條，頁5173。

〔註83〕《明太祖實錄》，卷二〇，丙午年（元至正二六年）五月壬午條。

〔註84〕書同前，卷二九，洪武元年正月甲申條。

〔註85〕申時行，前引書，卷十二，吏部十一，〈考覈〉一，頁287。

〔註86〕書同前，卷三四，洪武元年八月己卯條。

〔註87〕申時行，前引書，卷十七，〈田土〉，頁448。

〔註88〕《明太祖實錄》，卷三七，洪武元年十二月辛卯條。

田有成者，從巡歷御史申舉。若田不加闢，民不加多，則覈其罪。」〔註 89〕此一奏議，不僅代表其對地方施政之顧慮，且亦提出頗為有效而可行之墾荒辦法，蓋蘇琦當時作此言論，距辛卯兵起，已近二十年，而各處仍多荒蕪，尤其是中原地區，更須迅速力行墾荒，則民生方有所賴也。故同年五月，太祖即命省臣議，計民授田，置司農司領墾田，卿一、少卿二、丞四，開治河南、臨濠之田，驗其丁力，計畝給之，不得兼併。〔註 90〕

就以上之所論，皆顯示明初對於墾荒之務，不僅能積極進行，而且頗有成就。近人梁方仲曾據《明實錄》將洪武元年（1368）至二十四年（1391）所墾之田地面積，列表如下：〔註 91〕

表九：明太祖朝墾田及官民田地面積統計表

年　　代	田地總類及其所在地	面　　積
洪武元年	天下州縣墾田	770 頃一畝（a）
二年	天下州郡縣墾田	898 頃一
三年	山東河南江西府州縣墾田	2135 頃 20 畝
四年	天下郡縣墾田	106622 頃 42 畝
六年	天下墾田	353987 頃一畝（b）
七年	天下郡縣墾荒田	921124 頃一
八年	直隸寧國諸府晉、陜、贛、浙各省墾地	62308 頃 28 畝
九年	天下墾田地	27560 頃 27 畝
十年	墾田	1513 頃 79 畝
十二年	開墾田土計	273014 頃 33 畝
十三年	天下開墾荒閑田地	53931 頃一
十四年	天下官民田計	3667715 頃 49 畝
十六年	墾荒田，內：直隸、應天、鎮江、太平、常州四府、山西平陽府	1265 頃 44 畝 738 頃 33 畝 527 頃 12 畝
廿四年	官民田地	3874746 頃 73 畝
（備註）	（a）原文作“七百七十餘頃有奇” （b）原文作“三十五萬三千九百八十七頃有奇”	

〔註 89〕書同前，卷五〇，洪武三年三月丁酉條。
〔註 90〕徐學聚，前引書，卷九一，〈田制〉，頁 1。
〔註 91〕梁方仲（民國），〈明代户口田地及田賦統計〉，《中國近代經濟史研究集刊》第三卷第一期，頁 84。

至於明代墾荒政策之內容與演變，則可分為下列數項論述之：

一、免賦役鼓勵墾荒

百姓辛苦所墾之田地，初於一、二年間，雖或有所成，但必然不會太多，而此際如受須繳稅所限，往往生活即無以為繼，明廷有鑑於此，乃特允其免數年之租，使其生活能先獲得保障。此種措施，始於洪武三年（1370）六月，太祖以北方府縣近城之地多荒蕪，故為鼓勵百姓力事開墾，召鄉里無田者墾闢，每戶予田地十五畝，又給地二畝種菜，有餘力者，不限頃畝，皆免三年租稅。〔註 92〕於百姓開荒後三年始起稅，實為一大德政，蓋至是時，百姓已免租三年，生活當較為寬裕，繳稅之事應可勝任。此制用意甚佳，後即成為定例，例如四年（1371）十一月，中書省請稅河南、山東、北平、陝西、山西、淮安屯田，太祖即命免科，俟三年後，始畝租一斗。〔註 93〕十三年，又令各處荒閒田地，許諸人開墾，永為己業，俱免雜泛差徭，三年後，並依民田起科。並詔陝西、河南、山東、北平等布政司，及鳳陽、淮安、揚州、廬州等府，民間田土，許儘力開墾，有司毋得起科。〔註 94〕二十八年（1395），更詔戶部言，百姓供給，繁勞有年，山東、河南民，除入額田地循舊科徵外，新開荒者，無論多寡，永不起科，有力者聽種之。〔註 95〕凡此緩徵或免稅之措施，皆予墾荒者莫大之鼓勵，故於太祖一朝，墾田之數日增，「每歲中書省奏天下墾田數者，畝以千計，多者至二十餘萬」。〔註 96〕可見當時墾荒之成效相當可觀。

然而有些地區，時日一久，田力漸失，不僅不適於耕種，收穫亦頗受影響，而百姓仍須繳稅，生活遂益艱困，故英宗於正統三年（1438），詔各處凡有入額納糧田地，不堪耕種者，可以另自開墾補數，經有司勘實後，不許重複起科。〔註 97〕景泰三年（1452），景帝令浙江等布政司，丁多田少之人，開墾田地，若原係稅額者，俟三年後，仍納本等稅糧。〔註 98〕天順三年（1459），

〔註 92〕《明太祖實錄》，卷五三，洪武三年六月丁丑條。
〔註 93〕《明太祖實錄》，卷六九，洪武四年十一月壬申條。
〔註 94〕同註 87。
〔註 95〕同註 87。
〔註 96〕《明史》，卷七七，志五三，〈食貨〉一，頁 1882。
〔註 97〕同註 87。
〔註 98〕同註 87。

英宗復令各處軍民，有新開無額田地，與願佃種荒閒土地者，俱照減輕則例起科。〔註 99〕此些規定，皆有鼓勵百姓如於田力漸失時，可再擴大開墾荒地之作用，亦不失爲一良策。然而明代中葉以後，隨著朝政之敗壞，吏治之荒怠，以及天災之叢生，拋荒之田地逐漸增多，使明廷更須以免稅之優待招徠百姓從事開墾。例如嘉靖八年（1529），世宗令陝西拋荒田地最多之州縣，分爲三等，第一等，召募墾種，量免稅糧三年；第二等，許諸人承種，三年之後方納輕糧，每石照例減納五斗；第三等，召民自種，不徵稅糧。〔註 100〕可是拋荒田地之問題已極爲嚴重，難獲改善。至思宗崇禎七年（1634），戶部謂「北直、河南、山西、陝西等處拋荒田土最多，有額內者，原屬軍民，有額外者，原係曠土，不屬軍民。以額外言之，沙礫斥鹵其中，不無可耕，民間自願開墾，墾之，或未畢力耕之，或未獲利，官府隨而起科，此科一起，便無脫理，將來水旱蕪治，尚不可知，目前小獲，永遠包賠，民雖至愚，誰肯自貽伊戚」。〔註 101〕故百姓多將田地予以拋棄，任其荒廢。是時，明廷雖詔令如洪武十三年（1380）之規定，允陝西、河南、山東、北平等布政司及鳳陽、淮安、揚州、廬州等府民間田土儘力開墾，有司毋得起科，且令山東、河南開荒田地，永不起科。〔註 102〕但是墾荒之務仍無法順利展開，拋荒田地日多，百姓生活愈加艱難，一遇天災，即造成嚴重之災害，而明廷亦已因國運疲弊，無法予以改善，遂致不可收拾之地步。

二、徙民開墾

凡土地磽薄，而人口又較稠密之地區，常有人口移動之現象。其移動之情形，雖是人口稠密處移向稀疏處，但是亦可謂爲由生活困難處移向容易處。故明代前期部分地區地廣人稀，亟須開墾，遂有從外地移民開墾之必要，亦即「移民就寬鄉」之謂也。初於丙午年（元至正二十六年，1366），太祖還自濠州，見所經州縣，百姓稀少，田野荒蕪，兵興以來，人民死亡，或流徙他郡，不得歸鄉里，骨肉離散，生業蕩盡。〔註 103〕乃於洪武三年（1370），諭中

〔註 99〕同註 87。
〔註 100〕申時行，前引書，卷十七，〈田土〉，頁 449。
〔註 101〕孫承澤（明代），《春明夢餘錄》（台北，台灣商務印書館，四庫珍本第六集）卷三六，〈墾荒〉條，頁 11。
〔註 102〕書同前，頁 12。
〔註 103〕同註 83。

書省臣曰：

> 蘇、松、嘉、湖、杭五郡，地狹民眾，細民無田以耕，往往逐末利，而食不給，臨濠朕故鄉也。田多未闢，土有遺利，宜令五郡民無田產者，往臨濠開種，就以所種田爲己業，官給牛種舟糧以資遣之，仍三年不徵其稅。〔註 104〕

太祖之本意，認爲給予許多優待，以鼓勵移徙者，將可解決五郡地狹民眾之困難，且可開墾臨濠之荒地，以充實其故鄉，但是當時僅有四千餘戶移居該地，〔註 105〕似乎不如預期踴躍。故至七年（1374）十月，太祖仍以濠州自兵革後，人少田荒，而天下無田耕種之村民猶多，如於富庶處起取數十萬，散居濠州鄉村，給與牛種，開墾荒田，永爲己業，則數年後豈不富庶，遂移江南民十四萬人。〔註 106〕

此種大量移民開墾之辦法，初意甚佳，蓋將人眾地區之百姓，移至人少地荒之地區，乃是戰亂之後，復興農村之最好辦法。然而實際上，是時所得效果並不彰，鄧球《皇明泳化類編》曰：

> 洪武乙卯（八年，1375）秋，命江夏侯周德興往鳳陽督民墾田，鳳陽即濠梁之地，帝鄉也。先是民經兵竄，田多不業，邑井蕭然，太祖軫念之，至是徙江南民十有四萬，詣彼農田實地壯京畿。初遣南安侯俞通源督其事，已而聞其惰事，遂以德興往代，且敕諭切至，德興受命惟謹，至即令丁計畝，嚴立程限，辟不如數者有罰，立業既足，民咸利之。〔註 107〕

顯然當時移至濠州之民並未盡力開墾，而主事者南安侯俞通源亦惰事弗勤，使太祖不得不借重開國老臣前往督責，且於九年（1376）十一月，又徙山西及眞定民無產業者於鳳陽屯田，並遣人賚冬衣給之，〔註 108〕以資鼓勵。

太祖對於其他地區荒蕪田地尚多之開墾，亦不遺餘力，積極進行徙民墾

〔註 104〕《明太祖實錄》，卷五三，洪武三年六月辛巳條。

〔註 105〕註同前。

〔註 106〕陳夢雷（清代），《古今圖書集成》（台北，鼎文書局，民國 66 年 4 月初版），食貨典第二十六卷，〈農桑部彙考〉七，頁 139。洪武七年十月，徙民至濠州之人數，清水泰次在〈明初に於ける臨濠地方徙民について〉（《史學雜誌》卷五三第一二期，1942 年）文中，有詳細之考證，可資參考。

〔註 107〕鄧球（明代），《皇明詠化類編》（一三六卷，明隆慶間刊本，台北，國風出版社影印，民國 54 年 4 月初版），〈農桑〉卷八八，頁 3。

〔註 108〕《明太祖實錄》，卷一一○，洪武九年十一月戊子條。

田之法。例如二十年（1387）正月、三月，先後徙民至成都開墾荒田。〔註109〕二十一年（1388）八月，又以山西人眾，而河北諸處自兵後田多荒蕪，居民鮮少，乃令遷山西澤、潞二州無田之貧民，往墾河北彰德、眞定、臨清、歸德、太康等處閒曠之地，自便置屯耕種，免其賦役三年，戶給鈔二十錠，以備農具。〔註110〕此次徙民墾田，似乎成效較大，因爲移徙者多是山西之貧民，又有許多優待，故移往者眾，且多能力事開墾。《明太祖實錄》卷一九六，曾記此事曰：

> 洪武二十二年（1389）四月己亥，戶部尚書楊靖曰：「去年陛下念澤、潞百姓衣食不足，令往彰德、眞定就耕，今歲豐足，民受其利。」太祖曰：「國家欲使百姓衣食足給，不過因其利而利之，然在處置得宜，毋使有司侵擾之也。」〔註111〕

可見此次移往彰德等地墾田者，確實多能得利。故此後，太祖屢行徙民墾田之法，例如於是月，太祖即以兩浙民眾地狹，務本者少，而事末者多，倘遇歲歉，民即不給，遂命杭、湖、溫、台、蘇、松諸郡，民無田者，許令往淮河迤南，滁、和等處就耕，戶給鈔三十錠，使備農具，仍免其賦役三年。〔註112〕同年十一月，後軍都督府都督僉事孫恪還報，山西民徙彰德、衛輝、廣平、大名、東昌、開封、懷慶七府者，凡五百九十八戶，〔註113〕今年所收穀粟麥三百餘萬石，綿花一千一百八十萬三千餘斤，現種麥苗萬二千一百八十餘頃。太祖聞之，喜曰：「如此十年，吾民之貧者少矣。」〔註114〕故復於二十七年（1394）二月，遷蘇州府崇明縣無田民五百餘戶於崑山，開墾荒田。〔註115〕二十八年（1395）二月，更以青、兗、濟南、登、萊五府，民稠地狹，而東昌則地廣民稀，雖曾遷閒民以實之，地之荒閒尚多，乃令五府之民，五丁以上，田不及一頃，十丁

〔註109〕談遷，前引書，卷八，洪武二十年正月丙子條、三月甲戌條，頁668、669。
〔註110〕《明太祖實錄》，卷一九三，洪武二十一年八月癸丑條。
〔註111〕書同前，卷一九六，洪武二十二年四月己亥條。
〔註112〕註同前。
〔註113〕書同前，卷二二三，洪武二十二年十一月辛未條。《明太祖實錄》中所記之移徙戶數有五百九十八戶，但是經近人徐泓先生〈明洪武年間的人口移徙〉（《中央研究院三民主義研究所叢刊》（八），頁235～296）考證，發現此一數目有誤，應爲五百九十八屯，依明制每屯爲一百一十戶，則應有六萬五千七百八十戶，即有三十二萬八千九百人。
〔註114〕註同前。
〔註115〕書同前，卷二三一，洪武二十七年二月丁酉條。

以上，田不及二頃，十五丁以上，田不及三頃，并小民無地可耕者，皆令分丁就東昌開墾閒田。〔註 116〕有時移民墾田，並不從遠地移來，而是來自鄰近州縣，如三十年（1397）三月，太祖以湖廣常德府武陵等十縣，因兵亂，民多逃散，雖或復業，而土曠人稀，耕種者少，荒蕪者多，鄰近州縣反而多有無田失業之人，乃命戶部遣官於江西，分丁多之百姓及無產業者，於武陵等縣耕種。〔註 117〕

洪武年間，此種移民墾荒之措施，因政府提供許多優待條件，如洪武六年（1373）徙山西北邊居民至鳳陽，曾由「官給驢、牛、車輛，戶賜錢三千六百，及塩布衣衾有差」。〔註 118〕而移民抵達目的地後，先驗丁授田，配給牛種，並免三年或更長時間之租稅。〔註 119〕故經由移民墾荒之方式所得之田數相當可觀，〔註 120〕對於安定明初之社會、經濟均產生正面之作用。

太祖時期移民墾荒之辦法既有很大之成效，故至成祖時期仍積極進行，例如永樂元年（1403）三月，即曾命戶部遣官覈實山西太原、平陽二府，澤、潞、遼、沁、汾五州，丁多田少及無田之家，分其丁口以實北平各府州縣，戶給鈔使置牛具種子，五年後徵其稅。〔註 121〕當時爲鼓勵百姓移徙墾荒，規定不論出於自願，或奉政府之命令移墾者，皆可獲得路費與其他優待，〔註 122〕故移徙者眾，墾田數增多，成效可觀。然而至宣宗以後，明廷對於此種移民墾荒之辦法似未能再積極進行，如宣德五年（1430）十月，陝西漢中府請徙民墾田，宣宗即以天下郡縣人民版籍已定，產業有恆，若遽遷之他鄉，不無驚擾爲理由，而未允之。〔註 123〕故「自是以後，移徙者鮮矣」。〔註 124〕

明代中葉移民墾荒之策不再受到重視，除有前述之原因外，另一主因即

〔註 116〕書同前，卷二三六，洪武二十八年二月戊辰條。

〔註 117〕書同前，卷二五○，洪武三十年三月丁酉條。

〔註 118〕書同前，卷八五，洪武六年九月丙子條。

〔註 119〕書同前，卷二五三，洪武三十年五月丙寅條；卷二五七，洪武三十一年五月庚申條。

〔註 120〕徐泓，前引文，頁 262～263。

〔註 121〕《明太宗實錄》，卷一二下，永樂元年三月壬午條。

〔註 122〕明廷鼓勵百姓移徙墾荒，常予路費或其他優待，如永樂四年「湖廣、山西、山東等郡縣吏李懋等二百十四人言，願爲民北京，命戶部給道里費遣之」。（《明太宗實錄》，卷五○，永樂四年正月乙未條）又如永樂十年正月，明廷令「挈妻子，徙北京、良鄉、涿州、昌平、武清爲民，授田耕種……給路費，三年始供租調」。（《明太宗實錄》，卷一二四，永樂十年正月壬子條）

〔註 123〕《明宣宗實錄》，卷七一，宣德五年十月乙亥條。

〔註 124〕《明史》，卷七七，志五三，〈食貨〉一，頁 1880。

是此辦法行之日久，弊端已逐漸產生。以鳳陽地區之徙民爲例，《鳳陽新書》卷四，〈賦役篇〉，謂：「今鳳民有二，有編民、有土民。編民，蓋國初調之江南，十有四萬，以實中都者。……然而調江南者，初皆無有五宅三居之法，父母墳墓不在焉，妻子不至焉，田宅未開焉，此其必逋之勢也。是以今天下二百六十餘年，而鳳戶耗者十之七，計口耗者十之九。」〔註 125〕同書卷七〈奏議篇〉，知縣袁文新申請開墾公文帖稱，其「於春分之交，親詣沿鄉各里，逐細相視，諮訪查勘得，鳳屬州邑，土瘠民寡，惟鳳縣爲尤甚。田之膏腴者，國初以給祭田賜田，其次又隸列衛屯田，其餘二十六里，編民所受，皆磽薄田地，即使人人盡力，歲歲逢年，猶難冀豐穰之望，況人繁於役，不暇穮穖之勞，耕不知方，未識時地之要，遇旱遇潦，束手無備，以待田荒賦負，相率逃亡而已」。〔註 126〕凡此弊端，初非太祖所能預料，然而畢竟逐漸形成，且越來越嚴重，究其原因，乃在於所編之地多磽薄田地，雖盡力開墾，亦不足以納糧，使移至該地者大失所望，且父母墳墓不在該地，而妻子亦未至，導致人戶相繼逃亡，田地荒廢。何瑭〈民財空虛疏〉曰：

> 召集開地之人，類多貧難不能自給，久荒之處，人稀地僻，新集之民既無室廬可居，又無親戚可依，又無農具種子可用，故往往不能安居樂業，輒復轉徙，雖設有勸農之官，終無成效。〔註 127〕

《鳳陽新書》卷四〈賦役篇〉更述及明代鳳陽編民減少之情形，曰：「洪武之初，編民十有四萬也，自時厥後，舊志尚載丁口四萬七千八百五十餘口，萬曆六年，則僅一萬三千八百九十四口，歷今（天啓年間）四十餘年，編民止存老幼四千七百口。」〔註 128〕可見徙民墾荒之策，至明代中葉以後，已不復受重視矣。

三、招流民、發罪犯墾荒

流民之形成，其原因固然很多，〔註 129〕然而有一主因，即是其無可耕之地。如有一田地供其耕種，使之賴以活命，則其等當會作久居之打算，故明

〔註 125〕袁文新（明代），《鳳陽新書》（台北，明天啓元年刊本，八卷），卷四，〈賦役〉，頁 7。

〔註 126〕書同前，卷七，奏議，〈知縣袁文新申請開墾公文帖〉，頁 12。

〔註 127〕同註 79。

〔註 128〕同註 125。

〔註 129〕參閱本論文第五章第二節。

代前期除常招撫流民復業外，復行以流民墾荒之策。蓋此種措施不僅爲安輯流民之辦法，亦是增加國家稅收之良策。

招流民墾荒之舉措，在明初較常實施，例如洪武五年（1372）五月，太祖即詔令四方流民各歸田里，其間有丁少而舊田多者，不許依前占護，止許盡力耕墾爲業，若有現今丁多而田少者，有司於附近荒田驗丁撥付。〔註 130〕而成就較大者，莫過於成祖永樂元年（1403）閏十一月，巡按河南監察御史孔復奏稱，招撫河南開封等府復業之民三十萬二千二百三十戶，男女百九十八萬五千五百六十口，新開墾田地十四萬七千三百五十八頃。時，成祖認爲流民多爲情不得已而去其鄉，今既已復業，有司當厚撫綏之，新墾田地皆停徵其稅。〔註 131〕至七年（1409）六月，明廷亦曾許青、登、萊流民墾東昌、兗州閒田，給牛具種子，三年始租。〔註 132〕明初，因全國荒地仍多，故以流民墾荒尚可積極進行。然而及至中葉，明廷招撫流民，卻多行復業之策，如成化六年（1470），奏准流民願歸原籍者，有司給與印信文憑，沿途軍衛有司每口給糧三升，其原籍無房者，有司設法起蓋草房四間，仍不分男婦，每大口給與口糧三斗，小口一斗五升，每戶給牛二隻，量給種子，審驗原業田地給與耕種，優免糧差五年。〔註 133〕對於流民復業之設想頗爲周到，故較有成效。有時明廷亦讓復業之民開墾拋荒之田地，如嘉靖六年（1527），詔令有司出給告示荒白田地，許復業之流民耕種，免糧役三年。〔註 134〕十三年（1534），又題准各處如有拋荒堪種之地，聽招流移小民或附近軍民耕種，照例免稅三年，官給牛具種子。〔註 135〕

但是綜觀明代招流民墾荒之策，並不很成功，因流民雖獲得田地，然而數年後仍須繳稅，同時因豪強規避賦役，致使賦役之負擔多累及於流民身上，俟其無法勝任時，只好流亡四方，莫可踪跡。亦即明代以流民墾荒，呈現出一種矛盾循環之現象，即一面招撫流民，令其墾荒、復業，然而因賦役繁重，又使其重蹈流亡之途，田地遂復棄耕荒廢，故流民與田土之問題一直存在，並未有良好之改善。且流民移墾之地常生變亂，亦增加明廷許多困擾。

〔註 130〕《明太祖實錄》，卷七三，洪武五年五月條。
〔註 131〕《明太祖實錄》，卷二五，永樂元年閏十一月丁未條。
〔註 132〕書同前，卷一一六，永樂九年六月甲辰條。
〔註 133〕申時行，前引書，卷十九，〈流民〉，頁 521。
〔註 134〕註同前。
〔註 135〕書同前，卷十七，〈田土〉，頁 469。

〔註 136〕

明初，太祖爲充實其故鄉，除曾徙民前往開墾外，亦於洪武五年（1372）正月，詔今後犯罪，當謫兩廣者，俱發臨濠屯田，〔註 137〕此爲明代發罪犯墾田之始。至洪武八年（1375）二月，太祖又以天道好生，人情好生惡死，故特別降寬宥之典，勅刑官，凡雜犯死罪者，免死，輸作終身；徒流罪，限年輸作；官吏受贓及雜犯死罪，當罷職役者，謫鳳陽屯種；民犯流罪者，鳳陽輸作一年，然後屯種。〔註 138〕

可是當時太祖以罪犯屯種鳳陽，曾有許多大臣持反對之意見。《明史》卷一三九，〈葉伯巨傳〉曰：

> 洪武九年（1376），星變，詔求直言，伯巨上書，略曰：「……以屯田工役爲必獲之罪。……苟免誅戮，則必在屯田工役之科。……漢嘗徙大族於山陵矣，未聞實之以罪人也。今鳳陽皇陵所在，龍興之地，而率以罪人居之，怨嗟愁苦之聲，充斥園邑，殆非所以恭承宗廟意。」〔註 139〕

同卷〈韓宜可傳〉亦曰：

> 時，官吏有罪者，笞以上，悉謫屯鳳陽，毋慮萬數，宜可疏爭之，曰：「刑以禁淫慝，一民軌，宜論其情之輕重，事之公私，罪之大小。今悉令謫屯，此小人之幸，君子殆矣，乞分別，以協眾心。」〔註 140〕

此種言論，乃是依法論事，固然有其道理。然而太祖本意，認爲此等雖皆爲犯罪之人，如特以皇陵所在地處之，當可使其感激悔悟，改過向善，重新做人，〔註 141〕故仍以罪犯墾田。《太祖實錄》洪武九年（1376）正月丁卯條曰：

> 起鳳陽屯田官吏梅珪等五百十八人赴京，先是官吏獲罪者，上恐法司推讞未精，或其人因公詿誤，法雖難宥，情有可矜者，悉謫鳳陽渠象屯屯田，俾歷艱難，省躬悔過，至是特取珪等至京，命中書省量才用之。〔註 142〕

〔註 136〕《明英宗實錄》，卷一一〇，正統八年十一月辛未條；《明憲宗實錄》，卷一五五，成化十二年七月丙午條。

〔註 137〕《明太祖實錄》，卷七一，洪武五年正月壬子條。

〔註 138〕書同前，卷九七，洪武八年二月甲午條。

〔註 139〕《明史》，卷一三九，列傳二七，〈葉伯巨〉，頁 3990～3992。

〔註 140〕書同前，卷一三九，列傳二七，〈韓宜可〉，頁 983。

〔註 141〕清水泰次，前引文，《史學雜誌》，一二編，頁 36。

〔註 142〕《明太祖實錄》，卷一百三，洪武九年正月丁卯條。

可知太祖之發罪犯墾田，其本意並非完全欲藉其力擴充耕地，而是另有爲國家惜才之意，使其改正後，可爲國家所用。

至成祖時，以國都北遷，爲充實北京地區，乃定罪囚北京爲民種田例，令凡徒流罪，除樂工、竈匠拘役，老幼殘疾收贖，其餘有犯俱免杖，編成里甲，每人給鈔三百貫，每甲先買牛五頭，並妻子發北京、永平等府州縣，爲民種田，三年後科租。〔註 143〕十年（1412）正月，成祖又以奸民好訟，緣於無恆產，而北京尚多閒田，故令法司越訴雖得實，而據律當笞者免罪，令挈妻子從北京良鄉、涿州、昌平、武清爲民，耕田耕種，依自願爲民種田例給路費，三年始供租調。至於誣告犯徒流笞杖者，亦免罪，挈妻子徙盧龍、山海、永平、小興州，爲民種田，不給路費，一年供租調。〔註 144〕

此種以罪犯墾田之辦法，不僅可使罪犯獲得赦免之恩惠，亦可使荒地變成熟田，故實爲公私兩便之事。〔註 145〕

第三節　倉儲政策

古代農業多受自然力之支配，一遇荒年，五穀失收，飢荒即隨之形成，加之交通不便，無法順暢轉運糧食，迅速予以救濟，故百姓屢爲飢餓所困，甚至演變成易子而食、析骨而爨之地步。基於此，遂有平時儲積糧食之必要，例如古時「堯、禹有九年之水，湯有七年之旱，而國亡捐瘠者，以蓄積多而備先具也」，〔註 146〕可見倉儲政策之良窳，關係民生尤鉅。

吾國歷代主政者，多知「務民於農業，薄賦歛，廣畜積，以實倉粟，備水旱，故民可得而有也。」〔註 147〕至明代亦然，其「祖宗設倉貯穀，以備飢荒，其法甚詳，凡民願納穀者，或賜獎勅爲義民，或充吏，或給冠帶散官，令有司以官田地租稅契引錢，及無礙官銀糴穀收貯」。〔註 148〕

茲就明代倉儲政策中，具有救濟之主要功能者——預備倉、濟農倉、常平倉、社倉、義倉等五種，予以分別論述之：

〔註 143〕《明太宗實錄》，卷二二，永樂元年八月己巳條。
〔註 144〕書同前，卷一二四，永樂十年正月壬子條。
〔註 145〕書同前，卷三一，永樂二年五月辛丑條。
〔註 146〕班固，前引書，卷二四上，〈食貨志〉第四上，頁 1130。
〔註 147〕註同前。
〔註 148〕申時行，前引書，卷二二，〈預備倉〉，頁 606。

一、預備倉

預備倉者，即是「救荒倉庫」，主要功用在於救荒賑濟。〔註 149〕初於吳二年（1365），太祖以水旱不時，緩急無所峙，遂命楊思義令天下立預備倉，以防水旱。〔註 150〕然而似未積極進行此項工作，因當時天下猶未統一，即使有所創辦，亦僅限於江南一帶，且多仿前朝舊制設置，成就並不顯著。〔註 151〕至二十年（1387），明軍底定遼東，天下歸於一統後，預備倉之施設，始有定制。即二十一年（1388），太祖見曩者山東青州諸郡歲侵，有司坐視民飢不即以聞，雖遣使賑濟，但漕運稍遲，仍復有飢死者，故以山東今歲夏麥甚豐，秋稼亦茂，乃命戶部運鈔二百萬貫往各府州縣預備倉糧儲，其辦法為一縣於境內定為四所，於居民叢集之處置倉，榜示民眾有餘粟願易鈔者，許運赴倉交納，依時價償其直，官儲粟而扃鑰之，並令富民守視，若遇凶歲，則開倉賑給，使百姓以備不虞，而無飢餓之患。〔註 152〕此後，明代預備倉之施行，乃有較具體之規畫。

二十二年（1389）三月，太祖復命戶部遣官運鈔，往河南、山東、北平、山西、陝西五布政使司，俟夏秋粟米收成，於鄉村輻輳之處，市糴儲之，以備歲荒救濟。〔註 153〕然而此時預備倉之創設似仍未普及於全國，故太祖於二十三年（1390）五月，以務農重穀，王政所先，古者民勤耕稼之業，三年耕則餘一年之食，九年耕則餘三年之食，二十七年耕則餘九年之食，歲或有不登，民無飢色，蓋儲蓄有素之故也；而其早先雖曾屢敕有司勸課農桑，可是儲蓄不豐，一遇水旱，百姓仍受飢困，乃思及昔時曾令河南等處郡縣各處倉庾，於豐歲給價糴穀，由民人年高而篤實者主之，或遇荒歉即以賑給，民得足食，野無餓夫。此舉甚可借鏡，故令他地如有未備之處，皆舉行之，並召天下老人至京，命擇其可用者，使齎鈔往各處同所在老人糴穀為備。〔註 154〕嘉靖湖北《蘄州志》卷四，有洪武二十三年（1390）五月二十日之榜文，曰：

> 戶部運鈔差隨朝老人就去他本州縣，如是豐年糴下些預備糧食，倘

〔註 149〕清水泰次，〈預備倉と濟農倉〉，《東亞經濟》，六卷四期，頁 463。

〔註 150〕《明史》，卷一三八，列傳二六，〈楊思義〉，頁 3966。

〔註 151〕黃眞眞（民國），《明代倉儲之研究》（東海大學歷史研究所碩士論文，民國 72 年 6 月），頁 59。

〔註 152〕《明太祖實錄》，卷一九一，洪武二十一年六月甲子條。

〔註 153〕書同前，卷一九五，洪武二十二年三月辛巳條。

〔註 154〕書同前，卷二〇二，洪武二十三年五月壬子條。

> 遇著民飢時接濟他。……就於當地人民內，點選年高老人，或七八人，或十數人，眼同收糴，出將榜去教百姓每知道。…‥糴糧促備，就教那眼同糴糧的老人赴京來見，……倘遇年歉還著糴糧老人親自來奏，以憑差人同去給散，……上命收糴預備糧儲，實爲小民防患，……如差去老人不照彼中時價增減剋落，……阻壞作弊，別生事端，非理擾害，許諸人指實赴京陳告。〔註155〕

可知老人在預備倉制中，扮演相當重要之角色，故預備倉有時又稱「老人倉」。

當時預備倉法進行得很積極，從二十三年（1390）五月至二十七年（1394）正月，即推廣至直隸、湖廣、四川、陝西、江西、福建等地。〔註156〕至二十七年（1395）正月，有議者以各倉粟藏久致腐，宜貸於民而收其新者，乃令天下郡縣預備倉糧貸予貧民。〔註157〕可見當時預備倉之儲米確實很多，且頗爲普及，但是至「靖難之變」後，預備倉卻似乎有荒廢之現象，例如永樂元年（1403）三月，北京、山東、河南、直隸、徐州、鳳陽、淮安飢，成祖命戶部遣官賑濟，如本處無儲粟者，於旁近軍衛有司所儲，給賑之。〔註158〕又同年七月，戶部言淮安、徐州諸郡民飢，成祖命發粟賑之，凡給官粟八千四百四十餘石。〔註159〕可知在「靖難之變」時，必有許多預備倉遭受破壞，或至少使其功能一時受到影響，故只好依賴旁近軍衛有司所儲給賑，或等待命發粟賑之。

預備倉之數目，太祖之本意爲每縣四境各一，但亦有三或五處者。〔註160〕故如每縣均確實舉辦，當可賑濟災民於一時。然而卻因所置之倉廩，多在鄉村，且居民鮮少，難於守視，或爲野火延燒，或爲山澤之氣蒸溽浥爛，有司往往責民賠償，乃移置府、州、縣城內，委老人及有田糧丁力之家守視。〔註161〕此種自然力之破壞，有時尚可加以改善，然而除此之外，許多人爲因素之影響亦使預備倉逐漸喪失其原來之功能。初時，太祖所置之預備倉，本意尤佳，誠爲一

〔註155〕甘澤（明代），湖北《蘄州志》（台北，嘉靖刊本九卷），卷四，頁51。

〔註156〕《明太祖實錄》，卷二〇三，洪武二十三年七月庚戌條、八月乙亥條；卷二一一，洪武二十五年三月戊戌條、五月壬辰條；卷二一八，洪武二十五年六月辛未條；卷二二七，洪武二十六年四月乙亥條、五月乙卯條；卷二三一，洪武二十七年正月辛酉條。

〔註157〕書同前，卷二三一，洪武二十七年二月辛酉條。

〔註158〕《明太宗實錄》，卷十八，永樂元年三月甲午條。

〔註159〕書同前，卷二一，永樂元年七月丙戌條。

〔註160〕同註148。

〔註161〕《明太宗實錄》，卷七九，永樂六年五月丁亥條。

大德政，惜施行未久，即萌生弊端，究其緣由，多因州縣管倉者不得其人，視之爲泛常，不予留意，以致土豪奸民盜用穀粟，捏作死絕逃亡人戶借用，虛寫簿籍爲照，使倉無顆粒之儲，甚至折毀倉屋，間遇飢荒，民即無所賴。〔註 162〕尤其是預備倉所儲米穀，本是賑濟飢貧之民，而里甲慮貧者不能償，負累賠納，故每歲官司取勘里老，僅將中等人戶開報，至於鰥寡孤疾無所依倚飢民，卻一概不報。〔註 163〕完全失去設置預備倉之本意。

預備倉弊端之產生，據宣宗所言，「皆有司之過」，〔註 164〕故當時明廷之改進辦法，首由人事上著手。初於永樂元年（1403）三月，編修楊溥在〈預備倉奏〉，即建議明廷「令戶部行各布政司府州縣，除災傷附近去處外，凡秋成豐稔之處，府州縣官於見有官鈔官物，照依時價，兩平支糴穀粟儲以備荒，免致臨急，倉惶失措。年終將所糴實數奏聞，郡縣官考滿給由，令開報境內四倉儲穀實數。……吏部查理計其治績，以定殿最。各按察司分巡官及直隸巡按御史所歷州縣，並要取看四倉實儲穀數。……歲終奏聞，以憑查考，如有仍前弊怠事者，亦具奏罪之」。〔註 165〕正統四年（1439），大學士楊士奇亦奏請明廷「擇遣京官廉幹者，往督有司，凡豐稔州縣各出庫銀平糴，儲以備荒，……具實奏聞，郡縣官以此舉廢爲殿最，風憲官巡歷各務稽考，仍有欺蔽怠廢者，具奏罪之」。〔註 166〕時，英宗從其言，遣侍郎何文淵等往各省直修備荒之政，賜之勅條列合行事宜，有許多改進之規定。〔註 167〕另方面明廷爲使官民能重視預備倉之積貯與功能，亦特別提高預備倉之地位，故英宗准凡民人納穀一千五百石，勅獎爲義民，仍免本戶雜泛差役，三百石以上，立石題名，免本戶雜泛差役二年。又令各處預備倉，凡民人自願納米麥細糧一千石以上，雜糧二千石以上，予勅獎諭。〔註 168〕至正統五年（1440）

〔註 162〕徐學聚，前引書，卷一百一，〈倉儲〉，頁 6～7。
〔註 163〕書同前，頁 8～9。
〔註 164〕《明宣宗實錄》，卷四一，宣德四年三月辛未條；卷九一，宣德七年六月丙申條。
〔註 165〕徐孚遠（明代），《皇明經世文編》（台北，國聯圖書公司據明崇禎年間平露堂刊本影印，民國 53 年 11 月初版），卷二七，《楊文貞集》卷一，〈論荒政救荒〉，頁 441。
〔註 166〕徐學聚，前引書，卷一百一，〈倉儲〉，頁 5。
〔註 167〕申時行，前引書，卷二二，〈預備倉〉，頁 606～607。另見汪心（明代），河南《尉氏縣志》（台北，嘉靖刊本，五卷）卷二，頁 57。
〔註 168〕同註 148。

正月，更令軍民有能出粟佐官者，授以散官，旌其門。〔註 169〕此種措施，不僅可增加入倉之穀數，亦可使百姓有更多之參與感，進而支持與維護預備倉之體制。

然而預備倉之廢弛現象卻仍未有明顯改善，至天順五年（1461），各處預備倉已多空虛，猝遇飢饉，即無以為賑，〔註 170〕弊端頗為嚴重。成化六年（1470），明廷「令各處預備倉州縣掌印官親管放支，不許轉委作弊」。〔註 171〕七年（1471）七月，又派副都御史楊濬往直隸、順天等八府整理預備倉制，其餘有巡撫處則委巡撫官，無巡撫處則令府州縣衛所正官整理。〔註 172〕同年八月，更下修舉預備四倉之勅令，命全國「布政司、按察司、掌印官即督同各府州縣正官，將原設四倉查勘有無，見在糧數若干多寡，除見有外應該添糧若干，先儘各處在官贓罰等項錢糧支給收納，及令囚犯照例納米贖罪，如有不敷，或於存留內借撥，或於各里上中戶稅糧內米正糧一石，另勸米麥共五升，或有可行從宜區處如里分用糧數多，原設倉廒不彀收貯，亦須量為添益，遇飢寒照例賑給，秋成之日，抵斗還官。如連年豐稔，倉糧亦須易新，勿令腐爛，其看倉大戶老人，於附近里分僉點殷實有行止之人充當，不許濫設，敢有不行用心看管，有通同官吏插和糠粃沙土實收虛放，侵欺作弊，使小民不受實惠者，爾等就行拏問，治以重罪」。〔註 173〕

當時明廷對於如何改進預備倉之弊端非常重視，且以貯糧之多寡，作為官吏考績之主要依據。故弘治三年（1490），孝宗命天下州縣預備倉積糧，以里分多寡為差，十里以下，積糧至萬五千石者，為及數。二十里以下者為二萬石，三十里以下二萬五千石，五十里以下三萬石，百里以下五萬石，二百里以下七萬石，三百里以下九萬石，四百里以下十一萬石，五百里以下十三萬石，六百里以下十五萬石，七百里以下十七萬石，八百里以下十九萬石。及數者，斯為稱職，過額者，奏請旌擢，不及者罰之，各府州正官，亦視其所屬糧數足否，以為黜陟。〔註 174〕並規定每三年一次查盤，有司少三分者，

〔註 169〕同註 166。
〔註 170〕徐學聚，前引書，卷一百一，〈倉儲〉，頁 8。
〔註 171〕申時行，前引書，卷二二，〈預備倉〉，頁 607。
〔註 172〕《明憲宗實錄》（據國立北平圖書館紅格鈔本微捲影印，台北南港，中央研究院史語所校勘印行，民國 57 年影印二版），卷九三，成化七年七月乙未條。
〔註 173〕徐學聚，前引書，卷一百一，〈倉儲〉，頁 9～10。
〔註 174〕《明孝宗實錄》（據國立北平圖書館紅格鈔本微捲影印，台北南港，中央研究院史語所校勘印行，民國 57 年影印二版），卷三六，弘治三年三月丙辰條。

罰俸半年，少五分者，罰俸一年，少六分以上者，九年考滿降用。〔註 175〕嘉靖三年（1524），世宗亦令各處撫按官，督各該司府州縣官，於歲收之時，多方處置預備倉糧，其一應問完罪犯納贖納紙，俱令折收穀米，每季具數開報撫按衙門，以積糧多少，爲考績殿最，如各官任內三年六年全無蓄積者，考滿到京，戶部參送法司問罪。〔註 176〕四年（1525），又命各處撫按官，通查積穀備荒前後議處過事宜，翻刊成冊，分發所屬，著落掌印等官，時常檢閱，永遠遵守，撫按清軍官，每年春季各將所屬上年收過穀石實數，奏報戶部，時常稽考，以憑賞罰。〔註 177〕

凡此規定，使預備倉制愈趨嚴密，然而其積弊已深，實在難有改善，故至嘉靖初，「秋糧僅足兌運，預備無粒米，一遇災傷，輒奏留他糧，及勸富民借穀，以應故事」。〔註 178〕賑濟之工作無法確實推展，乃因此時預備倉已多無儲糧，世宗遂再令各處撫按官督所屬官將贓罰稅契、引錢，一應無礙官錢，糴買稻穀，或從宜收受雜糧，以備荒歉，各該官員果能積穀及數，聽撫按官覈實旌異，若不用心舉行，照例住俸。並奏准，州縣積糧之法，如十里以下，積糧一萬五千石，二十里以下二萬石，三十里以下二萬五千石，五十里以下三萬石，百里以下五萬石，二百里以下七萬石，三百里以下九萬石，四百里以下十一萬石，五百里以下十三萬石，六百里以下十五萬石，七百里以下十八萬石，八百里以下十九萬石，三年之內，務彀一年之用，如數爲稱職，過數或倍增，聽撫按奏旌，不次陞用。不及數者，以十分爲率，少三分者，罰俸半年，少五分者，罰俸一年，少六分以上者爲不職，送部降用，知府視所屬州縣積糧多寡，以爲勸懲。〔註 179〕

當時明廷企圖增加積貯倉糧之態度很迫切，故屢定改進之辦法，尤其對官吏多所要求，然而其所規定每州縣積糧之數，實在過高，不僅大多數官吏無法辦到，且亦增加百姓許多困擾。尤其是「每一小縣十里之地，三年之間，不問貧富豐凶，概令積穀萬五千石，限數既多，責效太速，以致中才剝削取盈，貪夫因緣爲利，往往歲未及飢，民已坐斃，及遇凶荒，公私俱竭，爲困

〔註 175〕申時行，前引書，卷二二，〈預備倉〉，頁 608。
〔註 176〕書同前，頁 609。
〔註 177〕註同前。
〔註 178〕清高宗敕撰，《續通典》（台北，新興書局印行），卷十六，〈食貨〉十六，頁 1204。
〔註 179〕申時行，前引書，卷二二，〈預備倉〉，頁 610。

愈甚」。〔註 180〕因「若必十里而積粟萬石，則窮鄉僻壤何所取資？勢必購糴繹騷，欲興利而反以滋弊，況令州縣軍官皆以數者爲旌擢，則有司惟志在取盈，必至橫徵苛派，累及閭閻，尚何實惠之足言乎？」〔註 181〕《國朝典彙》卷一百一，〈倉儲〉，有按語曰：

國初立預備倉，即古常平倉遺意，蓋支給官鈔和糴以備凶荒耳。正統後，許將囚罪贖罪米收入，然無定數。成化後，始有每里積三百石或五百石之例，然未有不及數之罰。弘治後，或有不及數罰俸，及降用之例，夫不問其所取之由，而但責其所積之數，豈能無弊哉？〔註 182〕

可見此種「但責其所積之數」，而「不問其所取之由」，使弊端更層出無窮，百姓不僅未能得其利，反而先受其害，故至隆慶三年（1569），明廷從陝西巡按王君賞之奏請，減其額十里以下，歲額穀千石，十里以上遞增，百里以下二千五百石，二百里以下三千石，大郡亦止五六千石，使官不致擾民，且穀物易於積儲。〔註 183〕而明廷亦不再以倉儲之不足數罪罰地方官，例如時有葭州知州尹際可等三十五員，因各積穀徵賦不如數，本例當降調，然而吏部認爲「積穀較之正賦不同，況皆出於贓罰納贖及他設處所入之數，視地方貧富獄訟繁簡爲差，若必欲所在取盈，是徒開有司作威生事之端」。〔註 184〕故予以寬宥之。至萬曆五年（1577），明廷又令各撫按，須詳查地方難易，酌定上中下三等，爲積穀等差，上州縣每歲以千石爲準，多或至二、三千石，下州縣以數百石爲準，少或至百石，務求官民兩便，經久可行。〔註 185〕惜明代之預備倉制，至此時疲弊已深，致未能發揮原有之作用。

總之，明代預備倉制，初設之時，就太祖之本意而言，確實爲一救荒之良策，然而行之日久，弊端漸起，章懋〈蘭谿縣新遷預備倉記〉曰：

視其倉屋，皆壞漏弗支，所儲之穀失亡太半，而在庾者又皆陳腐不可食矣。……而主守之人，又皆一、二十人弗與更代，久而易懈，至有死亡逃散。而莫之守者，其勢易爲侵盜，又在大河之濱，盜者

〔註 180〕龍文彬，前引書，卷五六，〈食貨〉四，頁 1076。
〔註 181〕註同前。
〔註 182〕徐學聚，前引書，卷一百一，〈倉儲〉，頁 10～11。
〔註 183〕書同前，頁 17。
〔註 184〕註同前。
〔註 185〕同註 179。

策。初於明太祖洪武十年（1377）正月，工部奏差張致中以京師爲天下都會之地，邇來米價翔踊，百物沸騰，多因蘇、湖等府水澇，年穀不登，素無儲積所致，故奏請今後宜令各府、州、縣，設常平倉，每遇秋成，官出錢鈔，收糴入倉，如遇歉歲，平價出糶，使米價不踊，則物價自平，如此，則官不失利，民亦受其惠。〔註 194〕此議固爲善策，太祖亦覽而嘉之，可是明廷卻未予以採行。因日後太祖於全國力倡預備倉制，而某些郡縣尚另設有濟農倉、或社倉，或義倉，均可直接賑濟百姓，故此種須百姓花費金錢始能購得米糧之常平倉，並未獲得明廷積極推行。甚至於洪熙元年（1425）六月，仁宗諭戶部尚書夏原吉等曰：「預備倉儲正爲百姓，比之前代常平最爲良法。若處處收積完備，雖有水旱災傷，百姓可無飢窘。」〔註 195〕由此更可知當時明廷對於常平倉之態度，似非熱心支持。

基於上述之原因，明初設有常平倉之郡縣，並不普遍，且多設於邊郡，因邊地駐有重軍，加之土壤貧瘠、雨量不足、氣候早寒及戰爭之破壞等自然與人爲雙重因素之影響，使米糧之產量相當有限，故米糧價格常求過於供，不如江南地區便宜，而波動之程度亦較內地爲大，〔註 196〕實有設置常平倉以調節米價之必要。故唐順之〈耿壽昌常平倉法論〉曰：「（常平倉法）內地行之，不能無弊，惟用之邊郡爲宜，非獨可以爲豐荒斂散之法，亦因之以足邊郡之食，寬內郡之民焉。」〔註 197〕至於內地設有常平倉者，雖有，但並不多見。〔註 198〕

直至明代中葉，因預備倉制逐漸疲弊，各地郡縣之倉廒已多頹廢，以致地方官基於百姓之需要，屢有建常平倉之提議。如弘治年間，都御史林俊〈請復常平疏〉曰：

> 今江西所屬預備倉穀積蓄俱少，臣切憂之。……今欲公私兩便，惟有常平可復而已。〔註 199〕

萬曆年間，金華府知府張朝瑞〈建常平倉廒議〉亦曰：

〔註 194〕《明太祖實錄》，卷一百十一，洪武十年正月丙戌條。

〔註 195〕《明宣宗實錄》，卷二，洪熙元年六月乙卯條。

〔註 196〕全漢昇（民國），〈明代北邊米糧價格的變動〉（《中國經濟史研究》，香港，新亞書院，1978），頁 2。

〔註 197〕陳夢雷，前引書，食貨典，卷一百一，荒政部，唐順之〈耿壽昌常平倉法論〉，頁 500。

〔註 198〕黃眞眞，前引文，頁 75～76。

〔註 199〕徐孚遠，前引書，卷八六，《林貞肅公（林俊）集》卷二，〈請復常平疏〉，頁 17。

今欲爲生民長久之計，則常平倉斷乎當復者，……常平之法立，則減價糶賣，富者不得騰高價，而貧民受賜于數十年後。……誠救荒之良策也。〔註200〕

蓋常平倉之優點在於「豐年穀賤，則增價而糴以爲備，凶歲穀貴，則減價而糶以濟飢，願糴者與之，而無所強，受糶者去之，而無所追。其利常周，其本不仆，故公私兩便」。〔註201〕實爲明代中葉預備倉制沒落後，較爲可行之賑濟倉法，尤其預備倉主要是「預備而斂散」，常平倉則專主「預備而糶糴」，不僅具有調節物價之功能，且就賑濟之成效而論，常平倉比預備倉更具治本之功效。〔註202〕

至於常平倉之辦法，朱健〈國朝貯糴論〉認爲可因義倉之舊，更以常平之法，量民數多寡以貯粟，酌道里遠近以立倉，每豐而糴，委之于富民，而計其數，時凶而糶，臨之以廉吏，而主其衡，糴不出一人，人不過一石，而又善爲之處，嚴爲之法，使所糴皆貧民，而富者無所侵。〔註203〕然而此言僅爲原則性之規定，至於詳細之情形，吾人可就林俊與張朝瑞之所議，分爲糴本、儲量、糴法、管理四點論述之：

（一）糴本：常平倉之建立，首須有糴本。其來源較可行者，約有捐納、納贖二法。明英宗正統五年（1440），明廷議准凡民人納穀一千五百石，請勑獎爲義民，仍免本戶雜泛差役，三百石以上，立石題名，免本戶雜泛差役二年。〔註204〕並令各處預備倉，凡民人自願納米麥細糧一千石之上，雜糧二千石之上，請勑獎諭。〔註205〕後來納糧之標準逐漸降低，並允納銀，獎勵之名目亦有增多。《明憲宗實錄》記載戶部定擬巡撫雲南都御史吳誠〈救荒則例〉曰：

軍民舍餘客商納米，給授冠帶散官者，米四十石；或銀五十兩，給冠帶；米五十五石，或銀七十兩，與從九品；米六十五石，或銀八十兩，正九品；米七十石，或銀九十兩，從八品；米八十石，或銀

〔註200〕馮應京，前引書，卷十五，張朝瑞〈常平倉議〉。

〔註201〕朱健（明代），〈國朝貯糴論〉（《守山閣叢書》，百部叢書集成，台北，藝文印書館，民國56年初版），收於俞森（清代），《荒政叢書》卷八，〈常平倉考〉，頁22。

〔註202〕黄眞眞，前引文，頁75。

〔註203〕朱健，前引文，頁21～22。

〔註204〕同註148。

〔註205〕同註171。

一百兩，正八品；米一百石，或銀一百二十兩，從七品；米一百二十石，或銀一百五十兩，正七品。〔註206〕

《續文獻通考》，卷四十一，〈國用〉，嘉靖八年條亦曰：

令撫按曉諭積糧之家，量其所積多寡，以禮勸借。若有仗義出穀二十石，銀二十兩者給予冠帶；三十石，三十兩者授正九品散官；四十石，四十兩者正八品；五十石，五十兩者正七品，俱免雜泛差役。出至五百石，五百兩者，除給與冠帶外，有司仍於本家豎立坊牌以彰尚義。〔註207〕

既有如是之獎勵，故富民納糧者不少。而今既欲吸收常平倉之糴本，林俊於弘治十四年（1501），〈請復常平疏〉中建議可由布政司招納義民官一千名，除問革官吏外，不拘本省、外省、客商、軍民、舍餘、老疾、監生、廩增、附學、吏典及子孫追榮父祖，各聽出銀七十兩，授正七品，五十兩者，正八品，四十兩者，正九品，各散官二十兩，冠帶榮身，監生減十分之三，廩膳減十分之二，陸續填給，收完銀兩；分俵各縣，以資糴本。其不願官帶，願立表義牌坊者，出穀二百石，亦容蓋豎。〔註208〕張朝瑞〈建議常平倉廒〉亦謂：「民願納穀者，一如祖宗已行之法，一千五百石，請敕獎為義民；三百石以上，勒石題名。或如近日救荒之令，二百石以上，給與冠帶；五十石以上，給與旌扁」。〔註209〕如此，將可於短期內籌得糴本，以便成立常平倉。

另外納贖之法亦甚可行，正統五年（1440），明廷即曾勑廣西布按二司，并巡按等官，查勘預備倉糧內，有借未還，并虧折等項，著落經手人戶，供報追陪，其犯在赦前者，定限完日，悉宥其罪，赦後犯者，追完照例納米贖罪。〔註210〕至嘉靖元年（1522），南部工部侍郎吳廷舉曰：「先年罪人以金贖刑，貯工部以備修營。弘治末，南京戶部奏改納米，補各官祿廩及囹圄囚食，令覈戶部錢穀約定支給，宜將贖米貯常平倉備賑。」〔註211〕時，刑部覆議，

〔註206〕《明憲宗實錄》，卷二一一，成化十七年正月庚寅條。

〔註207〕清高宗敕撰，《續文獻通考》（台北，新興書局影印，民國47年10月初版）卷四一，〈國用〉，嘉靖八年條。

〔註208〕林俊，前引文，頁18。

〔註209〕張朝瑞，前引文。

〔註210〕同註167。

〔註211〕徐學聚，前引書，卷一百一，〈倉儲〉，頁11。

從之，故林俊於〈請復常平疏〉中，亦奏乞勅法司計議除情重外，原情稍輕不係巨惡，參審得過之家，願納穀一千石或七八百石、五六百石，容其自贖，免擬發遣。其誣告負累、平人致死，律雖不摘，情實猶重，并窩藏強盜，資引逃走，抗拒官府，不服拘捕，本罪之外，量其家道，勸穀自五百石、一百石，以警刁豪，俱有撫按參詳，無容司屬專濫。〔註212〕

（二）儲量：一旦災荒來臨，須賑糶之米糧必然增多，如平時常平倉中儲量不足，將會影響救濟之效果。故林俊疏曰：「縣一十里，則積一萬石；二十里，則積二萬石。」〔註213〕張朝瑞則謂大約每鄉一倉，上縣糴穀五千石，中縣糴穀四千石，下縣糴穀三千石。〔註214〕

（三）糶法：常平倉者，本具調節米價之作用，故林俊議於秋成穀賤六石糴入，春夏穀貴時，五石四斗糶出，秋成五石糴入，春夏四石五斗糶出，每石明扣一斗，以備耗存積。〔註215〕張朝瑞則認爲出糶一節，當與四鄰保甲之法並行，如該鄉穀多，即糶穀一日，保甲一週。穀少，則糶穀分爲二三日或四五日，保甲一週，務使該鄉積貯之穀數，可待飢民冬春之糴數方善。每鄉除無災都保不開外，先期將有災保甲，派定次序，分定月日，某日糶某保某甲，某日糶某保某甲。明日出令，保正副公舉貧民，至期，令其持價糴買，如富者混買，連坐保甲。〔註216〕

（四）管理：爲免行之日久，倉制敗壞，張朝瑞認爲可以各擇近倉殷富篤實居民二名掌管，免其雜差，准其開耗。每收穀一百石，待後發糶之時，每名准與平糶三石，二名共糶六石，以酬其勞，糶完即換掌管，勿使重役。城中預備倉，照常造送查盤，四鄉常平倉，免送查盤。止於年終，各倉經管居民，將舊管新收開除實在總撒數目，用竹紙小冊開報該縣，縣將四倉類冊，申送各院，並布政司及道府查考。凡收糴，俱該縣掌印官，或委賢能佐貳官監督，不許濫委滋弊。〔註217〕

既有地方官提議設置常平倉，且多能提出具體可行之辦法，故是時有許多郡縣開辦常平倉，如萬曆浙江《秀水縣志》曰：

〔註212〕同註208。
〔註213〕同註208。
〔註214〕張朝瑞，前引文。
〔註215〕林俊，前引文，頁19。
〔註216〕張朝瑞，前引文。
〔註217〕張朝瑞，前引文。

> 新設四鎮常平倉，萬曆二十三年（1595）間，知縣李公培奉檄親勘置買民地，陡門鎮二畝七分二釐，濮院鎮二畝八分五釐，王江涇一畝七分三釐，新城鎮一畝四分，每鎮建倉一所，積穀備賑，其法專主平糴，歲豐則照價以入，歲儉入則減價以出，民稱便焉。〔註218〕

而百姓於荒歉之際，亦因常平倉之設置，而得以稍紓其困也。

四、社　倉

明代之社倉，乃是由百姓依其所納正稅取二十分之一，積貯糧穀於倉，由德高望重者負責管理，遇有災荒或青黃不接之時，可貸給鄰里鄉黨，互相救濟。此種倉制之創始，一般多謂起於英宗正統年間，因正統元年（1436）七月，有順天府推官徐郁以義倉本爲濟民飢困，但是如今一縣止一、二所，且民居星散，賑給之際，追呼拘集，動淹旬月，不免餓莩，乃乞令所在有司，增設社倉，仍取宋儒朱熹之法，參酌時宜，定爲規畫，以時斂散，庶荒廢有備而無患。〔註219〕英宗以其所言甚切，特命所司速行之。準此，明代之社倉似乎至此時方才設立。然而顧炎武在其所著《天下郡國利病書》中，曾以山東登州府爲例，推證明初已有社倉之設置。〔註220〕且正統年間所增設之社倉，似未積極進行，故至成化二十一年（1485）三月，明廷從巡撫遼東左副都御史馬文升之奏請，方令諸州縣立社倉以備賑濟。〔註221〕可是仍未能普遍設立，故日後屢有議立社倉者，如弘治六年（1493）二月，有河南許州知州邵寶奏陳漸復社倉，以紓民困。〔註222〕十三年（1500）正月，有巡按福建監察御史胡華言立社倉事，十四年（1504），都御史林俊於〈請復常平疏〉，亦議立社倉。〔註223〕惜皆未受重視，直至嘉靖八年（1529）三月，明廷從兵部左侍郎王廷相之奏請，乃令各撫按設社倉，以民二三十家爲一社，擇家殷實而有行義者一人爲社首，處事公平者一人爲社正，能書算者一人爲社副，每朔望會集，別戶上中下，出米四斗至一斗有差，斗加耗五合，上戶主其事，年飢，上戶不足者，量貸，稔歲還倉，中下戶酌量賑給，不還倉。有司造冊送撫按，

〔註218〕李培（明代），浙江《秀水縣志》（台北，萬曆刊本），卷二，頁7。
〔註219〕《明英宗實錄》，卷二十，正統元年七月庚戌條。
〔註220〕顧炎武，《天下郡國利病書》，原編第十六冊，山東下，頁60。
〔註221〕《明憲宗實錄》，卷二六三，成化二十一年三月甲午條。
〔註222〕《明孝宗實錄》，卷七二，弘治六年二月庚子條。
〔註223〕同註215。

歲一察覈，倉虛，罰社首出一歲之米。〔註224〕此種倉制主要賴於百姓之互助合作，即以本鄉所出，積於本鄉，以百姓所餘，散於百姓，且聘用鄉賢，分任職守，由百姓自己負責管理，誠可謂一立意頗佳之倉法。然而仍是未遍行於全國，故至十四年（1535），復有廣西全州知州林元秩奏請設立社倉，置田收租備賑。〔註225〕隆慶四年（1570）二月，巡撫山西都御史靳學顏於〈請行各省積穀疏〉亦曰：「社倉，蓋收民穀以充者，此雖中歲皆可以行。……社倉舉之甚易。」〔註226〕

由是觀之，明代社倉之制本爲良法，然而明廷似乎並未予以重視，雖有許多地方官倡議創辦，明廷亦從其請，令天下州縣皆設置之，卻未盡全力推行。至嘉靖二十年（1541）十二月，復有江西御史沈越奏請申飭社倉法，令有司亟行整理，撫按以此爲考成，吏部據此行黜陟，以備荒政。〔註227〕無奈地方官已積習難改，社倉之制雖行，不數年即多敗壞。故萬曆年間，巡撫何東序於〈常平倉議〉曰：

> 查得本縣先於嘉靖二十年後，遵奉明文，於張岳下任杜村鎮，建立社倉三所，糴穀備賑，行之數年，本息俱罄，而社倉之名僅存，嗣是院道間有按成事，而督修廢者，亦竟罷弛不常。〔註228〕

可見社倉之功能至此時已是蕩然無存矣。

五、義　倉

義倉者，乃是依富者之義捐或特別課稅，收集米穀，於便利重要之地設置倉庫而貯藏之，由官府負責管理，待有必要時，散出以賑濟貧民。亦即由民戶義務納輸於官充作糴本，專爲賑濟凶荒之用，如此則可「使富者得義而益榮，使貧者有所恃而不恐」。〔註229〕故明代多行之。至於其施行辦法，據吏部左侍郎楊起元〈樂昌義倉記〉曰：

> 上富者出粟百石以上，中富者五十石以上，下者十石以上。立保正

〔註224〕《明世宗實錄》，卷九九，嘉靖八年三月甲辰條。

〔註225〕徐學聚，前引書，卷一百一，〈倉儲〉，頁14。

〔註226〕《明穆宗實錄》，卷四二，隆慶四年二月丙寅條。

〔註227〕涂山（明代），《明政統宗》（台北，成文出版社，民國58年台一版），卷二十五，頁8。

〔註228〕陳夢雷，前引書，食貨典，卷一百一，荒政部，何東序〈常平倉議〉，頁503。

〔註229〕書同前，卷一百二，荒政部，楊起元〈樂昌義倉記〉，頁508。

一人，主其籍，保副一人司其鑰，擇子弟之精敏有行者二、三人視收放。每歲季春朔發倉聽貸，秋大熟，徵息二，小飢，息一，大飢免及本息。每十人連結，中推二人保，比其收也，徵諸保，則民不擾。〔註230〕

可見此一倉制之用意甚佳，且不失爲一賑濟之善策。

然而明人卻似乎常將義倉與預備倉、常平倉、社倉混爲一談。如弘治河北《保定郡志》曰：「今之預備，即古之常平、義倉、社倉之遺意。」〔註231〕考之英宗正統元年（1436）七月，順天府推官徐郁言四事，其中言及「建立義倉，本以濟民，然一縣止一、二所，民居星散，賑給之際，追呼拘集，動淹旬月，不免餓莩。乞令所在有司，增設社倉，仍取宋儒朱熹之法，參酌時宜，定爲規畫」。〔註232〕依此，吾人可知當時已有義倉之設立，且其辦法及作用皆與社倉不同，純是賑濟民飢。然而卻有將義倉視爲社倉者，如弘治五年（1492）十一月，戶科給事中王璽奏四川事宜，其中一項備儲蓄，曰：「四川累遭荒旱，逃亡者眾，乞將各府、州、縣賦稅及官庫存留銀兩，十留其一，以爲糴本，仍令里社，各立義倉貯穀。」〔註233〕《明會典》亦有類似之記載：

嘉靖八年（1529）題准，各處撫按官設立義倉，令本土人民，每二三十家約爲一會，每會共推家道殷實素有德行一人爲社首，處事公平一人爲社正，會書算一人爲社副，每朔望一會分別等第，上等之家出米四斗，中等二斗，下等一斗，每斗加耗五合入倉，上等之家主之，但遇荒年，上戶不足者量貸，豐年照數還倉，中下戶酌量賑給，不復還倉，各府州縣造冊送撫按查考，一年查算倉米一次，若虛即罰會首出一年之米。〔註234〕

此段敘述，即是將義倉當作社倉而論之。甚至靳學顏在〈請行各省積穀疏〉中，亦明言「社倉即義倉也」。〔註235〕

另有將義倉視爲預備倉者，如天順三年（1459）九月，福建建安縣老人賀煬曰：

〔註230〕註同前。
〔註231〕章律（明代），河北《保定郡志》（台北，弘治刊本，二十五卷），卷五，頁12。
〔註232〕同註219。
〔註233〕《明孝宗實錄》卷六八，弘治五年十月癸酉條。
〔註234〕申時行，前引書，卷二二，〈預備倉〉，頁609～610。
〔註235〕同註226。

> 預備義倉之設，將以廣儲積，而賑貧民也，奈何豪猾大户，往往冒名代借，連年拖欠，以幸恩宥。是致義倉空虛，有其名而無其實，乞令出粟義民，各疏里內飢民姓名，同委官開倉給放，西成之日，仍令催督還官，如此則豪户免冒借之病，而義倉無空虛之患。〔註 236〕

故楊起元〈樂昌義倉記〉，辯別曰：「樂昌縣之有義倉，……倉之義名何居？一曰別乎預備也，一曰宜也。」〔註 237〕此即言不應將義倉當作預備倉之論也。甚至於亦有將義倉、濟農倉、常平倉三者合爲一，如隆慶四年（1570）二月，太僕寺卿顧存仁條陳十事，其中「一置義倉，謂往年撫臣周忱奏立濟農倉，遂積米三十餘萬石，吳民賴之，宜倣行其法，或官自糴買，或許民折納，或勸富人，或罰遊惰，悉令實穀于倉，春秋斂散，一如常平之制」。〔註 238〕

近人郎擎霄在其所著《中國民食史》，述及各種倉制被混淆不清之情形，曰：

> 常平倉以調劑米穀價格爲其直接之目的，其辦法係以官府財力買賣米穀；而義倉、社倉以預備荒年救濟貧民爲其直接目的，其辦法并非買賣米穀。故常平倉與義倉，最易於區分；而義倉與社倉則難以區分，……就管理方面言，義倉須受國家監督，而社倉則純由人民自治，然考社倉沿革，亦多受官府之監督，……就歷史上言，宋以前俱係義倉，而當時亦有將義倉稱爲社倉，然宋以後，則有時將社倉認爲義倉，亦有時將義倉認爲社倉，是社倉與義倉用語，在沿革上常相混同。〔註 239〕

故吾人於探討明代倉儲政策時，對於此種情形，尤須予以注意，否則極易張冠李戴，而有所誤解。

第四節　水利政策

民爲邦本，食爲民天，欲行墾闢農田之策，必先講求水利。水之爲用，

〔註 236〕《明英宗實錄》，卷三〇七，天順三年九月丙午條。
〔註 237〕同註 229。
〔註 238〕《明穆宗實錄》，卷四二，隆慶四年二月甲辰條。
〔註 239〕郎擎霄（民國），《中國民食史》（台北，台灣商務印書館，民國 59 年 12 月台一版），頁 204。

得其道，則化汙萊爲膏腴；反之，失其道，則漂流禾稼洊爲巨災，繕完高庳勞費無已。故水能爲利，亦能爲害，如控馭得當，使其通暢，可爲大利；反之，控馭失當，淤塞泛濫，即成大害。俞汝爲《荒政要覽》曰：

水利之在天下，猶人之血氣然，一息之不通，則四體非復爲有矣，故大而江河川澤，微而溝洫畎澮，其小大雖不同，而其疏通導利，不可使一息壅閼則一也。〔註 240〕

可見水利措施對國家而言，誠爲重要之事，尤其吾國自古以來，即是以農立國，水之爲利、爲害，常影響及農業之興衰，吾國「古之立國者，必有山林川澤之利，斯可以奠基而蓄眾」，〔註 241〕其道理亦即在此。

茲將明代之水利政策分爲防洪與灌溉兩項論述之。

一、防 洪

就吾國歷代之防洪工作而言，以黃河、淮河、長江、永定河之整治措施最爲重要，其中又以治黃導淮之工程最具代表性，故本項僅就此二河論述之。

（一）黃 河

自古以來，黃河之爲患即無有已時，亦最難治。其致災之主要原因有二，一爲洪流來往過驟，二爲泥沙過多，常淤積河床，歷代雖曾施予防治，然而成效卻未能臻於理想。明代初期，黃河之水患，起自洪武元年（1368）決口於曹州開始，是後即經常決口或改流入淮，尤其是開封地區受害最爲嚴重。當時雖有太祖之重視水利，〔註 242〕但是於治河方面，卻仍無善策可言。直至景帝景泰四年（1453）十月，明廷以徐有貞爲都察院左僉都御史，專治沙灣決河，其治績始較爲彰著。

初於景泰五年（1454）九月，有總督漕運都督徐恭、左副都御史王竑奏言：「運河膠淺，南北軍民糧船蟻聚臨清閘上下者不下萬數，蓋因黃河上源水

〔註 240〕俞汝爲（明代），《荒政要覽》四，〈常熟令耿橘水利書〉，引自徐光啓，前引書，卷十二，頁 281。

〔註 241〕俞汝爲，前引書，〈平日修備之要〉，引自徐光啓，前引書，卷十二，頁 281。

〔註 242〕明太祖時期，頗爲重視治理黃河，如洪武十八年，太祖以「去年河決臨漳，民受其患，雖嘗修築堤防，恐不可久，宜遣官與布政司、都司會議，凡堤塘堰壩可以禦水患者，預爲修治。至是有司以黃河、沁河、漳河、衛河、沙河所決堤岸丈尺之數具圖計工以聞，詔以軍中兼築之。」《明太祖實錄》，卷一七五，洪武十八年九月戊午條。

嗇，亦以沙灣決口未塞，而修治者之弗克事也。臣惟治理之要，有經有權，經者常行不易之道，權者一時通變之宜。以沙灣決口不可合，留之以洩大水之勢，經也；如塞沙灣決口，引水注運河以通漕舟，權也。……請勅右僉都御史徐有貞將決口趁今水小，急督工築塞，庶不敗事。」〔註 243〕然而徐有貞認爲臨清河淺，自昔已然，非爲決口未塞，亦非其僻守己見，王竑等不察，而以塞決口爲急務，殊不知秋冬雖僅能塞，明年春夏亦必復決，勞費徒施而無用，誠不敢邀近功，若塞而無患，彼雖至愚亦當爲。〔註 244〕故徐有貞隨即於十一月上陳沙灣治河三策。其策曰：

> 沙灣治河三策：一置造水門，……世之言治水者雖多，然於沙灣，獨樂浪王景所述制水門之法可取。蓋沙灣地土盡沙，易致坍決，故作壩作閘皆非善計。臣請依景法爲之，而加損益于其間，置門于水而實其底，令高常水五尺，水小則可拘之以濟運河，水大則疏之使趨于海，如此則有流通之利，無堙塞之患矣。一開分水河，……今黃河之勢大，故恆衝決，運河之勢小，故恆乾淺，必分黃河水合運河，則可去其害，而取其利，請相黃河地勢水勢，于可分之處開成廣濟河一道，下穿濮陽、博陵二壩，及舊沙河二十餘里，上連東西影塘及小嶺等地，又數十里餘，其內則有古大金隄可倚以爲固，其外則有八百里梁山泊可恃以爲池，至于新置二閘，亦堅牢，可以宣節之，使黃河水大不致泛濫爲害，小亦不致乾淺以阻漕運。一挑深運河，……今之河底乃與昔日之岸平，視鹽河上下固懸絕，上比黃河來處亦差丈餘，下比衛河接處亦差數尺，所以取水則難，走水則易，誠宜浚之如舊。〔註 245〕

未久，徐有貞得景帝詔允如其言行之，乃至汶、濟、衛、沁、濮、范等地相度查看，治渠開支河，起自張秋金隄，西南行百里踰范、濮，西北經澶淵接河、沁，凡河流之旁出不順者，即築堰堵之，使河不東衝沙灣，而北出濟漕。並濬運河，北至臨清，南抵濟寧，凡四百五十里。〔註 246〕又作放水閘於東昌、龍灣、魏灣，度水盈過丈則洩，使河道皆通古黃河而入海。復於金龍口銅瓦廂

〔註 243〕《明英宗實錄》，卷二四五，景泰五年九月庚午條。
〔註 244〕註同前。
〔註 245〕書同前，卷二四七，景泰五年十一月丙子條。
〔註 246〕《明英宗實錄》，卷二五一，景泰六年三年己巳條。

等處開渠二十，引河水濟運。至景泰六年（1455）七月，沙灣河成，賜名廣濟，時人皆稱其能。〔註247〕談遷《國榷》卷三十一，有禮部尚書吳道南曰：

沙灣之決垂十年，至是乃塞，何成功若斯之難也。……非向者其人不任，蓋亦任非其能。〔註248〕

近人申丙《黃河通考》亦曰：

自洪武初年至此，河流屢決，以國事初定，未及注意修治，即詔治理，無大效驗，有貞此舉，實爲明代治河第一次之成績。〔註249〕

然而徐有貞之治績，實是僅通漕，並未治河，且其使徐邳之間，奪黃河爲運河，雖得一時濟運之利，而黃運合併，至終明之世，仍糾葛不清，〔註250〕故河患猶在。至孝宗弘治二年（1489）九月，明廷以白昂爲戶部侍郎，修治河道，始針對河患而治之。時白昂與郎中婁性協治，役夫二十五萬，築陽武長隄以衛張秋，引中牟之水由滎澤、陽橋入黃河，經朱仙鎮，下陳州，再由渦潁達淮河。又修治汴堤，濬古汴河經徐州入泗，並濬睢河自歸德飲馬池，經符離，至宿遷小河口會漕。由是河入汴，汴入睢、睢入泗、泗入淮以達於海，水患稍息。〔註251〕可是此種分水法並非根本治河之法，故至五年（1492）八月，黃河復決荊隆口，東潰黃陵岡，決爲數道，北犯張秋，掣漕河與汶水合而北行，滎澤、歸德入淮之口皆淤。白昂所規畫之河道，亦盡遭廢除。〔註252〕

至弘治六年（1493）六月，明廷以都察院右副都御史劉大夏治理張秋決河。〔註253〕劉大夏認爲「河勢悍，張秋乃下流襟喉，未可即治，分導其上流南行，復長隄禦之，且防大名山東之患，俟其循軌，決可塞也」。〔註254〕乃濬舊河，由曹出徐，以殺水勢，又濬孫家渡口，別鑿新河，導使南行，由中牟至潁川東入

〔註247〕書同前，卷二五六，景泰六年七月乙亥條。

〔註248〕談遷，前引書，卷三一，景泰六年七月乙亥條，頁1994。

〔註249〕申丙（民國），《黃河通考》（台北，中華叢書編審委員會，民國49年5月印行），頁85。

〔註250〕註同前。

〔註251〕《明孝宗實錄》，卷三十，弘治二年九月庚辰條。

〔註252〕書同前，卷六六，弘治五年八月庚戌條。

〔註253〕吳師緝華在〈明代劉大夏的治河與黃河改道〉（《明代社會經濟史論叢》，下冊，頁381～400，著者出版，民國59年9月初版）文中考證，劉大夏在弘治六年二月被任爲總理河南水道。六月河決，復主治河之事。

〔註254〕康基田（清代），《河渠紀聞》（中國水利要籍叢編第二集，文海出版社，民國59年9月初版），卷八，頁97。

淮，又濬祥符四府營淤河，由陳留至歸德分爲二，一由宿遷小河口，一由亳渦河，俱會於淮。然後沿張秋兩岸，東西築台，立表貫索，聯巨艦穴而窒之，實以土，至決口，去窒沈艦，壓以大埽，且合且決，隨決隨築，連晝夜不息，決既塞，繚以石堤，隱若長虹。〔註 255〕至七年（1494）十二月，築塞張秋決口工成，孝宗遣行人齎羊酒往勞之，改張秋名爲安平鎮。〔註 256〕劉大夏復言：「安平鎮決口已塞，河下流北入東昌、臨清至天津入海，運道已通，然必築黃陵岡河口，導河上流南下徐、淮，庶可爲運道久安之計。」〔註 257〕廷議如其言，劉大夏乃於八年（1495）正月築塞黃陵岡及荊隆等口七處，四旬有五日而畢。〔註 258〕至此，諸口既塞，於是上流河勢復歸蘭陽、考城，分流逕徐州、歸德、宿遷，南入運河，會淮水，東注於海，南流故道以復。而大名府之長堤，起胙城，歷滑縣、長垣、東明、曹州、曹縣抵虞城，凡三百六十里。其西南荊隆等口新堤起于家店，歷銅瓦廂、東橋抵小宋集，凡百六十里。大小二堤相翼，而石壩俱培築堅厚，潰決之患乃息。〔註 259〕

觀之劉大夏之治河，乃是使黃漕分行，黃不衝漕，以保張秋一帶之運河，顧炎武於《天下郡國利病書》中讚之曰：

> 夫自國朝以來，張秋決者三，而弘治癸丑（六年）爲甚。諸臣塞決者三，而劉公大夏爲最。迄今百有餘年，遠袪河害，而獨資汶利，狂瀾不驚，歲運如期，伊誰之力哉？〔註 260〕

康基田《河渠紀聞》卷八，稱其成就曰：

> 大夏濬賈魯之故道，塞北流之暴漲，已開數百年治河之先路，雖未大開故道，斷絕南流，杜後來旁出之隙，亦當時急在通運，未遑興舉鉅功，然其治績已出徐武功（徐有貞）、白康敏（白昂）之上。〔註 261〕

然而實際上其「于黃陵岡左右築太行堤，起胙城訖徐州，凡四百餘里以禦之，

〔註 255〕書同前，卷八，頁 94～95。

〔註 256〕《明孝宗實錄》，卷九五，弘治七年十二月庚午條。

〔註 257〕書同前，卷九七，弘治八年二月己卯條。

〔註 258〕《明史·河渠志》，稱劉大夏築塞黃陵岡及荊隆等口七處，僅旬有五日即畢。吳師緝華於前引文中考證，應爲四旬又五日，今從吳師之說。

〔註 259〕同註 257。

〔註 260〕顧炎武，《天下郡國利病書》（台北，台灣商務印書館，據清乾嘉間樹蘐草堂鈔本影印），原編第十五冊，山東備錄上，頁 23～24。

〔註 261〕康基田，前引書，卷八，頁 95～96。

而北流遂絕，遂以清口一線受萬里長河之水，上距元至正間開會通之年，又二百餘歲，而河流又一變矣」。〔註 262〕故劉大夏於黃陵岡築堤導河，使其北流斷決，黃河主流乃奪汴入泗合淮，而一淮受莽莽全黃之水，誠爲黃河一大變也，世稱黃河大徙之五。

黃河水道既徙，開封之禍遂移於歸、曹、單、魚、豐、沛之間，武宗正德年間因南河逐漸淤塞，河水時常北徙數百里，故水患連年。尤其是嘉靖以後，河流遷徙靡有定向，分枝別出，水患更加頻繁，而治河之臣多束手無策，少有治績可言。計自劉大夏徙黃河水道之後，迄嘉靖四十三年（1564），總河者先後有十三人之多，〔註 263〕其中劉天和雖稱治河能臣，著有《問水集》詳記其事，〔註 264〕創植柳六法以護隄岸，對治河之功效貢獻頗大，然而其功仍在漕運及護泗州祖陵方面。〔註 265〕而嘉靖四十三年（1564），一年當中，主河者竟又六易其人，故水患靡息，至四十四年（1565）七月，黃河復決沛縣，上下二百餘里運道皆淤積，全河幾乎爲之逆流。〔註 266〕八月，明廷乃以朱衡爲工部尚書兼右副都御史，總理河漕。十一月，並以潘季馴爲都察院右僉都御史，總理河道。初時，朱衡至決口，見舊渠已成平陸，而以往盛應期所開之新河，從南陽以南，東至夏村、留城，故跡猶在，其地勢較高，河決至昭陽湖止，不能復東，可以通運，乃定議開新河，築隄呂孟湖以防潰決。但是潘季馴以新河土淺泉湧，勞費不貲，不如疏通留城以上故道。廷議採朱衡言，朱衡乃開魚台、南陽抵沛縣、留城百四十餘里，而濬舊河自留城以下，抵境山、茶城五十餘里，由此與黃河會，又築馬家橋堤三萬五千二百八十丈，石堤三十里，遏河之出飛雲橋，趨秦溝，南北諸支河悉併流，於是黃水不東侵，漕道遂通。〔註 267〕觀之朱衡與潘季馴治理黃河之議，朱衡以治漕爲先，潘季馴則以治黃爲急。如依朱衡言，漕可

〔註 262〕胡渭（清代），《禹貢錐指》（二〇卷，台北，文淵閣四庫全書本），略例，頁 98。

〔註 263〕《明史》，卷八三，志五九，〈河渠〉一，頁 2024～2039。

〔註 264〕劉天和（明代），《問水集》（明嘉靖刊本，中國水利要籍叢編，台北，文海出版社影印，民國 59 年 9 月初版）。此書前二卷，爲其總理河道時，按視所至，所論之形勢利害及處置事宜，尤以植柳六法爲後世傳誦，後四卷則爲其先後奏議之文，並附有黃河圖說。

〔註 265〕《明世宗實錄》，卷一六九，嘉靖十三年十一月庚辰條；卷一八二，嘉靖十四年十二月辛亥條。

〔註 266〕書同前，卷五四八，嘉靖四十四年七月辛亥條。

〔註 267〕《明穆宗實錄》，卷八，隆慶元年五月己未條。

不爲黃河所侵，如從潘季馴之議，不僅可根本治漕，且黃河河道可不受漕河影響。惜當時廷臣與主事者所亟急求安者，惟在於漕，故《國榷》卷六五，引吳道南之言曰：「此役之興，幾不免爲盛應期之續，非其心必欲害成也，或者見不中確，懼非常之原耳。」〔註268〕而潘季馴未久尋以憂去。關於朱、潘二人之治河，《河渠紀聞》卷九，有較平心之論，其曰：

> 我朝（清朝）定鼎之初，黃河自復故道，迄今不改，季馴之言信矣！而人事之顛倒亦實有不可解者，如衡所開之新河，即前三十年盛應期所開之河，而應期以河免官，衡以河進階，豈成功之遲速有時，而事之休咎皆在於人與？然衡當橫流奪運之時，而能循故跡開後來漕運之先路，其功亦偉，自有不可少者。惟衡所見在近，季馴所見在遠，治黃而運在其中。〔註269〕

朱衡開新河後，南北諸支河悉併流，遂使黃河水勢大漲，河患頻頻發生，故明廷於隆慶四年（1570）八月，復以潘季馴爲都御史總理河道。五年（1571）四月，黃河自靈璧雙溝而下，北決三口，南決八口，支流散溢，大勢下睢寧出小河，而匙頭灣八十里正河悉淤。潘季馴役丁夫五萬，盡塞十一口，濬匙頭灣，築縷堤三萬餘丈，故道遂復。未料漕船行新溜中，多漂沒。時，勘河給事中雒遵言：「王家口初決時，黃水盡從漫坡南流，出小河口，使季馴稍緩築隄，漕船盡出，則可避新生之險，乃反驅就新溜。」〔註 270〕遂劾潘季馴坐視漂沒，騰章報功，且謂治河無出朱衡右者，故潘季馴被罷，而於六年（1572）春，復命工部尚書朱衡經理河工，並以兵部侍郎萬恭總理河道。《河渠紀聞》卷十曰：

> 馴通達河事，雙溝之役，一試輒效，而排擠若此，馴與衡不相能，馴去而衡來，後之人不能無遺憾於當時之秉成者矣。〔註271〕

朱、萬二人至，乃專事徐、邳河，修築長堤，自徐州至宿遷小河口三百七十里，併繕豐、沛大黃堤，正河安流，運道大通，至是碭、徐以下，邳、睢兩岸皆有堤防。故《河史述要》曰：

> 隆慶創築南隄，工始自祥符，下迤於碭山治北，而碭山以下之南岸，

〔註268〕談遷，前引書，卷六五，隆慶元年五月己未條，頁 4055。

〔註269〕康基田，前引書，卷九，頁 91。

〔註270〕《明穆宗實錄》，卷六五，隆慶六年正月丁卯條；卷六七，隆慶六年閏二月壬申條。

〔註271〕康基田，前引書，卷十，頁 16。

尚空之弗堤，留以為漲水回旋之餘地。徐州以上，河長逾千里，既有兩隄翼夾，其水直趨二洪，徐州以下泗渠故槽，安可容納全河之水？邳睢一帶，不可無隄，又勢所必至也。〔註 272〕

然而河患並未止息，仍時常發生，〔註 273〕故至萬曆六年（1578）夏，當潘季馴代工部尚書兼理河漕時，即條上六議：曰塞決口以挽正河之水，曰築堤防以杜潰決之虞，曰復閘壩以防外河之衝，曰刱建滾水壩以固堤岸，曰止濬海工程以免糜費，曰暫寢老黃河之議以仍利涉。〔註 274〕神宗悉從其請，於是潘季馴築高家堰堤六十餘里，歸仁集堤四十餘里，柳浦灣堤東西七十餘里，塞崔鎮等決口百三十，築徐、睢、邳、宿、桃、清兩岸遙堤五萬六千餘丈，碭、豐大壩各一道，徐、沛、豐、碭縷堤百四十餘里，建崔鎮、徐昇、季泰、三義減水石壩四座，遷通濟閘於甘羅城南，淮、揚間堤壩無不修築，費帑金五十六萬有奇。〔註 275〕惜潘季馴之復起，以受知於張居正之提拔，及至張居正受劾落職，潘季馴亦辭去是職。

萬曆十六年（1588）四月，明廷復設總理河道都御史，起用潘季馴四任總督河道，其謂治河之法，別無奇謀秘計，固隄為防河第一義，歲修為固隄之先務，〔註 276〕故大修黃河之隄。未料十九年（1591）九月，泗州大水，州治淹三尺，居民沈溺十九，浸及祖陵，潘季馴言當自消，已而未驗，故廷議放潘季馴歸。二十年（1592）三月，季馴將去，奏上〈解惑六議〉，力言河不兩行，新河不當開，支渠不當濬。〔註 277〕並著〈河防一覽〉申明其治河之法，大旨為築堤障河，束水歸漕；築堰障淮，逼淮注黃。以清刷濁，沙隨水去。合則流急，急則蕩滌而河深；分則流緩，緩則停滯而沙積。上流既急，則海口自闢而無待於閘。至於治堤之法，可以縷堤束其流，遙堤寬其勢，滾水壩洩其怒。〔註 278〕皆為治河、治堤之善策，後人多有讚美者。如何喬遠《名山

〔註 272〕《河史述要》，轉引自鄭肇經（民國），《中國水利史》（台北，台灣商務印書館，民國 65 年 2 月台三版），頁 51～52。

〔註 273〕康基田，前引書，卷十，頁 20～40。

〔註 274〕潘季馴（明代），《河防一覽》（中國水利要籍叢編第二集，文海出版社，民國 59 年 9 月初版），卷七，〈兩河經略疏〉，頁 165～176。

〔註 275〕《明史》，卷八四，志六十，〈河渠〉二，頁 2053。另見潘季馴，前引書，卷七，〈河工告成疏〉，頁 208～216。

〔註 276〕潘季馴，前引書，卷十，〈申明修守事宜疏〉，頁 275～284。

〔註 277〕《明史》，卷八四，卷六十，〈河渠〉二，頁 2056。

〔註 278〕潘季馴，前引書。此書為其彙集前後章奏及時人贈言，增刪而成，總以束水

藏》贊曰：

自有治河以來，議者齗齗乎，棼棼乎，稍有不行，別議鑿濬，費不貲矣。余觀劉天和、潘季馴所論，則治黃河在循故道，治漕河在沿舊制而已。……予讀季馴治黃之議，但欲循河故道束而湍之，使水疾沙刷無留行，而又近爲縷隄，縷隄之外，復爲遙隄，使水益淺遠以不至旁決。蓋嘉靖、隆、萬之間，季馴四治河，河皆治。〔註279〕

胡渭《禹貢錐指》亦曰：

潘尚書季馴論治河之要，謂河之性宜合不宜分，宜急不宜緩，合則流急，急則蕩滌而河深，分則流緩，緩則停滯而沙淤。此以隄束水，借水攻沙，爲以水治水之良法也。……通漕于河，則治河即以治漕，會河于淮，則治淮即以治河，合河淮而同入于海，則治河淮即以治海，觀其所言若無赫赫之功，然百餘年來治河之善，卒未有如潘公者也。〔註280〕

近人李儀祉推崇潘季馴曰：

潘氏治隄，不但以之防洪，兼以之束水刷沙，是明乎治導原理者也。固高堰以過淮，借清敵黃，通淮南諸閘以瀉漲，疏清口以劃一入海之道。治河之術，潘氏得其要領。〔註281〕

鄭肇經《中國水利史》則曰：

宋明以來司河者，惟知分河殺勢，如庸醫之因病治，而不尋其本原；季馴天才卓越，推究閫奧，發前人所未發，成一代之殊勳，神禹以來一人而已。〔註282〕

凡此稱善之評語，雖或有溢美之詞，然而潘氏之治河方略，確是有過人之處。

可惜是時廷臣未採潘季馴之法，反而力主分黃導淮之議，以救泗州祖陵爲急，故於二十四年（1596），總河工部尚書楊一魁，役夫二十萬，開桃源黃

攻沙爲第一義。

〔註279〕何喬遠（明代），《名山藏》（台北，成文出版社，民國60年1月台一版），〈河漕記〉，頁36～37。

〔註280〕胡渭，前引書，卷一三下，〈附論歷代徙流〉，頁67。

〔註281〕引自宋希尚（民國），《歷代治水文獻》（中華文化出版事業委員會，民國43年6月初版），頁150。

〔註282〕鄭肇經，前引書，頁59。

河壩新河，起黃家嘴，至安東五港、灌口，長三百餘里，分洩黃水入海。闢清口沙七里，建武家墩、高良澗、周家橋石閘，洩淮水三道入海，且引其支流入江。是役工成，泗陵水患雖平，而日久下河一帶州縣沈於釜底，且五港等口，本非深闊，逐漸淤塞，使黃水不能入海，淮河亦不能出口，上流徐沛淤滿，南北橫流，貽患無窮。〔註283〕

有明一代，於整治黃河之過程中，雖有如潘季馴之治河能臣者，然而是時之主事者，卻多貪於近功，蒙賞之後，復急求謝事，不願久任，故未能獲得長效。〔註284〕且明人之治河，顯然在運不在河，如決河僅害及百姓，則明廷猶不汲汲，反之如一礙及運道，即恐影響京師大局，故是時「河官亦以運事爲考成，但求如期回空，不受責罰，則河事之得失，非所計及，即不幸而有潰決之事，或至漂沒數州縣，但言不妨運道，則上下晏然，且以爲慶」。〔註285〕以此態度治河，當然河患終明之世未能稍減，加之明末敗政叢生，邊事告急，河政更是匚烱，其數十年間，河水屢決成災，明廷雖仍有稍事修葺之舉，但是在「上無實政，下有玩心，……漕、河兩缺，總理無人」及「河防日以廢壞，當事者不能有爲」〔註286〕之情況下，已不能稱治矣。

茲附明代河患及治河有治績者之圖片於后：（採自吳君勉《古今治河圖說》，頁63～85）

〔註283〕參閱本節一之（二）淮河。
〔註284〕《明史》，卷二三五，列傳二三，〈張養蒙〉，頁6122。
〔註285〕申丙，前引書，頁473。
〔註286〕《明史》，卷八四，志六十，〈河渠〉二，頁891。

圖六：明初河患圖

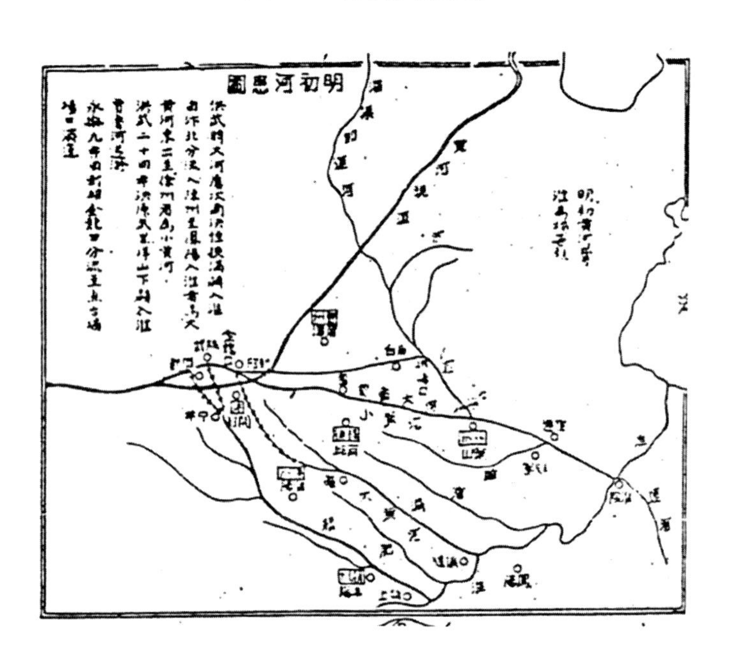

圖七：明景泰徐有貞治績圖

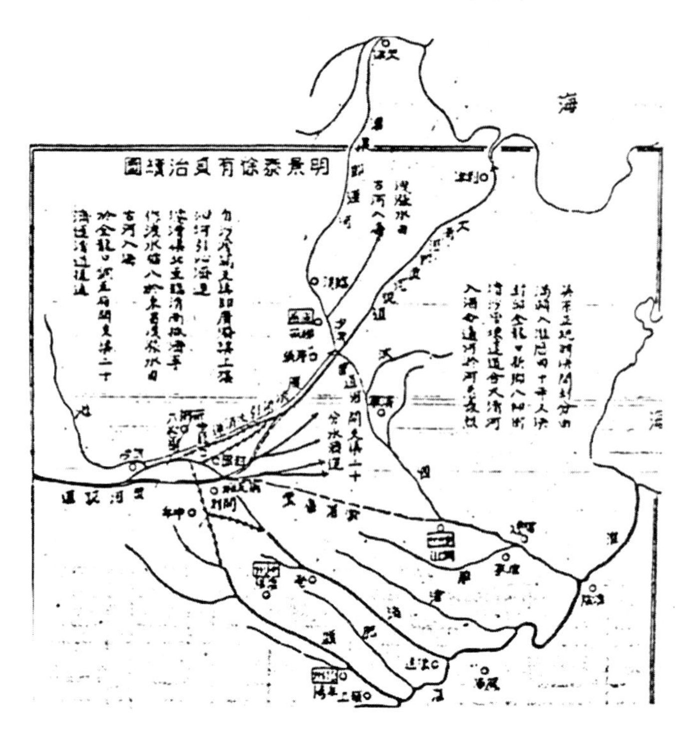

圖八：明弘治白昂治績圖

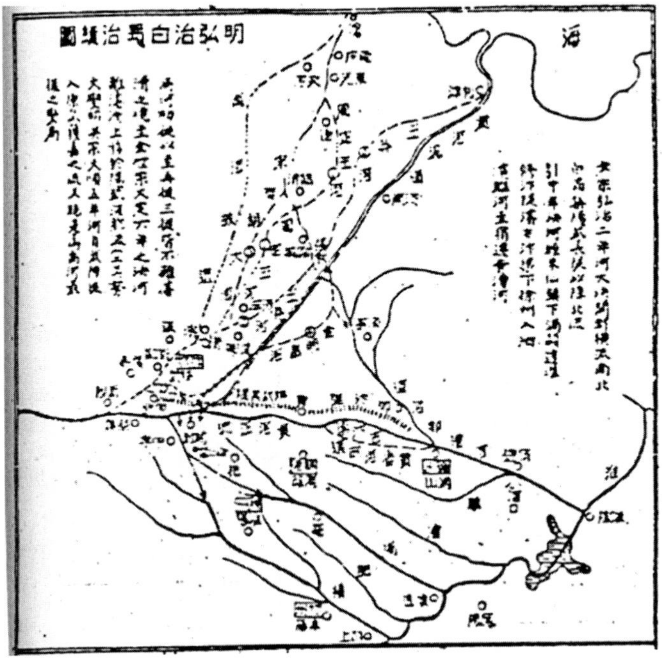

圖九：明弘治劉大夏治績圖

圖十：明正德嘉靖河患圖

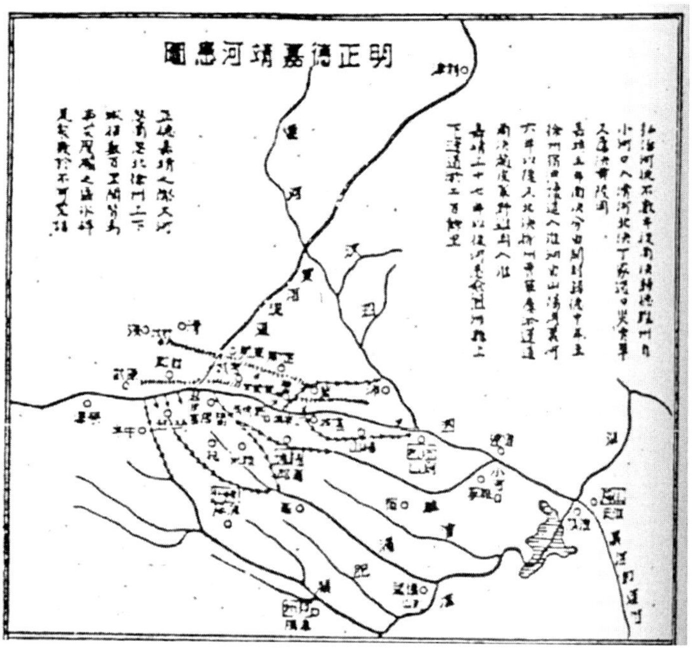

圖十一：明潘季馴初任治績圖

圖十二：明潘季馴再任治績圖

圖十三：明潘季馴三任治績圖

圖十四：明潘季馴四任治績圖

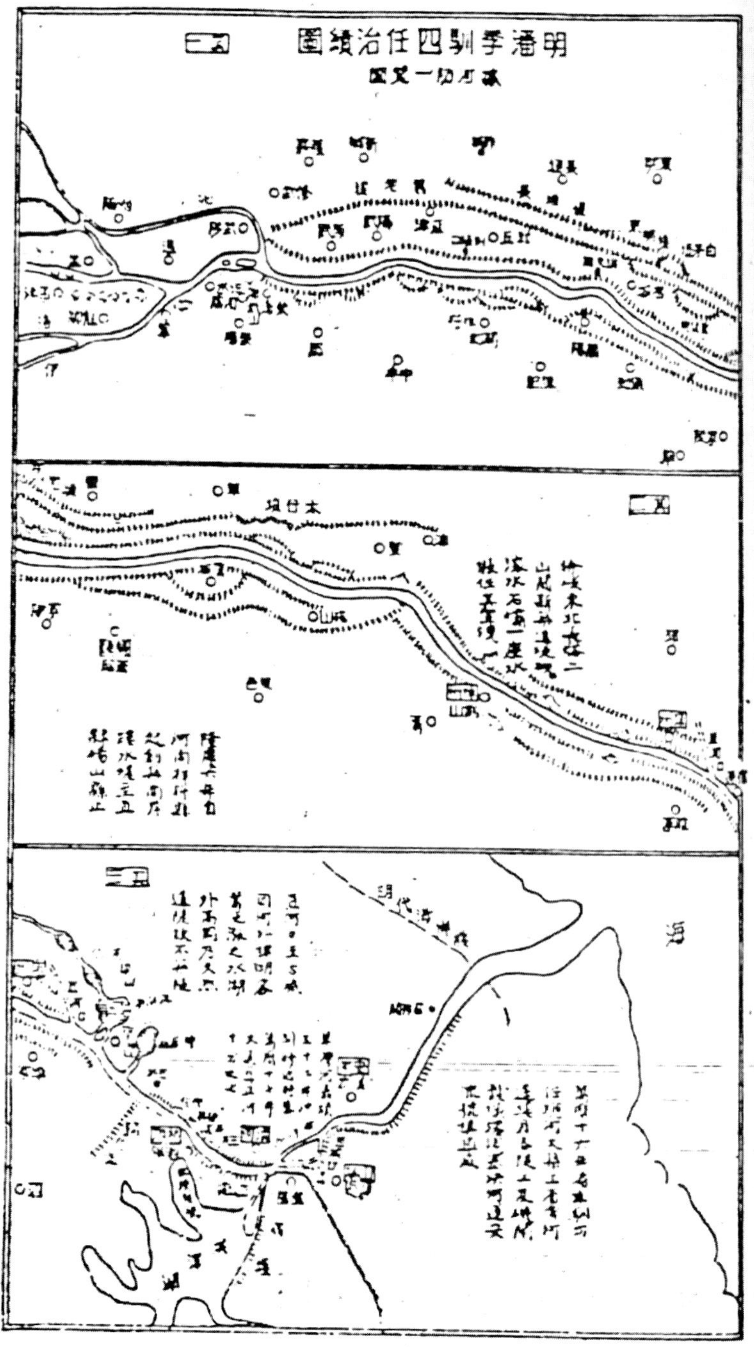

圖十五：明季河患圖

（二）淮　河

明人之治淮，其目的固然在於解除水患，然而吾人如仔細探討，卻可發現其自始至終均在爲保護泗州之祖陵而努力。

元末，淮河自安東雲梯關入海，本無旁溢之患。及至明初，黃河逐漸侵淮，淮患乃起。尤其是弘治五年（1492），劉大夏築黃陵岡荊隆口後，黃河之水北流斷絕，於清口以下與淮水會，使淮河形勢爲之大變，而淮未能敵黃，常避之東，且無法宣洩，壅於洪湖，危及高堰，鳳、泗、淮、揚間遂屢遭水患。淮、揚二地，因於永樂十三年（1415），爲引淮安城西管家湖之水入淮，以通漕運，曾派平江伯陳瑄築淮安淮河南堤，並築高家堰。〔註287〕故淮、揚恃之無恐，威脅較少，惟鳳、泗屢被水患，而泗州乃明國祖陵在焉，〔註288〕

〔註287〕康基田，前引書，卷八，頁31。

〔註288〕明國二祖之陵，居泗州東北一十餘里，其圖如下：

使明廷治淮尤切。如嘉靖十四年（1535），明廷曾依總河都御史劉天和之言，築堤衛陵，堅固高堰，使淮水暢流出清口，以弭鳳、泗水患。〔註 289〕三十一年（1552），泗陵太監復於高堰湖堤，建周家橋、高良澗、古溝等處滾水石閘，以利宣洩，而保泗陵。〔註 290〕萬曆三年（1575）三月，因高家堰決，黃水躪淮，明廷亦曾命河臣建泗陵護城石堤二百餘丈。〔註 291〕故吾人可知，明人之治淮，尤以護其祖陵爲先。

論及明人之治淮與護陵，其中最值得論述者，即是潘季馴與楊一魁之事蹟。萬曆六年（1578），時，潘季馴代工部尚書兼理河漕，主張築高堰「蓄清刷黃」，其曰：

> 高堰，淮、揚之門户，而黃、淮之關鍵也。欲導河以入海，必藉淮以刷沙。淮水南決，則濁流停滯，清口亦堙。河必決溢，上流水行平地，而邳、徐、鳳、泗皆爲巨浸。是淮病而黃病，黃病而漕亦病，相因之勢也。〔註 292〕

乃築高堰堤，起武家墩，經大小澗、阜陵湖、周橋、翟壩、長八十里，使淮不得東。又以淮水北岸有王簡、張福二口洩入黃河，水力分，清口易淤淺，且黃水多由此例灌入淮，乃築堤捍之。使淮無所出，黃無所入，全淮畢趨清口，會大河入海。〔註 293〕

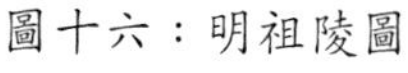
圖十六：明祖陵圖

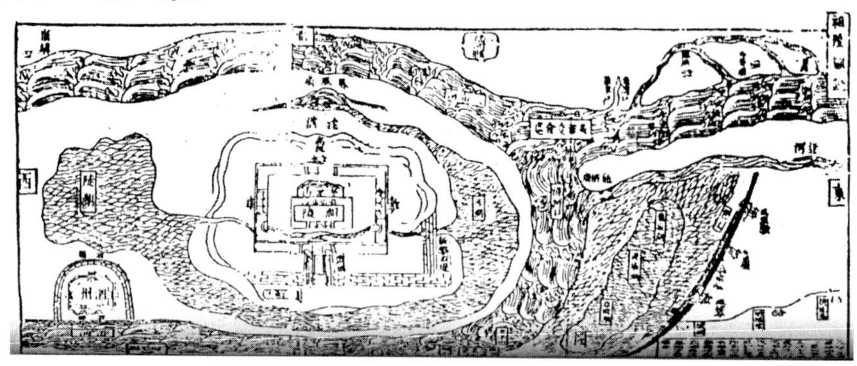

取自潘季馴（明代），《河防一覽》（中國水利要籍叢編，文海出版社，民國 59 年 9 月初版），卷一，〈祖陵圖說〉，頁 29。

〔註 289〕《明史》，卷八七，志六三，〈河渠〉五，頁 2120。
〔註 290〕鄭肇經，前引書，頁 138。
〔註 291〕同註 289。
〔註 292〕同註 289。
〔註 293〕同註 289。

八年（1580）六月，先是鳳陽等處雨澇，淮溢，水薄泗城，且至祖陵墀中。給事中王道成曰：「黃河未漲，淮、泗之間霖雨偶集，而清口已不能容洩，萬一震驚陵寢，誠非細故，宜令河臣設法疏導堵塞之。」潘季馴遂謂：「黃、淮合流東注，甚迅駛，止因霪雨連綿，而泗州岡阜盤折，宣洩不及，遂致漲溢。若欲更求疏濬，則下流已深，濬無可施，欲更事截塞，則上流之水勢難逆堵。」〔註 294〕故議築高堰中段大澗石隄長三千丈，未料泗州鄉官常三省阻之，倡言有妨祖陵，其曰：

> 祖陵基址本高，今水入殿廷，深逾二尺。舊陵嘴者，相傳熙祖梓宮在焉，水深四尺以上。近陵松柏，渰枯六百一株。淮水自桐柏而來，幾二千里，中間溪河溝澗，附淮而入者，亦且千數。當夏月水漲，浩蕩無涯，而必以海爲壑。往者一由清河口洩，一由大澗口洩，兩路通行無滯，猶且有患。今泥沙淤則清口礙，高堰築則大澗閉，上游之來派如此其涌，而下流之宣洩如此其艱，則其騰溢爲患，尚可勝言？此陵寢之所以侵傷，而百姓之所以困極者也。伏惟朝廷之上，……乃奮然決堰，加意濬淤，……復淮流之故道，……如或以爲堰不可動，亦必須多建閘座，以通淮水東出之路。如大澗口闊，可建閘十餘座。高良澗窄，可建閘五七座。……一面建閘，一面挑濬清口以上淤塞，……俾淮水通流，於以措時宜而弭深患，則雖便於鳳、泗，實亦不病淮、揚，不惟拯救民艱，實亦奠安陵寢。〔註 295〕

潘季馴聞之，力陳其舛謬不經，且請再行勘議，神宗依潘季馴議，命修築高堰以終前功，並革常三省職爲民。〔註 296〕

十六年（1588），潘季馴復爲總河，修補高堰石堤三千一百十丈，幫土三千六百三十五丈，砌護陵石工二百九十餘丈，接張福口堤，並加幫王簡口堤，以專清口之力。〔註 297〕未料十九年（1591）九月，淮水溢泗州，高於城壕，因塞水關以防內灌，致城中積水不洩，居民十九淹沒，侵及祖陵。〔註 298〕時廷臣疏洩之議蠭起，〔註 299〕勘河工科左給事中張企程認爲「自隆慶末年，高

〔註 294〕《明神宗實錄》，卷一百一，萬曆八年六月戊午條。
〔註 295〕鄭肇經，前引書，頁 140～141。
〔註 296〕《明神宗實錄》，卷一〇六，萬曆八年十一月乙酉條。
〔註 297〕潘季馴，前引書，卷十二，〈申明修泗隄工完疏〉，頁 393～395。
〔註 298〕《明神宗實錄》，卷二四〇，萬曆十九年九月戊辰條。
〔註 299〕書同前，卷二八三，萬曆二十三年三月乙亥條；卷二八四，萬曆二十三年四

寶淮揚告急，當事狃於目前，清口既淤，又築高堰以遏之，隄張福以束之，障全淮之水，與黃角勝，不虞其勢不敵也，迨後甃石加築堙塞愈堅，舉七十二溪之水匯於泗者，僅留數丈一口出之，出者什一，停者什九，河身日高，流日壅，淮日益不得出，而瀦蓄日益深，安得不倒流旁溢，爲陵、泗患乎？……淮水之漲，雖由高堰之築，而工程浩鉅，未可議廢，且以屏捍高寶淮揚亦不可少」。〔註300〕總理河道工部尚書楊一魁議曰：「分殺黃流以縱淮，別疏海口以導黃，蓋以淮壅繇（由）於河身日高，河高繇（由）海口不深，若上流既分，則下流日減，清河之口，淮無黃遏，則泗之積水自消，而祖陵永保無虞。」〔註301〕

是時，明廷採楊一魁議，工部更謂導淮分黃，勢實相須，不容偏廢，宜將導淮分黃并疏濬海口等處工程逐一舉行。〔註302〕故自二十三年（1595）九月始，楊一魁建武家墩經河閘，洩淮水由永濟河達涇河，下射陽湖入海。又建高良澗及周橋減水石閘，以洩淮水，一由岔河入涇河，一由草子湖、寶應湖下子嬰溝，俱下廣洋湖入海。又挑高郵茆塘港，通邵伯湖，開金家灣，下芒稻河入江，以疏淮漲。〔註303〕觀之楊一魁治淮之舉，實循常三省之策也，故楊一魁曾爲常三省向明廷奏請恢復其職，曰：「祖陵乃係我國家鍾靈毓秀之區，億萬年根本之地；……原任參議常三省者，竟令坐誣，褫職十有八年，於茲未蒙昭雪，臣不能自安，此不得不爲代白於皇上之前者也。」〔註304〕而李維楨《大泌山房集·常三省墓誌銘》亦曰：

> 先生謝政里居，畫「分黃導淮」策，忤當路意，坐阻撓奪官，竄之編户。已泗歲受水，復請開黃河濬清口以導淮入海，開周家橋武家墩以導淮入湖，開芒稻河瓜儀閘以導湖入江。司空楊公（楊一魁），卒以先生策從事，泗得無水。〔註305〕

月癸亥條、戊辰條，卷二八五，萬曆二十三年五月庚子條。

〔註300〕書同前，卷二八八，萬曆二十三年八月甲辰條。

〔註301〕書同前，卷二八九，萬曆二十三年九月壬辰條。

〔註302〕註同前。

〔註303〕褚鈇（明代），《漕撫疏草》（明萬曆二十五年刊本），卷九，〈酌議黃淮善後事宜疏〉，頁30～34。

〔註304〕曾惟誠（明代），《帝鄉紀略》（明萬曆二十七年刊本，十一卷），卷十，奏章，〈總河楊公一魁奏錄郡人常公三省言水功疏議〉，頁39。

〔註305〕李維楨（明代），《大泌山房集》（台北，明萬曆間金陵刊本，一三四卷），下編，卷八〇，〈常三省墓誌銘〉，頁37下。

至二十四年（1596）九月，工部奏河工告成，楊一魁、褚鈇、李戴、沈思孝、徐作、呂鳴珂、張天秩、樂元聲、張企程、蔣春芳、楊俊民等人均加錄敘，以酬賚其竣通漕護陵、分黃導淮之績。〔註306〕而是項工程似乎亦頗有成效，故楊一魁疏曰：「黃河自古爲中國患，近自分黃導淮工成，鳳、泗、淮、揚免昏墊之災，已有明驗矣。」〔註307〕然而是否誠如其言，泗陵可保安寧矣，非也。蓋至二十九年（1601）九月，開封、歸德大水，河決蕭家口，全河南注南岸，蒙牆寺徙北岸，黃堌斷流，決水入洪澤湖，泗陵復受威脅，而楊一魁亦以不塞黃堌，致衝祖陵之罪，斥爲民。〔註308〕《河渠紀聞》卷十一有按語曰：

（黃、淮）爲患此今昔之不同，一魁安得援以爲例，……不塞黃洄，使害流於後，而徵引往事以飾非，其謬已甚，終正其罪，始得其平矣。〔註309〕

熹宗天啓五年（1625），河決徐州青田大龍口，徐邳靈睢河並淤，呂梁城南隅陷，沙高平地丈許，上下百五十里盡成平陸，水漫衍及陵後之集石堤，泗陵告警。〔註310〕崇禎十五年（1642）五月，泗州水患，淨及陵牆。〔註311〕故至明末，淮患之威脅始終未有稍減，而泗陵亦未能得安，《河渠紀聞》卷十一復評之曰：

泗州地形如釜，眾流所匯，有浮水，有積水，浮水易去，積水難消，若盡去泗之積水，下河皆沈於淵矣，分黃導淮爲泗陵計，圖近效而忘本源，其時皆急於功利，宜一敗不可復振也。〔註312〕

又曰：

當時治河惟求無害於陵、運，而於地方利害不卹也。至河事決裂，陵、運阽危，爲急不暇擇之計，搜括已匱之財力，盡委之洪濤，亦可傷已。〔註313〕

此一評語，對於明人治河、淮之偏失，實不爲過。總之，明人治河、淮，存

〔註306〕《明神宗實錄》，卷三〇二，萬曆二十四年九月戊戌條。

〔註307〕康基田，前引書，卷一一，頁60。

〔註308〕書同前，卷一一，頁72。

〔註309〕書同前，卷一一，頁73。

〔註310〕書同前，卷一二，頁42。

〔註311〕傅澤洪（清代），《行水金鑑》（台北，台灣商務印書館，國學基本叢書，民國57年12月台一版），卷六四，頁954，引崇禎十五年八月戊申條。

〔註312〕康基田，前引書，卷一一，頁58。

〔註313〕書同前，卷一一，頁76。

有許多矛盾，無法發現與把持治河、淮之重點，以致「方欲引而東，又防黃有決會通之患，及其障而南，又防其陵寢之患」。〔註314〕此種舉棋不定之態度，當然影響治河、淮之成效。謝肇淛《五雜俎》卷三，地部一曰：

> 至於今日，則上護陵寢，恐其滿而溢，中護運道，恐其洩而淤，下護城郭、人民，恐其湮汩而生謗怨，水本東而抑使西，水本南而強使北。且一事未成，百議蠭起，小有利害，人言叢至，雖百神禹，其如河何哉？〔註315〕

又曰：

> 今之治水者，既懼傷田廬，又恐壞城郭，既恐妨運道，又恐驚陵寢，既恐延日月，又欲省金錢，甚至異地之官，競護其界，異職之使，各爭其利。議論無畫一之條，利病無審酌之見，幸而苟且成功，足矣！欲保百年無事，安可得乎。〔註316〕

凡此，正是明人治淮有所不逮之主因。

二、灌　溉

農田之灌溉，關係民生至鉅，古來吾國歷代主政者莫不將其視爲要政之一。明太祖於建國之初，見比因兵亂，隄防頹圮，民廢耕耨，乃設營田司，以修築堤防，專掌水利。並派康茂才爲都水營田使，分巡各處，俾高無患乾，卑不病潦，務在蓄洩得宜。〔註317〕又詔所在有司，民以水利條上者，即陳奏。〔註318〕以鼓勵吏民能知土地種植之法，陂塘圩岸堤堰溝洫之利害者，皆可自言。故「自永樂至正統，如當塗民請修慈湖和州民請修銅城閘之類，史不絕書」。〔註319〕

太祖既重視水利灌溉，故屢諭群臣，不得有所怠忽。曾於洪武二十六年（1393），諭都察院令全國各處閘壩陂池，引水可灌田畝以利農民者，務要時常整理疏濬，如有河水橫流泛濫，損壞房屋田地禾稼者，須要設法提防遏止，或所司呈稟，或人民告訴，即便定奪奏聞。〔註320〕二十七年（1394）八月，

〔註314〕陳夢雷，前引書，山川典，卷二二三，焦竑，〈治河總論〉，頁563。

〔註315〕謝肇淛（明代），《五雜俎》，卷三，〈地部〉一，頁13。

〔註316〕書同前，頁14。

〔註317〕《明太祖實錄》，卷六，戊戌年（元至正十八年）二月乙亥條。

〔註318〕《明史》，卷八八，志六四，〈河渠〉六，頁2145。

〔註319〕清高宗敕撰，《續文獻通考》，卷三，〈田賦〉三，頁2802。

〔註320〕申時行，前引書，卷一九九，〈河渠〉四，頁3993。

更遣國子監生及人材分詣天下郡縣，集吏民乘農隙，相度其宜，凡陂塘湖堰可瀦蓄，以備旱熯宣洩，以防霖潦者，皆因其地勢修治之。陂塘湖堰之利者，在於灌注田畝，尤其田瘠多涸之地，非藉陂塘湖堰之助不可，否則將成曠土，〔註321〕故當時此項水利措施進行得很積極。至翌年冬，郡邑交奏，凡開堰四萬九百八十七處，河四千一百六十二處，陂渠隄岸五千四十八處。〔註322〕成績頗爲可觀，「史稱太祖晩歲憂民益切，嘗以一歲開支河暨塘堰數萬，以利農業，俾旱潦，開二百餘年，「史稱太祖晩歲憂民錙切，嘗以一歲開支河暨塘堰數萬，以利農桑，備旱潦，開二百餘年無疆之業，有由然矣」。〔註323〕且其重視農田水利之精神深深影響及日後明代諸帝，如宣宗宣德三年（1427），詔令天下凡水利當興者，有司即舉行，毋緩視。〔註324〕英宗正統五年（1440）正月，亦令天下有司，秋成時修築圩岸，疏浚陂塘，以便農作，並具報疏浚之數，俟考滿以憑黜陟。〔註325〕此皆爲緣自太祖之遺意也。

明代之灌溉措施，以江浙地區成就最大，故本項僅以其地爲例而論述之。始自明初，明國之財賦即多出於東南，尤其是成祖北遷都城，倚賴南糧很深，對該地之農田水利更是不遺餘力，多所講求，故其地之農田灌溉事業相當發達。特別是環太湖周邊之沖積平原，包括蘇州、松江、常州、嘉興、湖州等五府及所屬之三十州縣，其農田收穫之多寡，更與水利之興衰息息相關。司馬呂光洵〈修水利以保財賦重地疏〉曾曰：

> 今天下大計，在西北莫重於軍旅，在東南莫重於財賦，而蘇松等府地方，不過數百里，歲計其財賦所入，乃略當天下三分之一，由其地阻江湖，民得擅水之利，而修耕稼之業故也。〔註326〕

近人李儀祉於民國十五年（1926）秋，應地方士紳之約，調查太湖水利，亦作一報告曰：

> 專以水利民生爲題，則太湖之利甚溥，周圍數縣之田，受其膏沐，余敢言無太湖，其土決不能如是之滋潤也。蓋湖自山間來，不即流

〔註321〕《明太祖實錄》，卷二三四，洪武二十七年八月乙亥條。
〔註322〕《明太祖實錄》，卷二四三，洪武二十八年十二月條。
〔註323〕康基田，前引書，卷八，頁15。
〔註324〕清高宗敕撰，《續文獻通考》，卷三，〈田賦〉三，頁2804。
〔註325〕註同前。
〔註326〕徐孚遠，前引書，卷二一一，呂司馬（呂光洵）疏，〈修水利以保財賦重地疏〉，頁1。

入海，而得停蓄浸潤之力者，湖之功也。種桑之外，魚藕菱芰之利，亦不可勝算，彼直隸沿海之地，卑下亦如蘇浙，何以魚米之鄉，獨推東南，是非太湖之功乎？則是湖者，實東南致富之源，而不可不力圖保守者也，湖不涸不溢，則此方人民之福。〔註327〕

故明廷對於江南水利之措施，以疏濬太湖諸河道爲最重要，常派重臣前往督治。如永樂元年（1403），成祖以蘇松屢被水患，乃派夏原吉濬吳淞江南北兩岸安亭等浦港，以引太湖諸水入劉家、白茆二港，使直注江海，又濬松江大黃浦，以通吳淞江。〔註328〕二年（1404）正月，成祖復以吳淞江水雖已由故道入海，而舊河未盡疏通，故命夏原吉再往蘇州治水。〔註329〕九月，役成，共濬蘇州千墩浦、致和塘、安亭、顧浦、陸皎浦、尤涇、黃涇二萬九千一百二十丈，松江大黃浦、赤雁浦、范家濱萬二千丈，下流乃通。〔註330〕

此些水利工程均很浩大，當時夏原吉本人不僅晝夜徒步，以身先之，且所役之民夫亦頗辛苦，故夏原吉曾在〈車水嘆〉中述及工作之情形，曰：

集車分佈田週槽，車兮既集人兮少。點檢農夫下鄉保，婦男壯健記姓名。盡使踏車車宿潦，自朝至暮無停時。足行車轉如星馳，糧頭里長坐擊鼓。戴星戴月夜忘歸，悶倚蓬窻發長嘆！噫嘻我嘆誠如何，爲憐車水工程疏。痛生足底不暇息，塵垢滿面無心除。數內疲癃多困極，飢腹枵枵體無力。紛紛望向膏梁家，忍視飢寒那暇卹。〔註331〕

可見是項工程之完成相當艱難。

至於負責督導此種水利工程之基層幹部，可略分爲都、區與里、甲二項。

（一）都、區——明代初期都、區之水利均由糧長兼管，如《海鹽縣圖經．食貨》上曰：

國朝洪武初，命所在有司，遇圩岸壩堰坍缺，溝渠壅塞，不時築治開通，以備旱潦。本縣三十一區，向有田圍築之備水者，每歲，區各以糧長正副一人，督圍長（圩長）興工葺之。〔註332〕

〔註327〕宋希尚，前引書，頁106。

〔註328〕《明太宗實錄》，卷二二，永樂元年八月戊申條。

〔註329〕書同前，卷二七，永樂二年正月乙巳條。

〔註330〕書同前，卷三四，永樂二年九月戊辰條。

〔註331〕顧洪範（明代），《上海縣志》（台北，萬曆十六年刊本），卷十，〈祥異〉，頁9。

〔註332〕胡震亨（明代），《海塩縣圖經》（台北，天啓二年刊本），卷五，〈食貨篇〉上，頁41。

史鑑〈吳江水利議〉亦曰：

> 永樂年間，凡興建水利，庶事皆責成糧長，而官則自爲節度之，……糧長管其都，圩長管其圩。〔註 333〕

故明初「一區水利省視在糧長」，其不僅負有朝廷所付與督辦賦稅之催徵解運事宜，且在地方上亦有兼司法、勸農與督治水利之權。〔註 334〕

至景泰五年（1454），因糧長之職務繁重，故另設塘長負責地方上之水利。顧炎武《天下郡國利病書》曰：

> 國初無塘長之名，其後始置，而縣之諸浦常爲潮沙淤沒，故塘長勞勩，比之旁邑獨甚。往者戽水責之里長，築壩責之老人，而豪有力之家，類不赴工。今起夫之數，一準于田，而于該甲排年中，以丁糧多者一二人充塘長，督一扇之排年，而排年各率一甲之夫。蓋任事者多，則功易集，爲夫者少，則碩者無由規避，故非例得優免者，莫不趨事矣。〔註 335〕

此爲塘長制之優點與其所負之工作。同書復引《松江府志》曰：

> 今制，以里長、老人主一里之事，如宋之里正、耆長，以糧長督一區賦稅，以塘長修理田圍修河道，其餘雜役。〔註 336〕

陳方瀛《川沙廳志．水道》曰：

> 如華亭縣有八十區，區管數圖（里），共計六百餘圖，區有塘長，職在督率該年，任一區之水利。圖有該年，職在督率細夫，任一圖之水利，其法每年輪一人主之。一月上役及期而代，此常規也。〔註 337〕

可知塘長乃是專門負責督率民夫興修一區之水利。

（二）里、甲——洪武十四年（1381）正月，太祖命天下郡縣編賦役黃冊，其法，以一百一十戶爲里，一里之中推丁糧多者十人爲之長，餘百戶爲十甲，甲凡十人，歲役里長一人、甲首十人，管攝一里之事。〔註 338〕故「管

〔註 333〕史鑑（明代），《西村集》（台北，台灣商務印書館，四庫珍本三集），卷六，〈吳江水利議〉，頁 14。

〔註 334〕小山正明，〈明代糧長について－特に前半期の江南デルタ地帯を中心として〉，《東洋史研究》，二七卷四號，1969 年。

〔註 335〕顧炎武，《天下郡國利病書》，原編第六冊，〈蘇松〉，頁 91。

〔註 336〕註同前。

〔註 337〕陳方瀛（明代）《川沙廳志》（台北，學生書局，民國 57 年 5 月影印本），卷三，水道，〈華亭知縣聶級昌築成規〉，頁 181。

〔註 338〕《明太祖實錄》，卷一三五，洪武十四年正月條。

攝一里之事」，爲其主要之工作。劉玠《太和縣志》更具體曰：「每年各圖出里長一，領甲首十，往役于官，勾稽公事，催徵錢糧，應按往來使客夫馬，更爲番休，週而復始。」〔註339〕然而亦負責其他事項，其中之一，即是管理一里之水利，顧炎武《天下郡國利病書》引《嘉定縣志》曰：「國初無塘長之名，其後始置。……往者戽水責之里長，築壩責之老人。」〔註340〕可知明初里長亦兼管一里之水利，姚文灝《浙西水利書·松學生金藻三江水學》亦曰：「一圖（里）水利省視在里長。」〔註341〕故如「河道有淤塞者，岸塍有坍塌者，該管官吏糧里人等，隨即修築疏通」。〔註342〕

至於一甲當中，其水利則由圩長負責，徐光啓《農政全書》曰：「塘長之設，舉一區而言之也。一區之中，各有數圩，若不立甲，何以統率而集事也。」〔註343〕故圩長亦稱圩甲，其出身乃是於「本圩中，擇有身家善良二人，充爲圩長，令其朝夕督工」。〔註344〕而其責任則是專爲本圩修濬而立，沈啓〈塘長圩長論〉曰：「塘長、圩長之說，即周官土均稻人之意，嘗觀稻人，以豬蓄水，以防止水，以溝蕩水，以遂均水土，均爲掌其平水土之政，而率以治水。」〔註345〕故圩長專管一圩（一甲）之水利。

明代地方水利既是由糧長、塘長、里長、里老人、圩長等基層幹部督導，再由明廷派員主其事，故明代時期，環太湖周邊之水利工程，時有興舉。其中規模較大者，約有五項，其主事者爲（1）永樂年間——夏原吉，（2）正統年間——周忱，（3）景泰年間——李敏，（4）弘治年間——徐貫，（5）正德、嘉靖年間——李充嗣。〔註346〕然而時間一久，隨著里甲制之敗壞，水利之建設亦漸滋生弊端，因里甲所徵派之民夫，皆屬雜役，致使地方豪紳有力之士勾結「里

〔註339〕劉玠（明代）等撰，《太和縣志》（台北，萬曆二年刊本），卷三，頁17。

〔註340〕顧炎武，《天下郡國利病書》，原編第六冊，頁21。

〔註341〕姚文灝（明代），《浙西水利書》（台北，台灣商務印書館，四庫珍本三集），卷下，〈松學生金藻三江水學〉，頁20。

〔註342〕況鍾（明代），《況太守集》（清道光六年刊本），卷十二，〈嚴革諸弊榜示〉，頁43。

〔註343〕徐光啓，前引書，卷十四，水利，〈修築河圩以備旱潦，以重農務事文移〉，頁348。

〔註344〕陳方瀛，前引書，卷三，水道，〈周孔教修築圩岸公移〉，頁181。

〔註345〕張國維（明代），《吳中水利書》（二八卷，台北，台灣商務印書館影印，四庫珍本十一集，民國69年初版），卷二十一，〈沈啓塘長圩長論〉，頁23下。

〔註346〕濱島敦俊，〈姚文灝登場の背景——魏校《莊渠遺書》に擬る試論〉，《佐藤博士還曆記念》，《中國水利史論集》，頁251。

書」、「官吏」竄改「黃冊」，以逃避科派編僉。〔註 347〕因而此等勞役多由小民擔任，使其痛苦不堪。如弘治年間，湖廣提學僉事姚文灝〈導河夫奏議〉曰：

> 前代或設撩淺之夫，或置開江之卒，專一濬治，不限時月。近歲役夫皆臨期取於里甲，而無經制，小民勞擾，而吏緣爲姦，富者有累年不役，貧者無一年而不差。〔註 348〕

正德年間，工科都給事中吳巖〈條上水利事宜疏〉曰：

> 凡遇工程，一概科斂，則未免府縣派之里甲，里甲派之細民，騷動鄉村，鮮有不怨。〔註 349〕

嘉靖年間，顏如環〈分理水利條約〉亦曰：

> 或令十排年出夫，有每里三十名、六十名之例，而勞力者多非有田之家，享利者反無供事之勞，以爲欠當。〔註 350〕

另一可議者，即是糧長、塘長等役，本由大戶充任，如今其等多避之，乃由小戶充之，但是民夫多不聽其囑喚，而衙門胥吏復常依慣例索取費用，故糧長、塘長屢遭陪納之苦。如崇禎年間，編修陳仁錫〈圍田議〉曰：

> 反使區圖塘長，小民爲之，夫塘長之役，不過二十畝之家充之，其家計幾何？而況水利衙官需其常例，衙門書皂索其酒貲，所費已不能堪，若之何而能辦此役也？〔註 351〕

張倉《太倉州志》亦曰：

> 若夫塘長一役，原挨點排年首名輪充，責以債督散户，今區窮户小，致首名有不及數十畝者，難上難下，累苦百端。〔註 352〕

顧炎武《天下郡國利病書》則曰：

> 塘長專主督率各圖人夫輪修本圖水利，但塘長之苦，苦在撥調遠區，其開河動經數十里，工費動及數十金，塘長派之該年斂之人户，今歲不已，而復明歲，此河不已，而復彼河，有名無實，勞費不貲。〔註 353〕

〔註 347〕參閱本論文第二章第三節。
〔註 348〕顧炎武，《天下郡國利病書》，原編第七冊，〈常鎮〉，頁 56。
〔註 349〕張國維，前引書，卷十四，吳巖〈條上水利事宜疏〉，頁 27。
〔註 350〕書同前，卷十五，顏如環〈分理水利條約〉，頁 42。
〔註 351〕書同前，卷二二，陳仁錫〈圍田議〉，頁 119。
〔註 352〕張倉（明代），《太倉州志》（台北，明崇禎十五年刊本），卷七，〈水利志〉，頁 35。
〔註 353〕顧炎武，《天下郡國利病書》，原編第六冊，〈蘇松〉，頁 77。

凡此皆爲太湖附近灌溉工程進行整治之障礙。

又，另一可議者，即是鄉紳大戶人家對於水利之濬治，常表現出不加理會之心態。萬曆年間，有常熟知縣耿橘曾因該縣之岸塍率多頹壞，詢諸父老，得其故有五：「小民困于工力難繼，則苟且目前不修。大戶之田與小民之田錯壤而處，一寸之瑕，並累其百丈之瑜，即大戶亦徘徊四顧而不修。又有小民而佃大戶之田者，佃者原非己業，業者第取其租，則彼此耽誤而亦不修。或業戶肯出本矣，而佃戶者，心虞其岸成而或爲他人更佃也，竟虛應故事而不實修。或工費浩大，望助于官，官又以錢糧無處，厚責于民，則公私相吝，因循苟且而不修。」〔註354〕無怪乎田圩日壞，河道漸淤，歲多水災。

里甲制之弊病既如前所述，故至明末，於整治水利工程方面，遂演變成三種辦法，一是照田派役；二是廢除優免；三是業食佃力。〔註355〕明代照田派役之法，初於弘治年間蘇州府水利通判應能即曰：「必擇農隙，就於有田之家，每百畝修築三丈，淘沙亦然。」〔註356〕至正德七年（1512），都御史俞諫〈請留關稅濬白茆疏〉曰：

> 酌量緩急，先將高鄉淤塞涇漕漊濱，低鄉坍沒圩岸堤防，逐一查勘，照田多寡，分派丈尺，督令得利之人，趂時浚築。〔註357〕

正德十三年（1518），工科都給事中吳巖亦曰：

> 凡遇工程，一概科斂，則未免府縣派之里甲，騷動鄉村。臣以爲水利爲田，而興財力亦必計田，而凡有田之家，不拘民官，每田一畝科錢一文，每田一頃科錢百文，不但積少成多，抑且眾輕而易舉，實爲經久之計。〔註358〕

顧炎武《天下郡國利病書》則曰：

> 照田量派，如田百畝止，可役十工至二十工止，不得紊亂成法，以盡耗民力，但使年年農畢舉行，則區內工程，自然次第相及，低鄉無不築之岸，高鄉無不濬之河，水利修，而農事興矣。〔註359〕

〔註354〕徐光啓，前引書，卷十五，水利，耿橘〈大興水利申〉，頁375。

〔註355〕蔡泰彬（民國），《明代江南地區水利事業之研究》（明史研究專刊第五期，台北，大立出版社，民國71年12月初版），頁155。

〔註356〕張國維，前引書，卷十四，應能〈申明水利職掌疏〉，頁4。

〔註357〕書同前，卷十四，俞諫〈請留關稅濬白茆疏〉，頁22。

〔註358〕同註349。

〔註359〕顧炎武，《天下郡國利病書》，原編第六冊，蘇松，頁76。

凡此皆爲「照田派役」之優點。

然而「照田派役」之制，是時仍未見付諸實施，直至萬曆三十二年（1604），耿橘方將之付於施行，且在其〈大興水利申〉有較具體之說明：

> 常熟民素驕侈，傭趁之人頗少，況挑河非重其直不應。故莫善於照田起夫，量工給銀之法。……派夫之法，先弔黃冊，查明該區該圖，坐圩田地總數，隨令區書，將業户一一註明。然後通融算派，某河應役田若干畝，每田若干畝，坐夫一名。田多者領夫，田少者湊補足數，名曰協夫。其勘明坍江板荒田地，俱豁免。〔註360〕

此制之施行，固然使常熟之水利工程得以整治，但是在施行之過程中，卻曾遭當地鄉紳之反對，因其不顧依據田地面積之多寡，而負擔整治水利之責任，使耿橘不得不苦口婆心勸之曰：

> 濬河以備旱澇，便轉輸也。論田而士夫之田多於小民，河成而灌運之利，當亦多於小民，故同心協力，舉地方之大利，在士夫原有此意矣。職客歲開濬福山河，以此意白之本縣士夫，士夫咸各樂從。興工之日，倡率鼓舞，工反先於百姓。而百姓蒸蒸，無不子來趨事，爭先恐後，已有成績矣。今後凡濬河築岸之事，必如往規，庶勞逸均而上下悅服也。〔註361〕

水利工程之濬治，本須不論優免，皆能共同擔負費用與勞役，方得有成，故限制優免之特權，亦爲重要之步驟。時，耿橘爲使百姓都能盡力於修河築岸，特給以「水利功單」（如下圖），以資鼓勵。〔註362〕

〔註360〕徐光啓，前引書，卷十五，水利，耿橘〈大興水利申〉，頁360～361。
〔註361〕書同前，頁361。
〔註362〕書同前，頁369。

圖十七：明常熟縣水利功單圖

水利功單

常熟縣為頒賞功單，以昭勸懲事。照得本縣賦重民疲，田多蕪瘠。高阜者，因水利之不通，坐澤者，皆岸塍之低薄。每遇旱澇，防救無資。本縣為民父母，安忍坐視？以故修河築岸，不憚勞瘁。但慮爾等勤惰不齊，相應激勸，特置功單，果有濬築如式，蚤完工次者，錄給功單。後日遇有過犯，許齎赴贖罪，決不爽示。須至單者。

右給付　　收執

年　月　日給

縣　常字　號

在整治水利期間，如田主能出食，佃戶能出力，則工程必可速成。故耿橘整治常熟水利，規定「除一等難修之岸，另行查議外，其二、三等易修者，即令業戶各于秋成之後，出給工本，俾佃戶出力修築，官為省視。」〔註 363〕其「佃戶支領工食票」如下圖：

〔註 363〕書同前，頁 375～376。

圖十八：明常熟縣佃戶支領工食票圖

佃戶支領工食票

常熟縣爲大興水利，以足民足國事：切惟國家賦稅，賴租稅以輸將。業戶田租，賴佃戶以耕種。業戶佃戶，實有一體相須，休戚相關之義。本縣督民濬河築岸，不能盡佐官帑，量其工程難易，著令各業戶出備工食，給付佃戶傭工。此雖一時小費，實貽無窮後利。邑中如法付佃者固有，而恡惜厲民者不無。擬合給票爲式。如業戶某人應濬河一丈，應給佃戶某人工食米若干，築岸一丈，應給佃戶某人工食米若干。著各該公正塡注票尾，佃戶執票對支。領訖方付業戶執照。如有指扣賴租宿債，淩虐佃戶者，即將原票繳還。公正類齊，造冊繳縣。至納租日，許令佃戶加倍算除，設使目今因而惰悞工次，定行嚴提枷責，加倍罰工不恕。須至票者。

計開　　區公正

業戶

應濬　估定每丈給工食米

應築　估定每丈給工食米

共應給工食米

右給付佃戶　准此

年　月　日給

縣　常字　號

此種田主出食，佃戶出力，量工給食之辦法，實爲一合理之變通辦法。因佃戶濬治河道，修築圩岸，必須暫停農事或手工，故如能支領工食，則佃戶必然樂於前往應役。

綜上所論，明初之環太湖地區，因有完備維護農田水利之組織體系，故灌溉事業相當發達，然而中葉以後，隨著里甲制之頹廢，整治水利之工作多未盡力，致河道淤塞，圩岸坍塌，乃改行照田派役，限制優免之特權，並倡業食佃力之法，使佃戶樂於代地主從役，以維護灌溉工程之運作。

第五節　結　語

據前章所述，吾人可知明代災荒之形成，尤以自然條件之失調爲致災之主因，然而此一原因，在當時科學不昌明之情況下，實在難予防範，更無法將其改變。故明國政府惟有致力於社會經濟條件之改善，即推展本章所述重農、墾荒、倉儲三策，冀使災荒能減至最低之程度，而且亦重視水利之整治與疏濬，以加強對自然條件失調之防範。

古來吾國之社會經濟基礎即在於農業，如農業興，則可國富民安。故明初諸帝頗力事於此，常行耕耤田，享先農，以示朝廷重農之意，並屢諭興作不得有違農時，使農民皆能盡力於田畝。

墾荒爲預防災荒之良策，故明初常移徙百姓、招流民、發罪犯至寬鄉，從事開墾，並免其數年之租，或給予土地所有權、屋宇、耕牛、農具、種子及路費以作鼓勵，故墾荒成效頗爲可觀。

天下無常豐之年，惟有蓄積多，可免飢饉之患也，故明代之倉儲，俱有成法，其預備、濟農、常平、社、義等倉，皆曾發揮應有之功能。

吾國災荒史上，以水旱災之次數爲最多，害民亦最劇，故明代對於水利政策不敢怠忽，時加留意。蓋整治江河，可保百姓之生命、財產；疏濬堰渠，可使不毛之地變爲良田也。

凡此四策，如施行得當，則災荒來臨之際，百姓可無憂而少害，誠爲對付災荒，具有積極作用之預防良策。故明初朝廷對此四策之舉措，尤其不遺餘力予以推行。然而及至明代中葉，此四策卻多呈現疲態，滋生弊端，地方有司與百姓不僅逐漸荒於農務，田畝亦多爲豪富權貴所兼併，而救濟倉儲則多頹廢失修，使防災、備災之能力大爲減低。至於水利之策徒然流於空談，少有實效。故至明末，歷次災荒多相當慘重，深深破壞明國之社會經濟結構，亦連帶影響其國運之演變，終致不可收拾之局面。

第四章　明代平時之救濟措施

吾國儒家所言「不獨親其親，不獨子其子，使老有所終，壯有所用，幼有所長，鰥寡孤獨廢疾者皆有所養」〔註1〕之政治理想，自古以來，即是歷代主政者之最高方針。蓋惟有施行仁政，德澤廣被於民，國基乃能穩定，故平時對於百姓之濟助，誠不可忽略也。《管子．入國篇》言平時之救濟有九項，其曰：

> 九惠之教，一曰老老；二曰慈幼；三曰恤孤；四曰養疾；五曰合獨；六曰合疾；七曰通窮；八曰振困；九曰援絕。〔註2〕

並且主張皆應設專官主司救助工作，使民養生送死而無憾，則萬民可得而親也。故又曰：

> 德有六興，……養長老，慈孤幼，恤鰥寡，問疾病、弔禍喪，此謂匡其急。衣凍寒，食飢渴，匡貧窶，賑罷露，資乏絕，此謂振其窮。凡此六者，德之興也。六者既布，則民之所欲無不得矣！夫民必得其所欲，然後聽上，聽上，然後政可善爲也。〔註3〕

此皆爲治民必先養民、保民之論也。

明太祖時期，以其起於田里之身世，極注意於此，並爲其後代子孫立下許多典範，萬曆《明會典》有曰：

〔註1〕孫希旦（清代），《禮記集》（上）（台北，台灣商務印書館，民國57年3月台一版），卷二一，〈禮運〉第九之一，頁3。

〔註2〕《管子》（台北，台灣商務印書館，民國57年3月台一版），卷十八，〈入國〉第五四，雜篇五，頁11。

〔註3〕書同前，卷三，〈五輔〉第一，外言一，頁43。

國初立養濟院，以處無告；立義塚，以瘞枯骨，累朝推廣恩澤，又有惠民藥局、漏澤園、旛竿、蠟燭二寺，其餘隨時給米、給棺之惠，不一而足。〔註4〕

顯見明代平時之救濟工作，頗能盡力推行。本章即是就明代之養濟院及恤貧、養老、慈幼、醫療、助葬等措施，予以論述之。

第一節　明代之養濟院

明太祖既然來自民間，對於孤貧無依者之生活情形非常了解，且似乎具有強烈之同情心理，曾謂「昔吾在民間，目擊其困，鰥寡孤獨飢寒困踣之徒，常自厭生，恨不即死，……此心常惻然」。〔註5〕故於洪武元年（1368）七月，有感於中原兵難之後，老稚孤貧者多失所，命遣人賑恤之。未料，省臣以國用不足爲對，太祖訓之曰：

得天下者，得民心也。……苟置其困窮而不之恤，民將憮然曰，惡在其爲我上也，故周窮乏者，不患無餘財，惟患無是心，能推是心，何憂不足，今日之務，此最爲先，宜速行之。〔註6〕

此正是其以不忍人之心，而行不忍人之政之表現，且其心乃出於至誠。故於八月，又詔存恤鰥寡孤獨廢疾者。〔註7〕十一月，以兵難之後，復詔鰥寡孤獨廢疾民不能自養者，官爲存恤。〔註8〕二年（1369）十一月，賑應天蘇松杭湖貧民八百四十六人，米一石、布一匹。〔註9〕凡此皆爲太祖冀使百姓得以養其所生而所行之仁政也。

然而太祖亦深切了解，上述之救濟措施，其成效相當有限，百姓之困苦必然仍無法稍得紓解，惟有令天下各州縣皆置一固定機構，方能長期而普遍地實施救濟。故至五年（1372）五月，全國局勢稍定時，即詔天下州縣置養

〔註 4〕申時行（明代），《明會典》（二二八卷，萬曆十五年司禮監刊本，台北，台灣商務印書館，民國57年3月台一版），卷八十，〈恤孤貧〉，頁1836。

〔註 5〕《明太祖實錄》（據國立北平圖書館紅格鈔本微捲影印，台北南港，中央研究院史語所校勘印行，民國57年影印二版），卷九六，洪武八年正月癸酉條。

〔註 6〕書同前，卷三二，洪武元年七月庚寅條。

〔註 7〕書同前，卷三四，洪武元年八月己卯條。

〔註 8〕涂山（明代），《明政統宗》（台北，成文出版社，民國58年台一版），卷二，頁11。

〔註 9〕《明太祖實錄》，卷四七，洪武二年十一月辛酉條。

濟院，以收孤貧無告者。〔註 10〕如此，則救濟工作可落實於民間，使孤貧者皆有所居，免捐其瘠於溝壑，救濟之作用亦才能眞正發揮效果。

明代養濟院之名稱，於創建之初，本稱爲「孤老院」，故涂山《明政統宗》記之曰：「洪武五年五月戊午，詔天下郡縣立孤老院。」〔註 11〕萬曆福建《漳州府志》亦曰：「國朝洪武五年，詔天下立孤老院，尋改爲養濟院。」〔註 12〕至於其創設之年代，並非皆始自洪武五年（1372），於日後設立者很多，甚至亦有許多州縣之養濟院，設於五年以前，如弘治江西《徽州府志》即曰：「歙縣養濟院，在縣學前，國初甲辰年始立。」〔註 13〕按甲辰年，爲吳元年（1364），明國猶未建立，天下仍處於紛亂之際，太祖以群雄未定，忙於軍務，當未能顧及於此，故歙縣養濟院之設立，似由該縣百姓義民所建也。另有嘉靖湖北《蘄州志》曰：「養濟院……洪武二年（1369），知府左安善立。」〔註 14〕以及萬曆浙江《金華府志》曰：「金華縣養濟院，……宋謂之居養院，元設院二所，一名養濟，一名養眾。洪武三年（1370），始改今名，即元之故址。……永康縣養濟院，……洪武三年，知縣吳弘道建。」〔註 15〕可見早在洪武五年以前，已有許多州縣設立養濟院，直至五年，太祖下置養濟院詔，此一救濟機構遂遍及於全國各地。嘉靖河北《河間府志》曰：

> 我朝法古立政，詔天下郡縣俱立養濟院，河間暨所屬州縣一十八處。〔註 16〕

可知是時之養濟院，幾乎每一州縣皆有設立，且有些州縣乃沿襲宋元已有之舊制，設於原址。〔註 17〕

〔註 10〕龍文彬（清代），《明會要》（台北，世界書局，民國 52 年 4 月初版），卷五一，〈民政〉二，頁 959。

〔註 11〕同註 8。

〔註 12〕謝彬（明代），福建《漳州府志》（三十三卷，萬曆元年刊刻），卷六，頁 40。

〔註 13〕汪舜民（明代），江西《徽州府志》（十二卷，明弘治十五年刊刻），卷五，頁 51。

〔註 14〕甘澤（明代），湖北《蘄州志》（九卷，明嘉靖刊本），卷四，頁 55。

〔註 15〕王懋德（明代），浙江《金華府志》（明萬曆刊本），卷九，〈惠政〉，頁 12～15。另參閱星斌夫，〈明代の養濟院について〉（《星博士退官記念中國史論集》，頁 132～134，昭和五十三年一月），該文對於明代養濟院設置之年代，有詳細之考證，其認爲至洪武五年，明代曾全國性地創立養濟院。

〔註 16〕樊深（明代），河北《河間府志》（二八卷，明嘉靖刊本），卷一〇，頁 16。

〔註 17〕明初有許多州縣之養濟院沿宋元之舊址而設立。如嘉靖福建《邵武府志》曰：「泰寧縣養濟院在社稷壇東，舊在縣東大巷右，即宋元舊址。」（陳讓，福建《邵武府志》，十五卷，嘉靖刊本，卷三，頁 21）

設置養濟院之目的，當然在於「收養鰥寡廢疾之人」，〔註18〕或「以處孤貧殘疾無依者」，〔註19〕故須有許多規定，符合收養之條件者，方可入院。呂坤《實政錄》，〈存恤煢獨〉條，曰：

> 凡鰥寡孤獨及篤廢之人，貧窮無親屬依倚不能自存，所在官司應收養，而不收養者杖六十。…瞽目殘肢之人，年六十以上鰥寡無依者，徑收養濟院，照例給與衣糧。……六十以上無妻子兄弟：十二以上，無父母兄弟者，徑收養濟院。〔註20〕

同書，〈收養孤老〉條，亦曰：

> 六十以上瞽目殘肢及黃病癖病，及十歲以下篤疾小兒，徑收養濟院，照例給與衣糧，一體存恤。……將年七十以上尫羸衰病，及六十以上篤疾者，定爲一等，即收養濟院。〔註21〕

準此，則養濟院將可收得眞正且迫切有待濟助之人，亦不失設立養濟院之本意。

被收養於養濟院之無告者，其所獲之待遇，約爲月有糧、歲有薪、季有布、冬有綿、病有藥、死有棺。〔註22〕至於數量之多寡，一般而言，月給米三斗，〔註23〕薪三十斤，〔註24〕冬夏衣布各一疋，〔註25〕或歲給棉布一疋、綿花三斤，〔註26〕或冬衣布二十四、尺綿一斤，〔註27〕小口則給三分之二。〔註28〕但是亦有因地制宜者，如萬曆浙江《秀水縣志》曰：

〔註18〕莫尚簡（明代），福建《惠安縣志》（十三卷，嘉靖刊本），卷八，頁6。

〔註19〕汪心（明代），河南《尉氏縣志》（五卷，嘉靖刊本），卷二，頁59。

〔註20〕呂坤（明代），《實政錄》（台北，文史哲出版社，民國60年8月影印初版），第二卷民務卷之一，〈存恤煢獨〉，頁46～47。

〔註21〕書同前，〈收養孤老〉，頁54～55。

〔註22〕王齊（明代），河北《雄乘縣志》（二卷，嘉靖刊本），下，頁5；張梯（明代），河南《固始縣志》（十卷，嘉靖刊本），卷八，頁12。

〔註23〕夏良勝（明代），江西《建昌府志》（十九卷，正德刊本），卷一，頁4；何棐、馮曾（明代），江西《九江府志》（十六卷，嘉靖刊本），卷八，頁16；秦鎰（明代），江西《東鄉縣志》（二卷，嘉靖刊本），上，頁54；樊深，前引書，卷十，頁16。

〔註24〕涂山，前引書，卷三，頁12。

〔註25〕夏良勝，前引書，卷一，頁4；何棐、馮曾，前引書，卷八，頁16。

〔註26〕秦鎰，前引書，上，頁55。

〔註27〕鄭相、黃虎臣（明代），河南《夏邑縣志》（八卷，嘉靖刊本），卷二，頁7。

〔註28〕陳善（明代），浙江《杭州府志》（一百卷，萬曆七年刊本），卷五一，〈卹政〉，頁8。

養濟院……收養鰥寡孤獨無告之人，每人日給米一升，每歲給衣布銀參錢、柴銀參錢。〔註29〕

可見此縣是每日給米，並非每月，且每歲不予布、柴，而是以銀錢代之，誠爲一變通之法。關於發放給無告者之物，弘治江西《徽州府志》，有較詳細之規定，其曰：

歙縣……按舊志，洪武七年欽奉聖旨務要實效，户部頒降定式，病故者，官給棺木埋葬，生者養之有差如下：一等隻身大口十五歲以上，月支米三斗、柴三十斤、歲支冬夏布各三丈，小口十四歲以下至五歲，月支米二斗、柴三十斤、歲支冬夏布三丈；一等一家二口，大二口，月支米五斗、柴五十斤、歲支冬夏布各五丈，大一口、小一口，月支米四斗、柴四十斤、歲支冬夏布各四丈；一等一家三口，大三口，月支米七斗五升、柴七十五斤、冬夏布各七丈五尺，大二口、小一口，月支米六斗五升、柴六十五斤、歲支冬夏布各六丈五尺，大一口、小二口，月支米五斗五升、柴五十五斤、歲支冬夏布各五丈五尺；一等一家四口，大四口，月支米一石、柴一百斤、歲支冬夏布各十丈，大三口、小一口，月支米九斗、柴九十斤、歲支冬夏布各九丈，大二口、小二口，月支米八斗、柴八十斤、歲支冬夏布各八丈，大一口、小三口，月支米七斗、柴七十斤、歲支冬夏布各七丈，各縣同。〔註30〕

呂坤《實政錄》，〈收養孤老〉條，亦曰：

月糧不許過本月初三，布花不許過九月初一。……州縣孤老每月米折銀二錢一分，……每月每人給鹽一斤，……每年十二月二十五日，每人給麥一斗、米一斤、酒三斤、柴三十斤，每歲春三、四月，每人加給穀三斗。〔註31〕

凡此所給之物，雖各州縣或有不同，然而吾人由上可知明代養濟院，對於無告者之濟助，設想頗爲週到，如每一州縣能確實辦理，則無告者養生送死之基本條件皆有矣。

另外，養濟院收容無告者之人數，並未有硬性之規定，端視各地之情況而定。以京畿之地爲例，洪武七年（1374）八月，太祖念及京畿民庶之眾鰥

〔註29〕李培（明代），浙江《秀水縣志》（十卷，萬曆二十四年刊本），卷三，頁25。
〔註30〕汪舜民，前引書，卷五，頁51～52。
〔註31〕呂坤，前引書，〈收養孤老〉，頁57～58。

寡孤獨廢疾無依者多，舊養濟院隘不足容，故命於龍江擇閒曠之地，構屋二百六十間以處之。〔註32〕至十月，養濟院屋舍完工，太祖即將此些無告者，計一千七百六十餘人，存恤養濟，命有司給予衣糧。〔註33〕然而太祖仍以天下之民為念，猶恐各地養濟院之收養工作未盡周全，故於八年（1375）正月，命中書省令天下郡縣訪窮民，無告者，月給以衣食，無依者，給以屋舍。〔註34〕十九年（1386）五月，復詔天下各處鰥寡孤獨不能自給者，悉蠲其差徭，篤廢殘疾不能自存者，即日驗口收籍，依例給米布，俾遂其生。〔註35〕凡此殷切關懷百姓之舉措，不外冀望將恤政推廣於全國，使百姓皆能沾其澤也。然而吾人亦由此可知，是時之養濟院制似乎仍有未臻完善之處，故太祖先後頒令，訓示加強收養之工作。

至於養濟院之大小與設備，各州縣均有不同，嘉靖江西《九江府志》曰：

> 養濟院……正德間，知府李從正新之，東西各十五間，前有牌樓，扁曰養濟。〔註36〕

嘉靖河北《隆慶志》曰：

> 養濟院在州治西、延壽寺之北，……嘉靖六年（1527），知州梁綸重修，正房三間，廂房十間，門樓一座。〔註37〕

嘉靖安徽《宿州志》曰：

> 養濟院州一所九間，……縣一所二十間。〔註38〕

嘉靖河南《光山縣志》曰：

> 養濟院在縣治北，東長十一步五分，西長十一步五分，南橫十二步，北橫九步五分。〔註39〕

可見各地養濟院屋舍間數之多寡、大小，並不一定，然而必定男女有別，男在一處，女在一處，使之分開。〔註40〕而其設備，據呂坤《實政錄》曰：

〔註32〕《明太祖實錄》，卷九二，洪武七年八月丁巳條。
〔註33〕書同前，卷九三，洪武七年十月庚戌條。
〔註34〕書同前，卷九六，洪武八年正月癸酉條。
〔註35〕書同前，卷一七八，洪武十九年五月甲辰條。
〔註36〕何棐、馮曾，前引書，卷八，頁16。
〔註37〕謝庭柱（代），河北《隆慶志》（十卷，嘉靖刊本），卷二，頁5。
〔註38〕李默（明代），安徽《宿州志》（十卷，嘉靖刊本），卷六，頁19。
〔註39〕沈紹慶（明代），河南《光山縣志》（九卷，嘉靖刊本），卷三，頁18。
〔註40〕呂坤，前引書，〈收養孤老〉，頁58；甘澤，前引書，卷四，頁55；吳福原（明代），浙江《淳安縣志》（十七卷，嘉靖刊本），卷六，姚鳴鸞，〈重建養濟院

每房用磚坯作炕竈，每年十月，每炕給草苫一領，須五寸厚，粗席一領，其炕廁亦須有地。……養濟院中，設大磨一盤、小水磨二盤、碓二座，或碾一盤、搥帛石四塊，院前穿井一眼。〔註41〕

此種設備雖非完善，但是日常生活之基本工具已多俱備，至少能使被收容者，得所居，安其養。

依上所述，明代養濟院似乎頗具有救濟之作用。然而自太祖時期，行之未久，即逐漸顯露弊端，至永樂年間，已有少數州縣之養濟院頹壞不修。故永樂三年（1405）二月，巡按福建監察御史洪堪奏曰：

存恤孤老，王政所先。今處各府州縣養濟院多頹壞，有司非奉勘合，不敢修葺。孤老之人，多無所依，又或有一縣之內，素無建置者，夫百里之縣，豈無失所之人，良由有司不體朝廷恤民之意，故略而不理，乞勑有司常加修葺，未建置者，即建置之，如例收養，薪米、布匹，皆按先期給之，或有疾病，令醫療之，庶無告之民不至失所。〔註42〕

甚至猶有未設立者，如十年（1412）四月，尚有江西安仁知縣曹閏，以天下府州縣俱有養濟院，而該縣久廢未立，奏請復開設。〔註43〕至二十二年（1424）十月，仁宗初立時，復針對養濟院之弊病，特諭禮部，重申養濟院之令。其曰：

皇考臨御數詔有司存恤鰥寡，郡邑皆有養濟院，比聞率是文具，居室敝壞，肉粟布絮不以時給，栖栖飢寒，而守令漠不留意，爾禮部即戒約之令，謹視遇施實惠，毋致失所。〔註44〕

仁宗此次之詔令，不僅表示明廷重視養濟院制之工作，使各地之養濟院略有改善，而京城之養濟院，更時常發揮救濟無告者之功用，爲全國之模範。如宣德元年（1426）十一月，宣宗諭順天府尹王驥，取殘疾飢寒無依者，悉收入養濟院，毋令失所。〔註45〕天順元年（1457）五月，景帝亦以京城貧窮無倚之人，行乞於市，誠可憫恤，乃令順天府，於大興、宛平二縣，各設養濟

記〉，頁9。

〔註41〕呂坤，前引書，〈收養孤老〉，頁58～59。

〔註42〕《明太宗實錄》（據國立北平圖書館紅格鈔本微戴捲影印，台北南港，中央研究院史語所校勘印行，民國57年影印二版），卷三九，永樂三年二月丁丑條。

〔註43〕書同前，卷一二七，永樂十年四月癸亥條。

〔註44〕《明仁宗實錄》（據國立北平圖書館紅格鈔本微捲影印，台北南港，中央研究院史語所校勘印行，民國57年影印二版），卷三上，永樂二十二年十月甲辰條。

〔註45〕《明宣宗實錄》（據國立北平圖書館紅格鈔本微捲影印，台北南港，中央研究院史語所校勘印行，民國57年影印二版），卷二二，宣德元年十一月戊戌條。

院一所收之，即令暫於順便寺觀內，從京倉支米煮飯，日給二飱，器皿、柴薪、蔬菜之屬，從府縣設法措辦，有疾者撥醫調治，病故者給以棺木，務使鰥寡孤獨，得霑實惠。〔註46〕

明代京城內之養濟院，不僅收容該地區之孤老無告者，有時且將對象擴大至由外地之來者，如成化元年（1465），禮部尚書姚夔奏曰：

> 今京城街市，多有疲癃殘疾之人，扶老攜幼呻吟悲號，亦足以干天地之和，而四夷使臣見之，將爲所議，請勅巡街御史，督五城兵馬，拘審道途乞丐殘疾之人，有家者，責其親鄰收管，無家者，收拾養濟院，照例時給薪米，其外來者，亦暫收之。候天道和暖，量與行糧，送還原籍，有司一體存恤，務令得所。〔註47〕

是時，憲宗允其奏，並令順天府尹無論男女老幼，有無家及外來者，均盡數收入養濟院，記名設法養贍。〔註48〕然而亦造成許多困擾，即流移至京城之無依者實在太多，京城內之養濟院，不僅負擔增加，且有時竟容納不下。故至四年（1468）五月，有給事中陳鶴奏曰：「京城內殘廢無告之徒，朝暮哀號，排門乞食，往往凍餓，死於道路，見之悽然，有足憫者，添設養濟院，給以粟布。」〔註49〕憲宗覽奏，乃命府尹將京城乞食者收入養濟院，而外來者，則給予口糧，程送還鄉，官司存恤。〔註50〕七年（1471）四月，又因京城飢民行乞於道，多疲不能支，相仆以死，乃令順天府二縣，委官收恤，其軍餘、匠役各送所司給親收養，所親不能贍給，宜確實申報，量爲給糧，病者官爲給藥飼粥，無親者收入養濟院賑恤，至於遠方流移者，如例給糧，發遣復業，而死無歸者，即葬之。〔註51〕

由上觀之，明代京城中之養濟院，因居全國視聽所在，且備受朝廷重視，故其救濟之成效甚爲可觀。如成化十六年（1480）八月，戶部奏稱，順天府

〔註46〕《明英宗實錄》（據國立北平圖書館紅格鈔本微捲影印，台北南港，中央研究院史語所校勘印行，民國57年影印二版），卷二七八，天順元年五月壬申條。

〔註47〕徐學聚（明代），《國朝典彙》（二○○卷，台北，學生書局，民國54年元年初版），卷九九，〈恤孤貧〉，頁3～4。

〔註48〕書同前，頁4。

〔註49〕《明憲宗實錄》（據國立北平圖書館紅格鈔本微捲影印，台北南港，中央研究院史語所校勘印行，民國57年影印二版），卷五四，成化四年五月甲戌條。

〔註50〕註同前。

〔註51〕書同前，卷九○，成化七年四月壬申條。

宛平，大興二縣，收養孤老之人數，達七千四百九十餘人，歲贍糧有二萬六千九百餘石，衣布亦如人數。〔註 52〕然而任何一種制度行之多年，即容易顯現疲態，滋生弊端，明代之養濟院制亦不例外，甚至連京城內之養濟院猶未能免，故同年八月，戶部曾奏稱，近有司不能稽察，或任意侵欺，姦弊百出，使孤貧不蒙實惠，濫收、冒支者亦多，且養濟院亦窄狹當拓。〔註 53〕京師爲首要之區，弊病尚且如此，則四方可知矣，故戶部建議「請行都察院，選委御史并本部委官一員，督同順天府、五城兵馬及二縣官，以見在食糧，孤貧悉加查勘，懲其濫收，仍以養濟院，移置寬閒之處，其未布本縣正佐官，按月躬親點閱給散，本府官則一月二次巡視。如違及勘報不實者，縣官以十名爲率坐罪，府以三十名爲率停俸，仍通行天下巡撫、巡按官一體禁治，庶鰥寡孤獨得沾實惠，而不負朝廷優恤之意」。〔註 54〕憲宗聞之，乃訓令曰：

> 養濟院之設，所以收養孤老無告之民，蓋體天地好生之德，以盡人君司牧之責也。何有司視爲常事，全不加意奉行，以致姦弊滋生，京師如此，四方之遠可知矣。其悉如戶部所言，通行禁約，務使朝廷德澤下流，而顛連之民，皆沾實惠，如有仍怠忽者，巡按御史奏聞處治。〔註 55〕

京城內養濟院既有如是之缺失，故明廷亟欲加以改善，甚至對全國各州縣之養濟院均有嚴厲之飭令。然而因其缺失由來已久，弊病亦深，並未有多大之改觀。及至嘉靖元年（1522）正月，戶部議言，「朝廷舊設養濟院，窮民各有記籍，無籍者，收養蠟燭、旛竿二寺。衣布、薪米、廚料之類，約歲費萬金，所存活甚眾。今院籍混淆，或以丁壯竄名，或以空名支費，二寺復設內官、校尉，多乾沒罔利，民無所依，弊端坐此。今若量口給錢，恐望風仰食者多，勢不能贍，請專委部屬一員，同五城御史，查記籍，革虛冒，及收養未盡者，具以狀聞，其二寺添設內官、校尉，盡行罷減，惟遣光祿寺及宛、大二縣官，以時更理其事，合用柴斤，俱令於臺基廠，關支本色，勿念工部折價，勿令軍餘採辦，五城兵馬，日拊視道路窮民，便就食二寺，其令職無狀，一切侵耗抑勒者，御史劾罪之」。〔註 56〕在京之窮民，收入養濟院食糧，及蠟燭、旛竿二寺給粥，本

〔註 52〕書同前，卷二〇六，成化十六年八月辛酉條。
〔註 53〕註同前。
〔註 54〕註同前。
〔註 55〕註同前。
〔註 56〕《明世宗實錄》（據國立北平圖書館紅格鈔本微捲影印，台北南港，中央

係明代累朝恩典，而今弊端如此，故世宗訓之曰：「所司往往任意剋減，窮民不沾實惠，宜今仰體朝廷德意，務使人人周給，廚役人數，薪芻本色，悉如議行，御史等官俱勿遣，諸作奸玩法者，發重治之。」〔註57〕

是時世宗之訓令，使京城養濟院與蠟燭、旛竿二寺之弊病皆獲得改善，再度發揮其救濟之功能，故至五年（1526）正月，世宗以京師飢民尤多，乃命養濟院月給米，蠟燭、旛竿二寺日給食，以惠窮民。〔註58〕並於六月，詔曰：

> 在京養濟院，止收宛、大（宛平、大興）二縣孤老，各處流來男婦篤廢殘疾之人，工部量出官錢，於五城地方，各修蓋養濟院一區盡數收養，戶部於在官倉庫，每人日給米一升，巡城御史稽考，毋得虛應故事。〔註59〕

究之世宗之意，乃是欲將救濟工作擴大，使由外地流徙至京師之孤老，亦得以入養濟院，得其所養，皆沾國家德澤，故復令巡城御史巡行五城地方，有在街啼號乞丐者，審屬民籍，送順天府，發養濟院；屬軍衛，送旛竿、蠟燭二寺給濟，至於外處流來三百里內者，驗發本貫官司收養，三百里外及不能行走者，一體送二寺給濟。〔註60〕此種由政府主動施以救濟，並澤及外地孤老之舉措，實可顯現出明代之養濟院，此時似又步入正軌，並且能有效地進行其救濟功能之運作。

可惜每當政府增加施予恩惠時，濫收、冒支之弊，往往亦從中而生，以嘉靖七年（1528）之救濟爲例，養濟院收養之孤老，有詐稱貧戶，濫給衣糧者，有故塡空籍，附之實在者，窮民或轉死不收，而奸吏至以起家肥厚。〔註61〕故戶部主事王松建議「請遣部屬二員，會同五城御史，嚴督所屬，查係孤老無依者，給與衣糧，其間逃亡數一一籍記，以便豁免。而放糧，有司仍案錄見在實數，唱名給領，不得令甲頭總關，致有乾沒」。〔註62〕明廷雖從其議，然而有司怠於詳查，孤老冒支與竄名者仍多，使眞正孤貧者無法蒙受實惠。至二十年（1541）四月，明廷不得已，乃令無論在京、在外之孤老殘疾，不能

研究院史語所校勘印行，民國57年影印二版），卷十，嘉靖元年正月丁卯條。

〔註57〕註同前。

〔註58〕書同前，卷六〇，嘉靖五年正月乙酉條。

〔註59〕同註4。

〔註60〕同註4。

〔註61〕《明世宗實錄》，卷九四，嘉靖七年閏十月乙未條。

〔註62〕註同前。

生業者，皆將其收入養濟院，照例給與衣糧，毋致失所。〔註 63〕無奈及至萬曆年間，此種虛報弊端仍屢出不窮，養濟院中有不孤不老者，甚至有其名，而無其人，致一人兼領數人之糧者。〔註 64〕明廷卻無法予以追究或改善，僅訓令查革了事，而對於外省流來貧民，亦指示如係年老顛連者，即送入旛竿捨飯寺收養，不必驅逐。〔註 65〕

以上之論述較偏重於京師養濟院之演變與救濟之成效，而各州縣養濟院之救濟功能，於開辦之初，亦不亞於京師。如萬曆福建《漳州府志》曰：

> 國朝洪武五年，詔天下立孤老院，尋改養濟院。其著令曰，凡鰥寡孤獨，每月給米，每歲給布，務在存恤。……漳州各縣，俱有養濟院，附郭爲龍溪，舊設養濟院三所，各有廳堂房舍。〔註 66〕

萬曆浙江《杭州府志》亦曰：

> 國朝洪武五年，詔天下郡邑，立孤老院，收容如宋、元，每口月支米三斗，柴三十斤，冬夏布各一疋，小口給三分之二。後院改今名。七年，詔月給分四等。三十五年，詔存恤毋俾失所載之律例、憲綱，令巡按御史督察。〔註 67〕

可見地方上之養濟院在明初亦是進行得頗爲積極。

至於各地養濟院之修葺工作，太祖曾於二十四年（1391）八月，命戶部遣官至各州縣詢鰥寡孤獨之民，令有司修理養濟院，勤加存恤。〔註 68〕仁宗之世，亦訓令勿使居室敝壞，施以實惠。〔註 69〕而許多新上任之地方官，多能留意於此，如見「住房傾頹破漏，每年九月插補一次，務令堅完」。〔註 70〕甚至在成化年間，仍有新設立者，嘉靖河北《隆慶志》曰：

> 本州（隆慶州）原未設院（養濟院），成化三年（1467）知州李鼎莅任，祇承德意，始創茲院，歲久傾頹，嘉靖六年（1527）知州梁綸

〔註 63〕書同前，卷二四八，嘉靖二十年四月丙子條。
〔註 64〕《明神宗實錄》（據國立北平圖書館紅格鈔本微捲影印，台北南港，中央研究院史語所校勘印行，民國 57 年影印二版），卷二〇七，萬曆十七年正月乙亥條。
〔註 65〕註同前。
〔註 66〕同註 12。
〔註 67〕同註 28。
〔註 68〕《明太祖實錄》，卷二一一，洪武二十四年八月丙寅條。
〔註 69〕同註 44。
〔註 70〕呂坤，前引書，〈收養孤老〉，頁 58。

重修。〔註 71〕

故至中葉，大多數州縣之養濟院，尚能發揮收容孤老之功效。如嘉靖河南《尉氏縣志》曰：

> 養濟院在縣治西，舊址雖存，房屋俱圮，成化十八年（1482）知縣劉紹移建于城隍廟之西。……正德二年至十六年（1507～1521），收籍孤老男婦楊玘等共三十二名，鰥夫李順等二名，寡婦楊氏等四口。〔註 72〕

再以弘治江西《徽州府志》各縣爲例，其收容無告者之人數如表所列：〔註 73〕

表十：明天順成化年間徽州府各縣養濟院收容人數表：

年　代	地　名	收容人數
天順八年（1464）	歙　縣	王關保等一十二名
	休寧縣	吳興等四十八名
	婺源縣	余太等一十二名
	祁門縣	胡辛來等一十九名
	黟　縣	徐保等八名
	績溪縣	汪作兒等六名
成化七年（1471）	歙　縣	謝祥等三十三名
	休寧縣	王安等五十六名
	婺源縣	程三奴等一十四名
	祁門縣	汪太得等九名
	黟　縣	孫仲茂等七名
	績溪縣	胡保等八名
成化十一年（1475）	歙　縣	王毛兒等四十四名
	休寧縣	吳英才等四十一名
	婺源縣	單牙兒等一十四名
	祁門縣	周木等一十五名
	黟　縣	任士義等十一名
	績溪縣	積瓊祐等一十二名
成化二十三年（1487）	歙　縣	李社文等九名
	休寧縣	汪以華等三十二名
	婺源縣	程永通等一十五名
	祁門縣	江積開等八名

〔註 71〕同註 37。

〔註 72〕同註 19。

〔註 73〕汪舜民，前引書，卷五，頁 51～55。

	黟　縣 績溪縣	江以良等二十五名 高順等四名

顯見該府各縣養濟院均有收容無告者，使其能有所居。

至世宗朝，更將各州縣養濟院之救濟功能予以擴大，於其「御極之元年（1522），明詔天下有曰，凡在外鰥寡孤獨廢疾不能生業者，即便收入養濟院，照例給與衣糧，毋令失所，有司著實舉行，毋得虛應故事」。〔註74〕故當養濟院缺食時，地方官亦盡力尋求變通之辦法，嘉靖河南《尉氏縣志》曰：

嘉靖二十五年（1546）五月以來，官倉缺糧米，孤老王漢等男婦二十二名口缺食，知縣曾嘉誥以時處給之。…．至二十六年正月間，查訪有借支預備倉糧事例，二月移文申請，巡撫都察院右副都御史柯相准動支預備倉糧四個月，支到本倉粟穀四十一石二斗。三月間，布政使司參議李樂目、汪心移文重爲申請，撫院准再動支預備倉糧五個月，支到本倉粟穀四十九石五斗，二次共粟穀八十九石（有誤，應爲九十石）七斗，折米五十九石四斗，補足九個月之數。……此皆通融養濟之例也。〔註75〕

此乃地方官關心百姓疾苦之寫照，使養濟院之成效免遭中斷。

然而各州縣之養濟院，日久弊端亦逐漸產生，有如京師者。故萬曆福建「漳州府志」曰：

按，朝廷之於孤老，既有月糧，又有衣布，其待之可謂至矣。但近來里胥作弊，收報不實，有極貧孤苦，而不得收養者，有原不甚貧，而營求冒收者，其間衣食饒足，富可比中人者亦有之。甚者，群往良家求乞，少有不遂，惡言罵詈，及服藥圖賴，漸不可及，有司者一清刷禁飾之可也。〔註76〕

萬曆浙江《杭州府志》則曰：

但今流離瑣尾多困踣於道路，飢寒疾病者。每竊嘆於窮簷，而詭情匿跡之徒，往往竄名院户，以冒歲支，至有出入乘軒，舉任生息，而名在孤老之籍者，是貧者未必賑，而賑者未必貧，覈實之令不可不嚴也。嗟嗟！名爲恤用，而一以養姦，天下之事若此類

〔註74〕吳福原，前引書，卷六，姚鳴鸞，〈重建養濟院記〉，頁8。

〔註75〕同註19。

〔註76〕謝彬，前引書，卷六，頁41。

者可？〔註77〕

由此可見明代之養濟院制，無論京師或各州縣，所產生之最大弊病，均在於詭情匿跡之徒，貪圖歲支，詐稱貧戶，冒濫支給，而有司踈於稽察勘實，收報不確，董其事者，復日肆侵牟，致使鰥寡孤獨廢疾之無告者，未濡實德，不霑其惠。嘉靖河南《蘭陽縣志》曰：

國朝始名爲養濟院，收養無告之人，其加惠煢獨，何所不至，但有司奉行有勤惰耳。……今吾邑養濟院之設，不無望於賢有司焉。〔註78〕

此言一點不假，蓋如有司勤予詳查，則此類缺失，多可避免。故至萬曆七年（1579），明廷復申明存恤條規，曰：

孤老每名歲給冬夏布花木柴銀陸錢，此舊例也，但查合屬收養日增，開除無報，豈其老疾既登養濟，遂能長作實在耶。查得中間無告者未必收養，已死者猶著生籍，甚非存恤初制。今後務嚴取里鄰勘結，申奉該道批允，方准收養。新收、開除務要名數相當，以嚴冒濫，其布花柴米須要照時給散，以防稽措，如遇查盤，有故違者，提承行吏書究罪。〔註79〕

既有此一訓令，則養濟院制似應有所改善，無奈此些弊病由來已久，改善不易，故「養濟院事宜，七年規條已得其概，然亦有遺議焉。甲頭與老吏朋爲市竇，弊端雜出，如登報，則有抑勤之弊、有冒頂之弊；查點則有蟻旋之弊、有猝情之弊；給放則有扣除之弊、有冒濫之弊，大都名爲無告者設，而利則歸之老吏甲頭耳」。〔註80〕其弊病嚴重至此地步，遂使明代創立養濟院之恩澤美意未能廣被於民，誠爲可嘆也。

第二節　恤貧、養老與慈幼

明代對於平時救濟百姓之工作，頗不遺餘力，屢收容天下鰥寡孤獨廢疾之無告者入於養濟院，並且常有恤貧、養老、慈幼之舉措，因天下貧者眾多，養濟院雖設，然非能盡數收容，故明廷時以各種方式施恤貧民，使其免於困

〔註77〕陳善，前引書，卷五一，〈卹政〉，頁9。
〔註78〕褚宦（明代），河南《蘭陽縣志》（十卷，嘉靖刊本），卷三，頁14～15。
〔註79〕同註29。
〔註80〕同註29。

頓，得以養生。至於孤貧老稚者，一則須要奉養，一則須要慈育，皆為行仁政者，所不可忽視之務，故明廷亦不敢有所輕忽。

本節即是就明代恤貧、養老、慈幼三項，分別予以論述之。

一、恤　貧

貧困者，養生之具均較缺乏，平日不得溫飽，「常衣牛馬之衣，而食犬彘之食」，〔註81〕，毫無備災之積儲，如再遇天災人禍，即餓莩載道，易子而食，或計出無奈，謂與其飢而死，不如殺而死，以致嘯聚為亂，以求苟活，此種情境，誠足堪憐，尤須速予賑濟。然而此輩何以落此境地，實因其受困於貧賤之環境所致，平日遭受各種困阨之逼迫，缺少改善其養生之能力，使貧者益貧，困者愈困，求一溫飽竟不可得，致不樂於生，不畏於死，不避於罪。故恤貧之目的，尤在使無法自立生存之人，獲得有力之援助，使其能夠存在、生長，勤於本業。明代時期，曾運用下列各種辦法，使貧民免受窮急之苦。

（一）貸　穀

貸穀予貧民不僅可救貧戶一時之急，且貸與貧困農民充作種子，可俟新穀收成後再如數償還，故此法貸穀予貧民，不但適行於凶年，亦可行於平時青黃不接之際，對貧民而言，誠是一有效之救濟辦法。例如洪武二十七年（1394）正月，太祖即曾以各縣預備倉糧藏久，致多腐蝕，乃遣使分貸倉糧予貧民。〔註82〕使貧民得以稍紓飢困，且預備倉亦可再糴入新糧，為一權宜之計。然而有貧民至窮者，往往屆期無法償還，故明廷曾於正統八年（1443）二月，免陝西貧難軍民遞年貸備預備倉糧。〔註83〕此舉，將百姓所貸之穀數一筆勾消，可謂深得古代聖人所論仁政之眞諦。

（二）給　錢

貧戶所缺者，即是錢也。有錢，則可購其所亟須之物品，故給錢予貧民，對政府與貧民而言，皆為簡便之法。洪武二十二年（1389）四月，太祖以九江、黃州、漢陽、武昌、岳州、荊州諸郡多貧民，諭戶部遣人運鈔往賑之，

〔註81〕班固（東漢），《漢書》（台北，鼎文書局，民國67年4月三版），卷二四，〈食貨志〉第四上，頁113。

〔註82〕《明太祖實錄》，卷二三一，洪武二十七年正月辛酉條。

〔註83〕《明英宗實錄》，卷一〇一，正統八年二月壬辰條。

每丁一錠，沿江遞運所水驛夫，每人五錠，共賑鈔九十一萬二千一百六十七錠。〔註 84〕同月，復命戶部運鈔往湖廣各州縣，賑貧民凡一百四十六萬八千七百餘錠。〔註 85〕至洪武三十五年（建文四年，1402）十二月，成祖亦以北平所屬順德、保定諸郡，連年兵革，其民衣食不給，故詔戶部運鈔三十萬錠賑之，其標準爲戶一口至三口者，給鈔五錠，四口至八口，十錠，九口以上，十二錠。〔註 86〕

然而給錢予貧民，畢竟爲一較爲消極之救濟方法，如讓其糴買種子，以便播種，則較能根本解決其生活上之困難。故景帝曾於景泰元年（1450）十二月，令戶部運官銀二萬兩，於山西布政司給所屬貧民糴買種子，以進行春耕。〔註 87〕但是貧民得到賑銀後，並未必糴買種子，有時充作他用，使明廷此次施賑之意義，大爲減低。故至五年（1454）二月，鳳陽、淮安、揚州、徐州并河南所屬州縣，自去年冬至今，積雪成冰，夏麥已種者，皆不復生，雖欲再種，民多缺乏種子，明廷乃出白金萬五千兩，遣御史等官五人，先齎與各府州正官，責令其糴買種子，再給與貧民耕種。〔註 88〕如此，可使貧民能確實地以種子進行耕種，且亦使此種賑濟措施之意義更爲實在。

（三）給米布

貧困之戶有時雖可貸得倉穀，但如屆時無法償還，反徒增政府與百姓之困擾，故直接予其米，使其稍得溫飽，或爲一較可行之法。如景泰七年（1456）七月，景帝以東安門外夾道中，日有顛連無告窮民，扶老攜幼，跪拜呼喚乞錢，乃令戶部等衙門勘審，人給布衣一身，粟米一斛，審其原籍，有親戚者，待明年夏煖，沿途給與口糧，遞送還家，其無親戚者，在京以沒官房給之，並令天下有司遇有窮民，一體存恤。〔註 89〕又如嘉靖三十九年（1560）十二月，世宗以近日貧民凍餒死者甚眾，令發倉米萬石，爲糜食之，其飢寒甚者，予米一升。〔註 90〕

然而此種以米布予貧民之辦法，其作用僅爲暫時性而已。故如能將此等

〔註 84〕《明太祖實錄》，卷一九六，洪武二十二年四月乙巳條。
〔註 85〕書同前，卷一九六，洪武二十二年四月癸丑條。
〔註 86〕《明太宗實錄》，卷一五，洪武三十五年十二月己亥條。
〔註 87〕《明英宗實錄》，卷一九九，景泰元年十二月己亥條。
〔註 88〕書同前，卷二三八，景泰五年二月戊申條。
〔註 89〕書同前，卷二七一，景泰七年七月辛亥條。
〔註 90〕《明世宗實錄》，卷四九一，嘉靖三十九年十二月辛丑條。

貧民之無告者，收容入養濟院，使其長期獲得救濟，則顛沛流離者可減少矣。明廷即常施行此法，〔註 91〕如嘉靖十年（1531）十二月，世宗命收宛平、大興二縣貧民二千七百四人入養濟院，每人月給口糧三斗，歲給布一疋。〔註 92〕十八年（1539）七月，復以冊立東宮，恩賞在京養濟院窮民五千八百五十餘人，每人米四斗。〔註 93〕顯見此一救濟之法，不僅可使貧困無告者之生活更能獲得保障，且亦使政府之救濟政策，發揮其應有之作用。

（四）遷徙貧戶以事耕種

貧戶之所以窮困，或緣於無地可耕，故如能撥空閒之地，讓其耕種，或可改善其生活也。明代初期，在鼓勵開墾荒地之政策下，對此法進行得相當積極，例如洪武三十年（1397）三月，太祖以湖廣常德府武陵等十縣，自丙申（元至正十六年，1356）兵興，人民逃散，雖或復業，而土曠人稀，耕種者少，荒蕪者多，乃命戶部遣官於江西分丁多人民及無產業之貧民，至其地耕種。〔註 94〕永樂七年（1409）六月，成祖亦曾以山東青州諸郡，人稠地隘，無以自給，乃令徙其無業者八百餘戶至冀州從事開墾。〔註 95〕然而此法，至宣宗以後，明廷即未再積極進行，如宣德五年（1430）十月，有陝西漢中府請徙民墾田，宣宗卻以天下郡縣人民版籍已定，產業有恆，若遽遷之他鄉，不無驚擾為理由，未允其請，〔註 96〕故「自是以後，移徙者鮮矣」。〔註 97〕

（五）給牛以利貧民耕種

有些貧戶欲力事生產，然而因缺少耕牛和牛具，惟以人力耕種，以致成效不大，不僅浪費其力，且生活亦無由改善，故亟須政府給予牛隻，以利耕種。洪武二十五年（1392）閏十二月，明廷戶部即曾遣官於湖廣、江西諸郡縣，買牛二萬二千三百餘頭，分給山東屯種貧民。二十八年（1395）正月，太祖復命戶部以耕牛一萬頭給東昌府屯田貧民。正統五年（1440）二月，英宗以鳳陽等府州縣，歲歉民貧，缺少耕牛，田地荒蕪，乃命太僕寺官同各府

〔註 91〕參閱本章第一節。
〔註 92〕《明世宗實錄》，卷一三三，嘉靖十年十二月壬寅條。
〔註 93〕書同前，卷二二六，嘉靖十八年七月乙亥條。
〔註 94〕《明太祖實錄》，卷二五〇，洪武三十年三月丁酉條。
〔註 95〕《明太宗實錄》，卷九三，永樂七年六月庚午條。
〔註 96〕《明宣宗實錄》，卷七一，宣德五年十月乙亥條。
〔註 97〕張廷玉（清代），《明史》（台北，鼎文書局，民國 64 年 4 月台一版），卷七七，志五三，〈食貨〉一，頁 1880。

委官取勘無牛小民，給官牛一萬，以便其收牧耕種。〔註98〕至景泰七年（1456）二月，景帝亦以淮安、揚州二府，歲凶民飢，東作將興，貧民缺牛具穀種，故令巡撫并牧民官設法措置給之。〔註99〕此種以耕牛或牛具予貧民之措施，不僅使其擁有生產之工具，且亦頗有鼓勵作用，能奮力從事於農務，故不失爲改善貧民生活之良策。

（六）冬令救濟

寒冬來臨，天冷雪積，貧民常飢寒交困，亟須政府予以救濟。洪武十二年（1379）二月，太祖見雨雪經旬不止，思及天下孤老衣不蔽體，食不充腹，故諭中書省臣令天下有司俱以鈔給之，助其薪炭之用。至於京城之孤貧者，給孤幼戶鹽十五斤，孤寡者戶十斤。〔註100〕嘉靖二十二年（1543）十一月，世宗亦以今歲嚴寒，百姓凍餒枕藉，困窮可憫，令各省一體賑恤。〔註101〕此種雪中送炭之救助，可使許多貧民免受飢寒之苦，不失亦爲仁政之方也。

二、養　老

《孟子．盡心章》有曰：

> 所謂西伯善養老者，制其田里，教之樹畜，導其妻子，使養其老，五十非帛不煖，七十非肉不飽，不煖不飽，謂之凍餒，文王之民，無凍餒之老者。〔註102〕

養老爲王道之始，文王此一安養老人之政，不僅使老人得以溫飽，且其亦獲得「盍歸乎來，吾聞西伯善養老者」之擁戴。

究之明代養老之政，頗含有恤老與敬老二意。蓋年老者，貢獻其一生於國家、社會，主政者自然負有對其施予敬養之責任，且敬老、養老，自古即是吾國社會之傳統美德，故明廷尤其重視之。起自洪武元年（1368）八月，太祖即詔令，百姓年在七十以上者，許一丁侍養，免其雜泛差役。〔註103〕因年老者亟

〔註98〕《明太祖實錄》，卷二二三，洪武二十五年閏十二月己卯條；卷二三六，洪武二十八年正月庚戌條。《明英宗實錄》，卷六四，正統五年二月己卯條。

〔註99〕《明英宗實錄》，卷二六三，景泰七年二月丙午條。

〔註100〕《明太祖實錄》，卷一二二，洪武十二年二月乙巳條。

〔註101〕《明世宗實錄》，卷二八○，嘉靖二十二年十一月丙午條。

〔註102〕焦循（清代），《孟子正義》（台北，台灣商務印書館，民國57年3月台一版），卷一三，〈盡心章句〉上，頁2。

〔註103〕申時行，前引書，卷八十，〈養老〉，頁1834。

須兒女予以照顧，如能有一子長留其身邊，則可得其子盡心奉養，亦老年之福也。至三年（1371）二月庚戌，太祖因於後苑見巢雀翼哺之勞，思及禽鳥且爾，更況人母子之恩，遂令諸臣有親老者，許歸養。〔註104〕由此可知太祖對於老者之態度，實皆發自內心由衷之誠意，故為養恤全國之老人，及表示對其等崇敬之意，太祖特於十九年（1386）六月，命有司存問高年，恤鰥寡孤獨者必得其所，篤廢殘疾者收入孤老，歲給所用，使之得終天年。並規定凡民年八十、九十，而鄉黨稱善者，有司以時存問，若貧無產業，年八十以上者，月給米五斗、肉五斤、酒三斗，九十以上者，歲加賜帛一匹，絮一斤，其有田產能贍者，止給酒肉絮帛。而應天、鳳陽二府富民，年八十以上，賜爵里士，九十以上，賜爵社士，皆與縣官平禮，復其家。〔註105〕百姓年歲至八、九十，其家必大多是父慈子孝積善之家，故太祖特頒推恩之令，以示尊敬，而受之者，亦覺無上之光榮，有不虛度此生之感。至於鰥寡孤獨廢疾之年老者，太祖亦時加賑恤，使其等皆能得其所，而終天年。然而太祖尚慮有司奉行不至，故於二十年（1387）閏六月，重申養老之令，〔註106〕並謂禮部臣曰：

> 尚爵所以教敬，事長所以教順，夏商周之世，莫不以齒為尚；而養老之禮未嘗廢，是以人興於孝弟，風俗淳厚，治道隆平。〔註107〕

可見太祖相當重視敬老、恤老之務。

年老之長者，其知識與經驗均較豐富，故太祖於二十二年（1389）八月，詔天下府州各舉高年有德，識時務者一人。〔註108〕並於二十三年（1390）五月，召天下老人至京隨朝，命擇其可用者，使齎鈔往各處，同所在老人糴穀為備。〔註109〕是時，此一辦法，頗有成效，使各地預備之倉制得以迅速建立。〔註110〕故至二十四年（1391）八月，罷耆民糴糧。〔註111〕且因天下耆民來朝者眾，太祖乃於二十六年（1393）正月，諭詹徽遣人馳傳，於其所在地阻止之。〔註112〕但是太祖對於年老者之敬意並未稍減，曾於三十年（1397）九月，

〔註104〕涂山，前引書，卷二，頁3。
〔註105〕《明太祖實錄》，卷一七八，洪武十九年六月甲辰條。
〔註106〕書同前，卷一八二，洪武二十年閏六月甲寅條。
〔註107〕徐學聚，前引書，卷四四，〈優老〉，頁3。
〔註108〕《明太祖實錄》，卷一九七，洪武二十二年八月乙卯條。
〔註109〕書同前，卷二〇二，洪武二十三年五月壬子條。
〔註110〕參閱本論文第三章第三節。
〔註111〕《明太祖實錄》，卷二一一，洪武二十四年八月壬午條。
〔註112〕書同前，卷二二四，洪武二十六年正月丁未條。

命戶部令天下民，每鄉里各置木鐸一，內選年老或瞽者，每月六次持鐸徇于道路，曰孝順父母，尊敬長上，和睦鄉里，教訓子孫，各安生理，毋作非為。又令民每村置一鼓，凡遇農種時月，清晨鳴鼓集眾，鼓鳴皆會田所，及時力田，其怠惰者，里老人督責之，里老縱其怠惰，不勸督者有罰。〔註113〕古時，吾國之農村社會，所重者即是倫理秩序之維護，以及農務之力作，而今太祖以此二務，委之於天下老人，以其等之知識、經驗與德望，帶動整個社會，確是為一良策。

凡此皆為太祖所行養老之仁政，並且故為其後代子孫立下良好典範，如成祖於永樂十九年（1421），將賜耆民之物予以提高，詔民年八十以上，有司給與絹二疋、布二疋，酒一斗、肉十斤。〔註114〕二十二年（1424），復令民年七十以上，及篤廢殘疾者，許一丁侍養。不能自存者，有司賑給，八十以上者，仍給絹二疋，綿二斤、酒一斗，時加存問。〔註115〕有時，成祖於巡幸之際，亦不忘養老之務，曾於七年（1409）二月，命禮部遣使於其巡狩所經郡縣存問高年，賜八十以上者，肉五斤、酒三斗，九十以上者，加帛一疋。〔註116〕或出師遠征，亦常於途中，命給事中監察御史所過存問高年，賜帛酒肉。〔註117〕成祖此舉之用意，乃在於其以皇帝之尊，且平日忙於處理萬機，甚少有與百姓接觸之機會，故利用巡狩、親征之便，特行養老之舉。至宣宗朝，更令有司勘實，獨子而父母年七十以上，及篤廢殘疾者，許其於附近衛所充軍，不必遠役。〔註118〕皇帝關懷耆民之心如此深切，不僅使充軍者稍解後顧之憂，而其父母亦得免失所矣。

明代「國初養老，令貧者給米肉，富者賜爵，惟及於編民。天順以後，始令致仕官七十以上者，皆得給酒肉布帛，或進階，其大臣八十、九十者，特賜存問」。〔註119〕故至中葉以後，明代養老之務，猶未有所荒怠，甚至賜物與敬意，更倍增往昔。如天順二年（1458），詔軍民有年八十以上者，不分男婦，有司給絹一疋，綿一斤，米一石，肉十斤，年九十以上者倍之，男子百

〔註113〕書同前，卷二五五，洪武三十年九月辛亥條。

〔註114〕同註107。

〔註115〕同註107。

〔註116〕《明太宗實錄》，卷八八，永樂七年二月乙亥條。

〔註117〕書同前，卷一三七，永樂十一年二月乙丑條；卷一八〇，永樂十四年九月戊申條。

〔註118〕徐學聚，前引書，卷四四，〈優老〉，頁4～5。

〔註119〕同註103。

歲，加與冠帶榮身。〔註 120〕八年（1464），復詔凡民年七十以上者，免一丁差役，有司每歲給酒十瓶，肉十斤，八十以上者，加與綿二斤，布二疋，九十以上者，給與冠帶，每歲設宴一次，百歲以上給與棺具。〔註 121〕弘治江西《徽州府志》曾詳述其優老之政，曰：

> 天順八年（1464），優過六縣，七十以上，免一丁，給與酒肉，張添祐……等共一百五十二名；八十以上，給與綿布，潘陽復……等共七十四名；九十以上，給與冠帶，每歲設宴待一次，胡以昌……等共一十五名。成化七年（1471），優過六縣，八十以上男婦人，給絹一匹、綿布一匹、綿一斤、米一石，歙縣程敬……婺源周新……祈門李王……黟縣朱淵……等共一百三十五名。成化二十一年（1485），優過六縣，八十以上，免差一丁，歲給綿二斤、布二匹，吳福同……等共一百八十名；九十以上，給與冠帶，汪道壽……等共一十五名。成化二十三年（1487），優過六縣，八十以上，給與絹一匹、綿一斤、米一石、肉十斤，男婦汪文福……等共一百四十三名；八十以上爲鄉里所敬服者，加與冠帶，劉景祥……等共一百五名；九十倍給絹二匹、綿二斤、米二石、肉二十斤，婺源汪阿游……等共一十三名。〔註 122〕

年長者所受之禮遇如此厚重，可知不僅明廷頗重視養老之政，而地方官亦能留意於此，誠當地百姓之幸也。

至於仕官之年老者，政府爲感謝其長年爲國效勞，亦常予以存問。天順二年（1458），英宗詔令，四品以上之官，年七十以禮致仕，不能自存者，有司歲給米五石。〔註 123〕嘉靖元年（1522），世宗亦詔文職致仕，一品未受恩典者，有司月給食米二石，歲撥人夫二名應用，二品以上年及八十者，備采幣羊酒問勞，九十以上者，具實奏來，遣使存問，五品以上，以禮致仕，年七十以上者，進散官一階，其中廉貧不能自存，眾所共知者，歲給米四石，以資養贍。〔註 124〕

綜上所論，吾人可知明代養老之政，不論施於仕官或民間，皆含有敬老、

〔註 120〕申時行，前引書，卷八十，〈養老〉，頁 1835。
〔註 121〕註同前。
〔註 122〕汪舜民，前引書，卷五，頁 58。
〔註 123〕同註 120。
〔註 124〕同註 120。

恤老之意，甚至於對受災之老者，亦規定「隆冬時月，飢民有年七十以上者，添給布一疋」。〔註 125〕故仕官之老者，政府以禮或米糧待之，民間之老者，賜以爵位、冠帶，或委以糴糧、督農之務，而養濟院中，除有孤幼者外，更收容許多鰥寡獨篤廢殘疾之年高無告者，歲月給予所用，以安養其天年，凡此皆顯示明代時期養老之政已近聖王之道矣。

三、慈　幼

前節所論述明代之養濟院，其救濟作用雖亦負有慈幼之任務。然而明代慈幼之政，行之最有實效者，莫過於協助百姓贖回其所鬻之子女。每當災荒之後，百姓遭飢餓之困，無以爲生，死亡者眾。爲父母者，不忍子女受飢而死，遂屢有鬻其兒女予富家當義子女或奴婢之情事。如萬曆江蘇《鹽城縣志》曰：

> 以一鹽城而受兩河之匯，孰能堪之？是故頻年以來，鹽城之田盡爲龍蛇蛟鼉所窟宅，其民流徙星散，或成溝中之瘠，鬻子販女遂爲人市。〔註 126〕

此種鬻其兒女之事，極不合於人道，且造成骨肉分離，無法相聚。然而卻可使其子女免於一死，自己亦能以所得之款項苟延數日，如倖而不死，或尙有再見之日，未嘗不是苟活之法。故「其賣也，非自作之孽也，時當欺歲，不賣親人，終無生理，其意以爲餓死而無救，不若活賣而其離，後得一見，未可知也。在買者給其價而衣食之，不惜捐費於荒年，實欲服勞於後日，既生其身，且救其家，均相有益」。〔註 127〕陳龍正《幾亭外書》亦曰：

> 夫買男爲僕，買女爲婢，雖非盛世之風，微得人情之便。何則？貧窮之家，不能自給，以兒女鬻之士大夫户，其買之者，少而飼之，長而配偶之，雖有其力，亦有代貧養生之理焉。〔註 128〕

可見此舉不失爲貧困者應急變通之法，且買者亦微盡人情，故是時明廷並未予以嚴格取締，〔註 129〕甚至於知而不禁，馮汝弼《祐山雜記》曰：

〔註 125〕申時行，前引書，卷十七，〈災傷〉，頁 471。

〔註 126〕楊瑞雲（明代），江蘇《鹽城縣志》（十卷，萬曆十一年刊本），卷十，頁 19。

〔註 127〕倪國璉（清代），《康濟錄》（台北，陽明山莊印，民國 40 年 2 月初版），頁 263。

〔註 128〕陳龍正（明代），《幾亭外書》（崇禎十六年刊本），卷四，頁 111～112。

〔註 129〕吳振漢（民國），《明代奴僕之研究》（台灣大學歷史研究所碩士論文，民國

（嘉靖）二十三年（1544）甲辰，大荒，平湖、海鹽尤甚，……是歲木棉旱槁，杼柚爲空，民皆束手待斃。……又官糧逋負，苦于催科，……不足即鬻妻女于寧、紹，寧、紹人每以此爲業，官府知而不禁也。蓋鬻之，則妻女去，而父與夫獲生，否則均爲杖下鬼耳。〔註 130〕

災荒如此之甚，災民賣其妻女亦出於無奈，否則全家唯有一死，官府遂知而不禁。

然而配偶骨肉往往因而自此相離，其悲慘之狀，實足堪憐。行仁政者，其心必常惻然，故吾國起自夏、商，即有政府爲民贖回所鬻子女之舉措，《管子・五輔篇》曰：

湯七年旱，禹五年水，民之無糧賣子者，湯以莊山之金鑄幣，而贖民之無糧賣子者，禹以歷山之金鑄幣，而贖民之無糧賣子者。〔註 131〕

使分散之家，得以重新團聚，乃愛民之舉也。故明代慈幼之政，亦常致力於此，起自洪武七年（1374）八月，太祖思及軍士爲明國開疆拓土，歿於戰場，屍不至家，魂無所棲，父母年高，妻寡子幼，不能存恤，而民間避兵者，亦有至今父子分離，或子歿親老，或親歿子幼，靡有怙依，遂詔有司具名以聞，由政府安居存養之。〔註 132〕是時，各地之養濟院大多已經設立，故多收容於養濟院。由此亦可知太祖慈幼之心意出於至誠，且此種工作進行得很積極，尤其是天災之後，常爲民贖回所鬻之子女，如十九年（1386）四月，詔河南府州縣民，因水患而典賣男女者，官爲收贖，女子十二歲以上者，不在收贖之限，若男女之年，雖非嫁娶之時，而自願爲婚者聽。〔註 133〕此一詔令，顯示當時明廷雖行收贖之仁政，但亦鼓勵百姓自立，特別是女子提早嫁人，可減輕其父母親之負擔，故乃有此一規定。且於同年五月，更詔令若孤兒有田不能自藝，則由親戚收養，無親戚者，鄰里養之，其無田者，歲給米六石，亦令親鄰養之，俱俟出幼收籍爲民。〔註 134〕

---

71 年 6 月），頁 123。

〔註 130〕馮汝弼（明代），《祐山雜記》（《寶顏堂秘笈》，上海，文明書局，民國 11 年初版），頁 5～6。

〔註 131〕同註 3。

〔註 132〕《明太祖實錄》，卷九二，洪武七年八月辛丑條。

〔註 133〕書同前，卷一七七，洪武十九年四月甲辰條。

〔註 134〕書同前，卷一七八，洪武十九年五月甲辰條。

靖難之變後，成祖於洪武三十五年（建文四年，1402）十月，特詔隨征將士，如前有虜掠民間子女者，悉還其家，官給鈔，人五錠，爲道里費，有匿不還者罪之，〔註 135〕蓋使其得與家人團聚也。至永樂元年（1403）三月，成祖聞南陽鄧州官牛疫死者多，有司責民償甚急，民貧致有鬻男女以償者，怒甚，曰：「今以易牛，何其不仁哉，況畜牛本以爲民，今及毒民如此。」故命有司，牛死者，悉免償，民所鬻男女償牛者，官贖還之。〔註 136〕可知成祖頗能下念窮民，代爲贖還，亦其仁政之一端也。至永樂十一年（1413）六月，成祖召行在戶部臣曰：「人從徐州來，言州民以水災乏食，有鬻男女，以圖活者，人至父子相棄，其窮已極。」乃遣人馳驛發廩賑之，所鬻男女，官爲贖還。〔註 137〕骨肉分離，爲人間可悲之事，而今災民遭受飢餓之困，爲圖苟活，乃鬻其子女，誠是出於無奈，幸得成祖憫其孤窮，骨而肉之，賑而活之，甚得爲政之道也。

明代時期，每遇飢荒，鬻子女之事，似乎頗爲流行，以致天順元年（1457）六月，竟有暹羅國使馬黃報等收買山東飢民子女，帶回爲奴，幸而英宗聞之，令官星馳追及，就於所在官司，給官錢贖回，送還原籍完聚。〔註 138〕明廷既重視爲民贖子女之事，故於成化二十三年（1487），憲宗更詔陝西、山西、河南等處軍民，先因飢荒逃移，「將妻妾子女典賣與人者，許典賣之家首告，准給原價贖取歸宗，其無主及願留者聽，隱匿者罪之」。〔註 139〕政府關懷百姓之心意至此，官給原價，贖其歸宗，若不首告，罪其隱匿，則民亦何怨之有。然而仍有政府力所不逮之時，尤其是天災之後，百姓無以爲生，乃鬻其兒女，甚至稱斤而賣。嘉靖二年（1523）十二月，有大學士楊廷和疏曰：

> 淮揚邳諸州府，見今水旱非常，高低遠近一望皆水，軍民房屋田土概被渰沒，百里之內寂無爨煙，死徙流亡，難以數計，所在白骨成堆，幼男稚女，稱斤而賣，十餘歲者，止可數十，母子相視痛哭，投水而死。〔註 140〕

此種人間慘境，實足堪憐，如惟俟政府聞之，再施以贖還、賑濟，則其骨肉

〔註 135〕《明太宗實錄》，卷一三，洪武三十五年甲戌條。
〔註 136〕書同前，卷一八，永樂元年三月辛丑條。
〔註 137〕書同前，卷一四〇，永樂十一年六月甲寅條。
〔註 138〕《明英宗實錄》，卷二七九，天順元年六月癸巳條。
〔註 139〕申時行，前引書，卷一九，〈逃户〉，頁 520。
〔註 140〕《明世宗實錄》，卷三四，嘉靖二年十二月庚戌條。

早已各分東西，故爲使災民迅速獲得濟助，明廷亦非常鼓勵義民收養被遺棄之幼兒。時，有寺正林希元於其《荒政叢言》疏曰：

> 大飢之年，民父子不相保，往往棄子而不顧，臣昔在泗州，見民有投子于淮河者，有棄子于道路者，爲之惻然。……置局專司收養，令曰：凡收養遺棄小兒者，日給米一升，一支五日，每月抱赴局官看驗。飢民支米之外，又得小兒一口之糧，遠近聞風爭趨收養，甚至親生之子亦詐稱收抱，以希米食。旬月之間，無復有棄子于河、于道者矣。今各處災傷去處，若有遺棄兒，如臣之法，似可行也。〔註141〕

故至八年（1529），明廷題准災傷地方，軍民人等有能收養小兒者，每名日給米一升。〔註142〕十年（1531），更令動支官銀收買遺棄子女，州縣官設法收養，若民家有能自收養至二十口以上者，給與冠帶。〔註143〕此種辦法，乃是透過民間之力量，及時對災民施予救濟，不失爲一可行之法。

第三節　醫療與助葬

吾國百姓素來貧困者居多數，平日求得一餐之食已屬不易，一旦患病，求醫問藥，更難獲得。故行仁政者，除於疫癘之際，遣使存問，施予醫藥外，平時亦頗予貧病者醫療之照顧，使之能安其生。至於助葬之舉措，亦爲不可忽略者，尤其天災戰亂之後，死屍相枕，郡縣阡陌多有白骨覆道，亟待掩埋；而平時寒冬或春夏青黃不接之際，凍餒至死之人頗眾，如任其暴露於野，極易引起疫癘。嘉靖安徽《宿州志》述及此種情形，曰：

> 嘉靖二年（1523）夏，亢旱，風霾累日，入秋霪雨不止，百穀無登，冬月積陰無霽，歲遂大飢，暨于春月，凍餓疲癘而死者，不可勝計。商販不通，人乃相食，繼以大疫，有數口之家，無孑遺者。〔註144〕

災情嚴重至此地步，故主政者，對於無主之屍，及貧病無法葬之者，均須助其下葬，以示政府之德意，免得百姓棄屍荒野或以他法處理死屍，亦可免疫癘之傳染。

〔註141〕林希元（明代），《荒政叢言》（守山閣叢書，百部叢書集成，藝文印書館印行），收於俞森（清代），《荒政叢書》，卷二，頁11。

〔註142〕申時行，前引書，卷十七，〈災傷〉，頁470。

〔註143〕同註125。

〔註144〕李默，前引書，卷八，頁6。

為民醫療助葬既為王道之本，故吾國古代先賢對此多有建言，如管子以養疾、問疾、援絕為九惠之三，〔註145〕更以問疾病、弔禍喪為德興之源。〔註146〕而歷代亦均有專司此務之措施，使民病而不患，死而免棄，能終養天年。至明代時期亦然，《明會典》有曰：

> 國初立養濟院，以處無告，立義塚以瘞枯骨，累朝推廣恩澤，又有惠民藥局、漏澤園、旛竿、蠟燭二寺，其餘隨時給米給棺之惠，不一而足。〔註147〕

而地方官亦頗能配合，盡力辦好醫療與助葬之工作。故萬曆浙江《秀水縣志》曰：

> 萬曆十七年(1589)，歲遇旱災，田苗枯槁，米價騰踴，餓殍盈途。……極貧給銀五錢，次貧三錢，又次貧二錢，復捐俸買辦藥材，著令醫生普施湯劑，活人億萬，又撈掩暴骸及漂沒者，悉瘞之。〔註148〕

足見明代地方官中亦有留意於此者。

一、醫　療

凶荒之際，疫癘流行，百姓患病者多，富有者或猶可得醫藥，而「極貧之民，一食尚艱，求醫問藥，於何取給」〔註149〕故貧病者，常因無錢醫治，以致病重身死。明廷有慮及此，深恐軍民有疾，醫療之藥餌未備，不能遍及，乃於府、州、縣，當四達之衢，建置藥局，以濟軍民。〔註150〕此種建置，始於洪武三年（1370）六月，太祖令天下州縣置惠民藥局，府設提領，州縣曰官醫，凡軍民之貧病者給之醫藥。〔註151〕是時，不僅「每局選設官醫提領」，且「於醫家選取內外科各一員，令度醫學授正科一員掌之，縣醫學授副訓科，製藥惠濟，其藥於各處出產，并稅課抽分藥材給與，不足，則官為之買」。〔註152〕蓋行仁政者，視民命尤重，故太祖令各州縣「置局蓄藥，以

〔註145〕同註2。
〔註146〕同註3。
〔註147〕同註4。
〔註148〕同註29。
〔註149〕倪國璉，前引書，頁223。
〔註150〕章律（明代），河北《保定郡志》（二十五卷，弘治刊本），卷五，頁13。
〔註151〕《明太祖實錄》，卷五三，洪武三年六月壬申條。
〔註152〕同註149。

醫貧民，擇醫士守之」。〔註 153〕自是明國政府遇有疫災，即常透過各地之惠民藥局施醫藥予民。如宣德三年（1428），宣宗曾令惠民藥局以醫藥給予天下軍民貧病者。〔註 154〕至於各州縣籌措藥材之費用，據呂坤《實政錄》曰：

> 審編徭役之年，每州縣大者編惠局民藥材銀四十兩，中縣三十兩，小縣二十兩，就令在學醫生，習學製藥，專備過往官員用藥及貧民捨藥之費，不足者，醫官呈稟，有司隨時設處。〔註 155〕

顯然是時明代惠民藥局藥材之經費來源，並不虞匱乏。

既然明代諸帝對於軍民貧病者多有關心，故其醫療之措施頗有成效。永樂四年（1406）七月，成祖與侍臣語，知京師之人多有疾不能得醫藥者，嘆曰：「內府貯藥材甚廣，而不能濟人於闕門之外，徒貯何爲？」乃令太醫院如方製藥，或爲湯液、或丸、或膏，隨病所宜用，於京城內外散施，以朝臣中有通醫者分任其事，並命禮部申明惠民藥局之令，〔註 156〕使百姓貧病者，皆受其惠。有時醫療工作，更施及於罪囚，如永樂十年（1412）十月，成祖勅刑部都察院大理寺出繫囚之輕者，輸作贖罪，有病，令順天府遣醫療之。〔註 157〕蓋用刑乃不得已，故施仁政者，須常存恤。成祖此種熱忱影響及仁宗，例如永樂十二年（1414）三月，湖廣武昌等府通城縣民疫，仁宗即以皇太子身份命戶部遣人撫視〔註 158〕誠符古人所謂問疾之遺意。

明代時期之醫療工作，尤以京城之太醫院及惠民藥局成效較爲顯著。如嘉靖二十一年（1542）五月，世宗以盛夏，疫癘蔓延都城內外之民，僵仆相繼，乃令太醫院及順天府惠民藥局依按方術，預備藥餌於都民輻輳之處，招諭散給，〔註 159〕使阽危貧困之人，得以有濟。數天之後，世宗更親自檢方書，製爲濟疫小飲子方，頒下司遵用濟民。〔註 160〕其關懷百姓心意，由此可見。至三十三年（1554）四月，復以都城內外大疫，惻然於心，令太醫院發藥療濟，貧民全活甚眾。〔註 161〕然而有時有司發米粥、藥餌未能得法，致湯藥不

〔註 153〕沈紹慶，前引書，卷三，頁 18。
〔註 154〕張梯，前引書，卷八，頁 12。
〔註 155〕呂坤，前引書，民務卷之二，〈振舉醫學〉，頁 70。
〔註 156〕徐學聚，前引書，卷七三，吏部四十，〈太醫院〉，頁 1～2。
〔註 157〕《明太宗實錄》，卷一二三，永樂十年十月己未條。
〔註 158〕書同前，卷一四九，永樂十二年三月條。
〔註 159〕《明世宗實錄》，卷二六一，嘉靖二十一年五月丁酉條。
〔註 160〕書同前，卷二六一，嘉靖二十一年五月己酉條。
〔註 161〕書同前，卷四○九，嘉靖三十三年四月乙亥條。

對症，飢餒之賜反傷生，給米時，貧弱者無濟，有力者濫與，故世宗特訓示戶部嚴督有司坐視之失。〔註 162〕

至於各州縣之醫療工作進行如何，則往往視其地方官之態度而定。如嘉靖江西《九江府志》曰：

> 嘉靖八年（1529），知府馬紀蒞任，見民多災疫，每歲市藥掄醫於局，貧病者隨取隨給，遠近之人賴以痊活者眾。〔註 163〕

焦竑《玉堂叢語》亦曰：

> 胡若思宰桐城，以愛民爲本，民間積年逋負，悉與奏免。……嘗捕蝗塗中，見臥病者，悉命里胥扶掖就民舍，給以醫藥。是夜大風雨，得免暴露，存活數十萬人。〔註 164〕

此二地方官頗有爲民醫治之熱忱，故能就其心力所及，力事於此。但是仍有少數怠忽者，對醫療工作敷衍了事，「歛散無法，督察無方，醫人領銀不盡買藥，而多造花銷，窮民得藥，初不對病，而全無實效」、〔註 165〕「遂使骨肉急大之危，病求一字不通之庸醫，一年一邑誤殺，不知幾多，病者病家至死不知緣故」。〔註 166〕故林希元曾建議曰：「令郡縣博選名醫，多領藥物，隨鄉開局，臨證裁方，郡縣印花闌小票，發各廠賑濟官，令多出榜文播告遠近。但有飢民疾病，並聽就廠領票，赴局支藥，仍開活過人數，並立文案，事完連冊繳報，以憑藉考，濟人多寡，量行賞罰，侵剋錢糧，照例問遣，如是，則病者有藥，而民免于夭札矣。」〔註 167〕然而奏上後，卻未見下文，甚至有惠民藥局屋舍倒塌而不修者，或基址變動而不存者，〔註 168〕使太祖以藥局恤醫

〔註 162〕書同前，卷四九五，嘉靖四十年四月壬辰條。

〔註 163〕何棐、馮曾，前引書，卷八，頁 17。

〔註 164〕焦竑（明代），《玉堂叢語》（台北，筆記小說大觀三十三編，新興書局印行，民國 71 年），卷二，頁 7。

〔註 165〕林希元，前引書，卷二，頁 9。

〔註 166〕呂坤，前引書，民務卷之二，〈振舉醫學〉，頁 68。

〔註 167〕林希元，前引書，頁 9～10。

〔註 168〕呂坤，前引書，民務卷之二，〈振舉醫學〉，頁 74。明初所建之惠民藥局，因歲月漸久，屋舍多倒塌，少數州縣即廢而不修建。如嘉靖河南《夏邑縣志》曰：「惠民藥局……洪武十三年知縣石原吉建，今廢。」（鄭相、黃虎臣，前引書，卷一，頁 15）嘉靖河南《光山縣志》曰：「洪武初，建惠民藥局，……今廢。」（沈紹慶，前引書，卷三，頁 18）甚至有連基址亦不存者，如嘉靖河南《尉氏縣志》曰：「惠民藥局原在縣治東南，醫學前，洪武十七年知縣李彧建，基址不存」。（汪心，前引書，卷二，頁 6）。

貧民之美意幾致喪失。難怪嘉靖安徽《宿州志》作者李默嘆之曰：「今藥局、義塚，州縣皆未之立，豈非恤典之一缺，著於篇以驗來者。」〔註169〕

二、助　葬

天災與戰亂之際，百姓或死於飢寒水患，或斃於鋒鏑，以致於常有無主收埋之屍；而間有貧困無法下葬者，亦委諸草莽，積骸蔽野；甚至有百姓拘於風水，葬之敷衍了事，使屍骨暴露者，〔註170〕凡此皆有賴於政府或義民助其葬也。

《明會典》曰：「國初……立義塚，以瘞枯骨，累朝推廣恩澤，……又有……漏澤園……。」〔註171〕可見明初義塚與漏澤園似有所分別。即義塚爲私人或慈善團體，或地方官所設立者，而漏澤園則是京城所設立者。然而及至明代中葉，此二名稱卻常被混合使用。如嘉靖廣東《欽州志》曰：「嘉靖四年（1525），知州藍渠移建州治西門外，曰義塚，久廢。嘉靖十八年（1539），知州林希元復立牌坊，扁曰漏澤園。」〔註172〕嘉靖山東《夏津縣志》曰：「義塚即漏澤園。」〔註173〕萬曆浙江《杭州府志》亦曰：「漏澤園……國朝洪武三年（1370）奉旨……立爲義塚，……天順四年（1460），仿宋制改今名。」〔註174〕可見明代之義塚與漏澤園實指同一制度，此乃吾人在論述明代助葬工作之前，首先須予以澄清者。

（一）朝廷之助葬

明廷之助葬工作，始於洪武三年（1370）六月，太祖以古者聖王治天下，有掩骼埋胔之令，推恩及于朽骨，近世狃於胡俗，死者或以火焚之，而投其骨于水，孝子慈孫於心何忍，傷風敗俗，莫此爲甚，故令禁止之，並令貧困無地

〔註169〕李默，前引書，卷六，頁16。

〔註170〕有些百姓因拘於風水，故對屍骸延而不葬，或草率葬之，致屍骨暴露。如嘉靖福建《惠安縣志》曰：「吾邑不食之地多，民有地以葬，而患在不肯葬，與葬之苟且，掘坎未及深，即覆土其上，往往墮圮，至於暴露。甚或拘風水歲月，權措荒山，久之不克葬，亦至暴露。」（莫尚簡，前引書，卷八，頁7）類似此種情形，即須賴政府督其葬也。

〔註171〕同註4。

〔註172〕林希光（明代），廣東《欽州志》（九卷，拾遺一卷，嘉靖刊本），卷七，頁15。

〔註173〕易時中（明代），山東《夏津縣志》（二卷，嘉靖刊本），上，頁64。

〔註174〕陳善，前引書，卷五一，〈卹政〉，頁10。

者，所在官司可擇近城寬閒地爲義塚，俾以埋葬。〔註 175〕自是各地州縣多有立義塚者，然而太祖仍慮及無主之屍骨未得收埋，尤其中原草莽，因往者四方爭鬥，遺骸遍野，乃諭中書省遣人循歷水陸悉收瘞之，勿使之暴露。〔註 176〕此爲仁及朽骨之善政，頗得聖王之道。十八年（1387）三月，太祖復命天下郡縣掩骼埋胔，〔註 177〕使死者能得無憾。

靖難之變後，成祖以興兵以來，江淮及中原之人，餽運戰鬥死亡者眾，而暴骨原野，多未埋瘞，遂於永樂元年（1403）二月，命禮部暨都督府分別遣人巡視，督所在官司瘞之。〔註 178〕可見是時明廷之助葬工作，不僅及於貧困無以葬之者，亦時常瘞埋天下之暴骨遺骸，使其魂有所依，魄有所歸，而無倚草附木之憾。此種瘞埋無主屍骨之舉措，頗須依賴地方官之奏報，否則天下之地何其廣闊，明廷當然無法皆能顧及。如宣德元年（1426）五月，有陝西邠州淳化縣丞吳整謂，去歲秋，其自京師通州，舟行抵河南衛輝府，沿河兩岸見漂流骨骸，以及往日壞鈔法梟令示眾之屍，俱未埋瘞。宣宗乃令郡縣悉爲埋瘞，並遣人巡視，遇有遺骸，官爲瘞之，毋使暴露。〔註 179〕論及至此，吾人可知明代初期，政府助葬之策進行得頗爲積極，尤其是對於畿內或京城附近之暴骨，明廷常有此類之指示，如永樂十三年（1415）三月，皇太子（仁宗）遣御史巡視畿內有骨露骸骨者，督郡縣瘞之。〔註 180〕宣德九年（1434）五月，宣宗聞知京城內外工匠罪人有死於道者，無人收瘞，暴露旬日，故令五城兵馬及大興、宛平二縣，時常巡視，遇有露屍，即收埋之。〔註 181〕

已葬之屍骨有時會遭惡人破壞，掘取殉葬之物，致暴露於外，如宣德十年（1435）六月，時英宗已立，辦事官呂中言，各處墳墓有係忠臣、孝子、賢人、烈士，今多被盜，破棺取物，有子孫者，固可即爲掩葬，而無子孫者，任其暴露，英宗遂令天下有司盡與掩埋暴露朽骨，並申嚴禁令，以止發掘。〔註 182〕至正統九年（1444）閏七月，英宗復因各處軍民往往發人墳塚，勅諭都察院命各處巡按御史及按察司督令各司府州縣官，凡境內

〔註 175〕《明太祖實錄》，卷五三，洪武三年六月辛巳條。
〔註 176〕書同前，卷五五，洪武三年八月乙酉條。
〔註 177〕書同前，卷一七二，洪武十八年三月乙亥條。
〔註 178〕《明太宗實錄》，卷一七，永樂元年二月壬申條。
〔註 179〕《明宣宗實錄》，卷一七，宣德元年五月丙午條。
〔註 180〕《明太宗實錄》，卷一六二，永樂十三年三月癸巳條。
〔註 181〕《明宣宗實錄》，卷一一〇，宣德九年五月壬午條。
〔註 182〕《明英宗實錄》卷六，宣德十年六月丁未條。

但有暴骨在田野道路者，悉令所在里老人等即時掩瘞，並嚴諭軍民不許再犯，違者罪之。〔註183〕

明代政府爲民助葬，有時不僅予以掩瘞，並設壇祭之，以慰其靈。如成化七年（1471）五月，順天府尹李裕以近日京城飢民疫死者多，故瘞其死者，並擇日齋戒，詣城隍廟祈禳災癘。〔註184〕至嘉靖十一年（1532）正月，世宗詔大同等邊立義塚，以收瘞陣亡軍民及凶歲死亡無主者，並降文諭祭之。〔註185〕

以上所論，皆爲明廷助葬之舉措，顯示明代主政者愛民頗具熱忱，能澤及朽骨，使之無憾。

（二）地方上之助葬

洪武三年（1370）六月，太祖既令所在官司擇近城寬閒地爲義塚，〔註186〕自是各州縣多有立義塚者。然而仍有少數地方官未予設置，故至五年（1372）七月，太祖念及貧民以水火葬，有傷風俗，乃詔京師置漏澤園，天下府州縣於近城寬閒地立義塚，〔註187〕以便收埋無主之屍，及貧困無法下葬者，蓋助葬乃聖王仁政之道也。但是時間一久，此類義塚多遭廢除，或屍滿爲患，及至中葉屢有地方官重新建立義塚。成化十八年（1482）安徽天長知縣鄭仁憲買地於厲壇之西，令貧民族葬。翰林院編修劉戩作〈義塚記〉曰：

> 先是原野多暴骨，貧者死無以葬，則舉而棄之僻壤候焦焉，不寧出公帑羨錢，度山水環聚，五患所不及者，買地於厲壇之西，可五十餘畝，督役夫拾遺骸草莽中，併新喪者，之貧給以棺槨而喪之，樹之松柏五十餘株，縱橫如列幟直前，樹石門三間，榜曰義塚，且今後之貧者，皆以得襄事于斯，二、三年來，前後葬者幾二百焉。〔註188〕

此爲明代中葉，地方上建立義塚之情形。

明代之義塚既有新舊之分，再加上義民所捐之義塚，故許多州縣往往有義塚多所。如嘉靖福建《龍溪縣志》曰：

〔註183〕書同前，卷一一九，正統九年閏七月甲申條。
〔註184〕《明憲宗實錄》，卷九一，成化七年五月乙亥條。
〔註185〕《明世宗實錄》，卷一三四，嘉靖十一年正月戊寅條。
〔註186〕同註175。
〔註187〕涂山，前引書，卷三，頁13。
〔註188〕邵時敏（明代），安徽《天長縣志》（七卷，嘉靖刊本），卷三，頁34～35。

> 成化十八年（1482），知府姜諒諭民於四門近郊及各村，度閒曠之地創立義塚，凡二十有一所。〔註 189〕

嘉靖山東《夏津縣志》亦曰：

> 義塚即漏澤園，……成化十有八年，知縣張恕建。……在鄉亦有之，順化鄉五……智遠鄉一……孝南鄉一……孝北鄉二……豐稔鄉一……。〔註 190〕

故萬曆浙江《杭州府志》曰：「今天下郡邑皆置漏澤園，以封胔骼，杭所建置有增無減。」〔註 191〕顯見明代許多州縣城鄉所建之義塚，有一所者，亦有多所者。

明代各州縣之義塚，其廣闊常依地方官之重視與否，以及義民捐地之大小而定，如嘉靖江蘇《崑山縣志》曰：「東義塚九十二畝一釐二毫，……西義塚五十三畝八分。」〔註 192〕萬曆浙江《秀水縣志》曰：「舊設義塚共二百二十一畝四分九釐，……新置漏澤園共六十二畝六分三釐六毫。」〔註 193〕然而不論大小如何，多數義塚均辦得頗爲完善。如弘治江西《徽州府志》記歙縣之義塚曰：

> 朱氏義塚在歙縣二十七都汪村林，成化間，環溪朱克紹捐貲買地爲之，復買地二畝收租，以備每年清明日設饌祭之。于氏義阡在歙東趙家坦，成化十八年，新安衛千户于明捐己貲買山地一十餘畝，遇有貧難，不能葬者，皆給棺葬之，有司爲之立籍。鮑氏義塚在二十二都富亭山，弘治初，棠樾鮑珍捐貲買地五畝，繚以牆垣，一聽貧民無地者葬焉，無棺者給之。〔註 194〕

蓋設立義塚本意在於收瘞無主之屍骸，使天下世無一物不得其所，故不僅求其廣闊，且亦儘量使「是園之建，不止瘞一處無主之屍骸，彼其四海九州之人，凡流移於此，死無所歸者，皆於是乎瘞之，亦不止收一時之屍骸，將來千萬載之遠，凡死而無主，葬而無地者，悉得其所」。〔註 195〕此乃建置義塚之

〔註 189〕劉天授（明代），福建《龍溪縣志》（八卷，嘉靖刊本），卷二，頁 13。
〔註 190〕同註 173。
〔註 191〕陳善，前引書，卷五一，〈卹政〉，頁 10～11。
〔註 192〕楊逢春（明代），江蘇《崑山縣志》（十六卷，嘉靖刊本），卷一五，頁 18。
〔註 193〕李培，前引書，卷三，頁 28。
〔註 194〕汪舜民，前引書，卷五，頁 52。
〔註 195〕易時中，前引書，陳源，〈重修漏澤園記〉，下，頁 53。

最大目的，亦即義塚之設，不僅無間，且望能無窮，使君主仁民愛物之餘澤，徧及於幽明。

明代各州縣雖多有義塚，然而大荒之歲，疾疫蔓延，流移之民多死於道路，致形骸骨露，腐臭薰蒸，義塚亦不勝其葬。故林希元「乃擇地勢高廣去處爲大塚，榜示四方軍民，但有能埋屍一軀者，官給銀四分或三分，每鄉擇有物力行義者一人，領銀開局，專司給散，各廠賑濟官給與花闌小票，凡埋屍之人，每日將埋過屍數呈報該廠領票，赴局驗票支銀，事完造報以便查考，埋過屍骸，逐日表誌，以待官府差人看驗」。〔註196〕此又爲地方上助葬工作之變通辦法，可見此種工作辦得如何，尤其取決於地方官之態度如何。惜有少數地方官怠忽於此，嘉靖廣東《惠州府志》曰：

> 余志建置，而知諸邑卹政之廢舉也。惠民藥局亡矣，漏澤園空存其名，養濟院鮮修飾之者，夫三事王者重，絕人至仁也，豈以具文哉。〔註197〕

亦有至中葉方設立者，如嘉靖河南《尉氏縣志》曰：

> 義塚……舊無之。成化十八年（1482），知縣劉紹禮勸民人李全出地十畝，……埋葬死無所歸者。〔註198〕

自明代開國至成化十八年，已歷一百多年，而該縣竟從未設立義塚，誠仁政之失也。甚至仍有完全未設立者，如嘉靖安徽《宿州志》曰：

> 義塚，州縣俱無，……今藥局、義塚、州縣皆未之立，豈非恤典之一缺，著於篇以驗來者。〔註199〕

該州縣助葬之務，怠忽至此地步，堪足令人一嘆也。

第四節　結　語

一國之君如能留意於天下貧困無告者之救濟，則猶如代替天地施行仁道也。因「天地之仁有不及，帝王之仁有以濟之，曰備荒、曰醫藥、曰養孤、曰義瘞。夫天地不能使歲之不荒，使民之不疫，使生之有告，而死之有歸者，天地之仁有不及也，而備之、醫之、養之、瘞之，帝王之仁有以濟其不及也」。

〔註196〕林希元，廣東《欽州志》，卷七，頁10～11。

〔註197〕楊載鳴（明代），廣東《惠州府志》（十六卷，嘉靖刊本），卷六，頁25。

〔註198〕汪心，前引書，卷二，頁16。

〔註199〕同註144。

〔註200〕故如帝王能顧慮於此，則可無弗獲之民也。觀之明代諸帝，似多深明此理，對於無告者，以養濟院處之，月予糧，歲予薪、季予布、冬予綿、病予藥、死予棺、俾養其生。復以貸穀、給錢、米布、牛，或遷徙開墾等方式，施恤天下貧困者，以改善其生活。對於年老者，明國則行恤老、敬老之政，時予照顧、關懷，或借其經驗，委以督民之務。而慈幼之政，亦未怠忽，屢次爲民贖還其所鬻之子女。並設惠民藥局提供醫藥予貧困百姓，以及置義塚葬暴骸。凡此平時之救濟措施雖或有少數官吏行之不力，稍嫌怠慢，然而吾人就前文之論述，可謂明國於此方面已盡力矣。

惜乎，至明末之世，國運轉衰，朝政敗壞，軍事孔艱，經濟蕭條，天災屢降，即使地方有司亟欲施予賑恤，亦力有未逮，故使百姓生活益加艱困，甚至民不樂生，不避罪，不畏死，聚爲盜寇，四處擾亂，終成無法挽回之勢。

〔註200〕易時中，前引書，上，頁62。

第五章　明代災荒時之救濟工作

第一節　祈神與修省

吾國歷代政府對於災荒之處置，固然皆有各種不同之救濟理論與措施，然而其中最消極者，莫過於上自皇帝，下至百姓所做之祈神消災儀式。古代科學落後，人類無法有效控制自然力之變化，每遇災異，即常祈求上天之神明，憐憫蒼生，勿再降災。此種救濟方法，雖謂僅具形式，毫無科學根據，然而在古代，卻頗有政治之作用，因統治者可藉此表示對百姓關懷之心意，促進百姓對政府之信賴與向心力，且亦可增進百姓對生活之信心。另方面，古代人類不明瞭自然現象之緣由，常誤以爲災異乃是上天對人類，尤其對統治者不守天道之儆告，故每遇災異，主政者即常有修省之舉，除每年正月定期大祀天地於南郊外，亦與群臣修省，以示懺悔，並廣求直言，陳國政之得失，以盼感動上天，減少災害。故祈神與修省於古代時期，實不失爲災荒時之重要救濟工作。〔註1〕

一、祈　神

明時「國家凡遇水旱災傷及非常變異，或躬禱，或露告於宮中，於奉天殿陛，或遣官祭告郊、廟、陵寢及社稷、山川，無常儀」。〔註 2〕因明代諸帝

〔註 1〕竺可楨（竺藕舫）（民國），〈論祈雨禁屠與旱災〉，《東方雜誌》第二十三卷十三號，頁 15～18。

〔註 2〕申時行（明代），《明會典》（二二八卷，萬曆十五年司禮監刊本，台北，台灣商務印書館，民國 57 年 3 月台一版），卷八四，〈雩祀〉，頁 1944。

大多了解「天者群物之祖，帝王則萬民之大父母也。飢饉之歲，億兆嗷嗷於下，司牧者憂勞於上，惟恐弗克積誠，感召天和，爲民請命於蒼矣，矧敢燕閒於深宮，置民傷於度外哉」。〔註3〕故對此未敢有所怠忽。如洪武二年（1369）正月，太祖即以水旱相仍，祭告其考妣，曰：

伏見去年四方水旱災傷，民命顛危，今春風雨不時，豐荒未卜，因念微時，皇考、皇妣凶年嘗草可茹者，雜米以炊，艱難困苦何敢忘之，今富有四海，而遭時若此，咎實在兒，生民何辜，因具草蔬糲飯，與妻妾共食旬日，以艱以答天譴。〔註4〕

此一禱詞，述及往昔窮困之情形，今見百姓顛危，尤覺咎深，乃祈助於天。同月，太祖復祭風雲雷雨嶽鎮海瀆等神一十八壇，親行禮爲文以告，曰：

天地好生，必不使下民至于失所，朕不敢煩瀆天地，惟眾神主司下土民物，參贊天地化機，願神以民物之疾苦，聞于上天后地，乞賜風雨以時，以成歲豐養育民物，各遂其生，朕敢不知報。〔註5〕

其求助於天神之態度相當懇切，尤其冀望上天能適時賜降雨霖，以除百姓水旱之苦。

太祖既有誠意爲百姓祈神，深恐以不潔之身心，而難獲天神之恩賜，乃下詔定齋戒之期，凡祭祀天地社稷宗廟山川等神，是爲天下生靈祈福，宜下令百官一體齋戒，于臨祭齋戒三日，務致精專，庶幾可以感格神明。〔註6〕甚至於祈雨之時，居食皆與百姓同，以示其誠意，如三年（1370）六月，太祖以天久不雨，遂素服草履，徒步出詣山川壇，設藁席露坐，晝曝于日，頃刻不移，夜臥于地，夜不解帶，並令皇后與妃親執爨，爲昔日農家之食，皇太子捧榼雜麻麥、菽麥以進，凡三日始還宮，仍齋宿于西廡。〔註7〕可見其祈神之舉，不僅要求衣食住行儘量簡素，且發動皇室宮人參與，可謂誠意之至。倪國璉《康濟錄》論曰：「太祖……虔心步禱，幾不自愛其髮膚，是以君心端而天心亦順。」〔註8〕

〔註3〕倪國璉（清代），《康濟錄》（台北，陽明山莊印，民國40年2月出版），頁103。

〔註4〕徐學聚（明代），《國朝典彙》（二○○卷，台北，學生書局，民國54年元月初版），卷十六，〈祈禱祠醮〉，頁1。

〔註5〕註同前。

〔註6〕註同前。

〔註7〕《明太祖實錄》（據國立北平圖書館紅格鈔本微捲影印，台北南港，中央研究院史語所校勘印行，民國57年影印二版），卷五三，洪武三年六月戊午條。

〔註8〕同註3。

此種祈神弭災之舉措，固然無科學根據，然而有時於祈神後，卻果眞降雨，給予莫大之欣慰與鼓勵。五年（1372）夏至，太祖祭皇地祇于方丘，禮畢，還乾隆宮，又令宮中自后妃下皆蔬食。是夜竟大雨詰旦，水深尺餘，皇后具冠服賀曰：「妾事陛下二十年，每見愛民之心，拳拳於念慮之間，今茲天旱，陛下誠意所孚，天心感格，遂至雨澤之應，民得足食，妾敢進賀。」太祖曰：「人君所以養民也，民與君同一體，民食有缺，吾心何安，幸上天垂念，獲茲甘雨，吾何德以堪，皇后能同心憂勤天下，國家所賴也。」〔註9〕吾人從太祖與其后之對話，可知該次之祈雨而得雨，頗具鼓勵之作用。

太祖之祈神，其本人不僅深具誠意，且亦希望百官於祭祀時能持相同之態度。故於十年（1377）十月，諭中書省臣曰：

> 凡祭享之禮，載牲致帛交于神明，費出己帑，神必歆之，如庶人箔紙瓣香皆可格神，不以菲薄而費享者，何也？所得之物，皆力所致也。若倉廩府庫所積，乃生民膏脂，以爲樽醪俎饌，充實神庭，徼求神祉，以私于身，神可欺乎？惟因國爲民祈禱，如旱疾疫師旅之類，可也。〔註10〕

太祖不欲因政府之祈神，而有浪費百姓物品之舉，故特降此詔訓示之，蓋祈神以誠意爲重，箔紙瓣香亦皆可感格於天也。

太祖既爲朝廷立下祈神之典範，故是後歷朝皇帝如遇水、旱、疫等災，常親自祭告，或即遣官祭告山、川、海諸神，以期稍紓民困。然而亦常有祈神而未應之事，如洪熙元年（1425）二月，久旱，仁宗禱不得雨，後聞言廬師山潭有大小二青龍，時時出沒，每旱禱輒雨，乃令成國公朱勇往禱之，果然雨應大注，復命朱勇諭祭封神飭祠宇，且名其山曰翠微。〔註11〕宣德八年（1433）六月，宣宗禱雨未應，作憫旱詩示群臣，以使諸臣了解百姓受旱災之苦。〔註12〕是時明代諸帝，每遇祈雨不應，多能反嚴求於己。故嘉靖八年（1529）二月，世宗禱雨未應，吏部給事中劉世揚上言曰：「竭誠致禱，上下宜同，今陛下勞形焦思，以身爲民請命，而從祀群臣或駿奔不時，拜起失

〔註9〕《明太祖實錄》，卷七三，洪武五年三月戊午條。
〔註10〕徐學聚，前引書，卷十六，〈祈禱祠醮〉，頁3。
〔註11〕《明仁宗實錄》（據國立北平圖書館紅格鈔本微捲影印，台北南港，中央研究院史語所校勘印行，民國57年影印二版），卷七上，洪熙元年二月乙卯條。
〔註12〕《明宣宗實錄》（據國立北平圖書館紅格鈔本微捲影印，台北南港，中央研究院史語所校勘印行，民國57年影印二版），卷一〇三，宣德八年六月乙酉條。

次，甚者湎飲無忌，慢天褻神，無過于此，宜令臣等得通劾之。」〔註 13〕世宗得奏，卻責之於己，曰：「亢旱不雨，咎由朕躬不德，無以格天，方朝夕憂惶，不當移過于下。」〔註 14〕至同年十一月，世宗以深冬無雪，欲親禱天地社稷山川等神，禮部具儀言駕出親禱，百官當陪祀，世宗辭之曰：「雨雪愆期，實朕所致，罪在朕躬，朕宜自禱，百官不必陪從。」禮部復疏懇請，乃聽，仍戒各加敬慎，以祈上回天意。〔註 15〕可見世宗於祈神之事，尤具熱忱，故《明會典》記之曰：

> 嘉靖八年（1529），春祈雨、冬祈雪，皆御製祝文，躬詣南郊祠皇天、后土，遂躬祠山川、神祇于山川壇。次日，祠社稷壇，冠服淺色，鹵簿不設，馳道不除，皆不設配，不奏樂。〔註 16〕

至九年（1530），世宗欲於奉天殿丹陛上行大雩禮，給事中夏言請築雩壇，其議每歲孟春祈穀後，雨暘時若，則雩祭遣官攝行，如雨澤愆期，則躬行禱祝。〔註 17〕十一年（1532），建雩壇於圜丘壇外，泰元門之東，並定雩祀儀，規定「前期四日，太常寺奏祭祀如常儀，諭百官致齋三日，……前期一日，上親填祝版于文華殿，遂告于廟，如祈穀之儀。……正祭，是日，上乘輿至昭亨門西降輿，過門東，乘輿至崇雩壇門西降輿，導引官導上至帷幕內，具祭服出，導引官導至壇門內，內贊對引官導上至拜位行禮，如祈穀之儀，禮畢，上至帷幕內，易服，駕還詣廟參拜，回宮」。〔註 18〕另有樂章，分迎帝神、奠帛、進俎、初獻、亞獻、終獻、徹饌、送帝神、望燎、雲門等曲，〔註 19〕假聲容之和，以宣陰陽之氣。萬曆十三年（1585），神宗親禱郊壇，卻輦步行，故復增「步禱儀」。〔註 20〕凡此儀式之設置，皆不外在於對天神表示由衷誠敬之意，以求其護佑百姓也。

明代之祈神，除由皇帝率百官親禱外，有時皇帝亦遣官至各地區祭祀，如正統十年（1445）六月，浙江台寧等府久旱，民遭疫災甚眾，英宗遣禮部

〔註 13〕徐學聚，前引書，卷十六，〈祈禱祠醮〉，頁 8～9。
〔註 14〕書同前，頁 9。
〔註 15〕《明世宗實錄》（據國立北平圖書館紅格鈔本微捲影印，台北南港，中央研究院史語所校勘印行，民國 57 年影印二版），卷一〇七，嘉靖八年十一月辛丑條。
〔註 16〕同註 2。
〔註 17〕申時行，前引書，卷八，〈禮〉三，頁 108。
〔註 18〕同註 2。
〔註 19〕申時行，前引書，卷八四，〈雩祀〉，頁 1945。
〔註 20〕註同前。

王英賚香幣往祀南鎮，以禳民癘。英至紹興，大雨水深二尺灌獻之，夕雨止見星，明日又大雨，田野沾足，人皆喜曰：「此侍郎雨也。」布政使孫原貞等陪祀，特作御祭感應記，刻石于廟。〔註 21〕弘治十七年（1504）五月，畿內山東久旱，孝宗遣禮部左侍郎李傑祭告天壽山之神，分命各巡撫官祭告北嶽、北鎮、東嶽、東鎮、東海之神。〔註 22〕顯見明廷念民尤深，故祈神尤切，冀望以此能格天神之心，賜降雨霖，以釋民間之困。

二、修　省

每遇災荒，明代皇帝與群臣除祈神降恩之外，亦常反躬修省，以弭天怒，因災荒之至，實半由人事之闕失，故惟有修省，克謹天戒，以感召和氣，化災戾為祥和，方為仁愛斯民之道。

始自吳元年（元至元二十四年，1364）十月，太祖即有感於自起兵以來，凡有所為，意向始明，天必垂象示之，其兆先見，乃常加儆者，不敢逸豫，而是時侍臣亦進言曰：「天高在上，其監在下，故能修省者蒙福，不能者蒙禍。」〔註 23〕故太祖對修省之事極為重視，其所持之觀點為「天垂象所以警乎下，人君能體天之道，謹而無失，亦有變災而為祥者」、「甘雨應期，災祥之來，雖曰在天，實由人致也」。〔註 24〕故如有災異，太祖即痛自劾責，並省察施政之得失，如洪武元年（1368）八月，見近日京師火，四方水旱相仍，夙夜不遑寧處，思及豈刑罰失中，武事未息，徭役屢興，賦斂不時，以致陰陽垂戾而然耶？乃命群臣與其修省以消天譴。並詔中書省與台部集耆儒講議便民事宜，以及可消天變者。〔註 25〕四年（1371）十月，太祖復謂中書省臣曰：

> 祥瑞災異皆上天垂象，然人之常情，聞禎祥則有驕心，聞災異則有懼心，朕常命天下勿奏祥瑞，若災異即時報聞，尚慮臣庶罔體朕心，遇災異或匿而不舉，或舉不以實，使朕失致謹天戒之意。中書其諭

〔註 21〕《明英宗實錄》（據國立北平圖書館紅格鈔本微捲影印，台北南港，中央研究院史語所校勘印行，民國 57 年影印二版），卷一二七，正統十年六月癸卯條。

〔註 22〕《明孝宗實錄》（據國立北平圖書館紅格鈔本微捲影印，台北南港，中央研究院史語所校勘印行，民國 57 年影印二版），卷二一二，弘治十七年五月丁酉條。

〔註 23〕《明太祖實錄》，卷二六，吳元年十月丙午條。

〔註 24〕徐學聚，前引書，卷百十四，〈災異〉，頁 1。

〔註 25〕《明太祖實錄》，卷三四，洪武元年八月壬申條。

天下，遇有災變，即以實上聞。〔註26〕

觀之古代人君，多喜佞諛以飾虛名，故臣下常詐為瑞應以恣矯誣，至於天災垂戒，則厭聞之。而太祖能洞悉於此，命天下勿奏祥瑞，如災異及蝗旱之事，即時報聞。但是群臣與百姓似仍未能奉行，猶屢賀祥獻瑞，故在八年（1375）十一月，太祖又訓之曰：

人之常情，好祥惡妖，然天道幽微莫測，若恃祥而不戒，祥未必皆吉，覩妖而能懲，妖未必皆凶。蓋聞災而懼，或者蒙休，見瑞而喜，反以致咎。何則？凡人懼則戒心常存，喜則侈心易縱。朕德不逮，惟圖修省之不暇，豈敢以此為己所致哉。〔註27〕

可見太祖頗以民困為念，並不以祥瑞而喜，而以災異為憂，故戒愼勉行，以弭天譴。其敬天勤民之意，誠四海蒼生之福也。太祖此種對修省所持之正確觀念與態度為其子孫立下謨訓，故至成祖、宣宗之世，常有推卻獻瑞，訓令實奏災異之指示。〔註28〕如永樂六年（1408）七月，成祖御奉天門，顧侍臣曰：「近日郡縣奏水旱，朕甚不寧。」通政馬麟竟對曰：「水旱出，天數。堯湯時不免，今間一二處有之，不至大害。」成祖訓之曰：「爾此言不學故也，洪範恆雨恆暘，皆本人事不修。」並顧尚書方賓等曰：「朕與卿等皆當修省，更須擇賢守令，守令賢則下民安，民安於下則天應於上，麟言豈識天人感應之理。」〔註29〕

至明代中葉，因皇帝多怠於政事，故常有賢臣藉災異奏請皇帝修省，如景泰元年（1450）六月，少保兼兵部尚書于謙言南京比者災異迭見，徵應不虛，乞敬天、仁民、法祖、公賞罰、戒遊畋、卻玩好。景帝曰：「災異迭見，皆朕之過，覽卿所言，足見愛君憂國之心，朕當益加警省，庶回天意，但有見聞，尤須進言，以匡朕德，以盡卿職。」〔註30〕天順元年（1457）六月，欽天監掌監事禮部右侍郎湯序等奏：「今聽政之所以有此災異，是上天垂戒于

〔註26〕 書同前，卷六八，洪武四年十月庚辰條。

〔註27〕 書同前，卷一〇二，洪武八年十一月甲戌條。

〔註28〕 《明太宗實錄》（據國立北平圖書館紅格鈔本微捲影印，台北南港，中央研究院史語所校勘印行，民國57年影印二版），卷三三，永樂二年七月辛酉條；卷四四，永樂三年七月戊戌條；卷七七，永樂六年三月癸巳條；卷九四，永樂七年七月辛卯條；卷一六二，永樂十三年三月丁未條；《明宣宗實錄》，卷六八，宣德五年七月戊申條；卷九四，宣德七年八月辛丑條。

〔註29〕 徐學聚，前引書，卷百十四，〈災異〉，頁8。

〔註30〕 《明英宗實錄》，卷一九三，景泰元年六月丁亥條。

皇上也。占書曰，凡雨雹所起，必有愁怨不平之事……伏乞皇上謹遵天戒修省，寬恤天下刑獄。」英宗覽奏稱善，諭群臣曰：「上天示戒，固朕菲德，不能召和，亦爾群臣不能盡職，或刑獄冤濫所致，朕自當修省，爾群臣益當警惕。」〔註31〕此種君臣互相要求守天戒、行修省之言，倘果眞力行之，百政豈有荒怠之理。

然而明代中葉以後，諸帝似多喜臣下百姓呈獻祥瑞，而懼聞災異。〔註32〕故成化六年（1470）正月，兵科給事中郭鏜奏曰：

> 以地震天旱，因災求言，博訪政事缺失，民間疾苦，以次施行，使天下後世知皇上不愛祥瑞，不近諂諛，惧災修德，天下大治，其爲瑞應，豈不大哉。〔註33〕

十七年（1481）三月，禮部亦以災異，奏乞行各處守臣理冤抑，存恤孤寡，有利必興，有害必去，務施德澤，儲廣蓄，省費用，以備歲凶，濬河渠，築河堤，以防水患。〔註34〕蓋修省不能僅具形式，須君臣同加修省，且凡關於吏治、民隱、興利、除害者，均須切實舉行，以回天意。故嘉靖五年（1526）十二月，大學士楊一清條陳修省事宜，即列有祭告以竭修省之誠、寬恤以宣修省之澤、用人以資修省之益、革弊以袪修省之害四項。〔註35〕如此修省之舉，方能實在，百姓亦方可得君臣修省之惠。

第二節　賑　濟

一、賑濟之態度

百姓一遇災荒，即常陷於田產盡失，家破人亡之困境，故此時尤須依賴政府速予適當之救濟，使災情不致惡化，百姓不致流散，以減少社會之不安，進而從事城鎮之復建工作。明代始自太祖起，即非常重視此一措施，對於救濟不力之官員，常予以應有之處罰。如洪武十年（1377）五月，太祖以荊蘄

〔註31〕書同前，卷二七九，天順元年六月己亥條。
〔註32〕《明世宗實錄》，卷一四四，嘉靖十一年十一月甲寅條；卷二九四，嘉靖二十四年正月丁未條；卷三〇二，嘉靖二十四年八月戊戌條。
〔註33〕《明憲宗實錄》（據國立北平圖書館紅格鈔本微捲影印，台北南港，中央研究院史語所校勘印行，民國57年影印二版），卷七五，成化六年正月戊戌條。
〔註34〕書同前，卷二一三，成化十七年三月癸卯條。
〔註35〕《明世宗實錄》，卷七一，嘉靖五年十二月癸亥條。

等處水災，寢食難安，遂派戶部主事趙乾往賑，未料趙乾不念民艱，坐視遷延，民多有飢死者，太祖認爲民飢而上不卹，其咎在上，吏受命不能宣上之意，視民死而不救，罪不勝誅，故斬之，以戒不卹百姓者。〔註 36〕十八年（1385），又令災傷去處，有司不奏，許本處耆宿連名申訴，有司極刑不饒。〔註 37〕二十年（1387），青州旱蝗，民飢，地方有司不以聞，使者奏之。太祖謂戶部曰：「代天理民者君也，代君養民者守令也。今使者言青州民飢而守臣不以聞，是豈有愛民之心哉？」故遣人亟往賑之，並逮治其官吏。〔註 38〕蓋救濟貴在迅速，而地方有司匿而不奏，等朝廷聞之，再予賑濟，則已晚矣。故太祖亟望有司遇災即奏，如未能遵行者，均處以重罰。

此種規定與賑濟之態度，至永樂年間，猶積極採行，成祖曾謂都御史陳瑛曰：

> 國之本在民，民無食是傷其本。朕自嗣位以來，夙夜以安養生民爲心，每歲春初，及農隙之時，勅郡縣濬河渠，修築圩岸陂池，捕蝗蝝，遇有飢荒，即加賑濟。比者河南郡縣荐罹旱澇，有司匿不以聞，又有言雨暘時若禾稼茂實者，及遣人視之，民所收有十不及四五者，有十不及一者，亦有掇草實爲食者，聞之惻然，亟發粟賑之，已有飢死者矣。此亦朕任用匪人之過，已悉寘於法，其榜諭天下有司，自今民間水旱災傷不以聞者，必罪不宥。〔註 39〕

可見成祖對於匿災不以聞者，非常痛心疾首，故繩之以法，以爲炯戒。然而仍有少數地方官未能遵行，如十年（1412）正月，山東稷山等縣耆老言歲歉民飢，採蒺藜掘蒲根以食，而有司急征，乞賜寬貸徵賦。成祖命戶部遣官賑濟，其布政司及所屬郡縣官蔽不以聞者，悉械送京師論罪。〔註 40〕成祖於同年六月，勅戶部曰：「每歲遣人巡行郡邑，惟欲周知歲之豐歉，民之休戚，……自今凡郡縣及朝廷所遣官，目擊民艱不言者，悉逮下獄。」〔註 41〕十六年（1383）七月，亦敕切責陝西布政司按察司曰：「比聞所屬郡縣，歲屢不登，民食弗給，致其流莩，爾等受任方牧，坐視不恤，又不以聞，罪將何逃，速

〔註 36〕《明太祖實錄》，卷一二八，洪武十年五月丙午條。
〔註 37〕申時行，前引書，卷十七，〈災傷〉，頁 465。
〔註 38〕徐學聚，前引書，卷九九，〈救荒〉，頁 3。
〔註 39〕註同前。
〔註 40〕書同前，卷九九，〈救荒〉，頁 4。
〔註 41〕書同前，卷九九，〈救荒〉，頁 4～5。

發所在倉儲賑之，稽遲者必誅不宥。」〔註42〕凡此訓令不外在於要求地方有司及所遣官員，能速報災情，即時賑濟，以紓民困也，故嚴以勑之，使賑濟之效得以切實。

災荒時之賑濟，既須講求迅速，故地方有司到底先奏再賑，或先賑再奏，常成爲難以抉擇之問題，蓋此二者之間，關係民命尤鉅。依法而言，固然於覈實災情，奏請於朝廷，得准後，方得施予賑濟，此乃爲正常之行政運作過程。然而賑濟一事，非比尋常，如經此耽擱拖延，則百姓之困苦將更趨嚴重矣，故不能固守成規，須賦予彈性變通之法，才能眞正發揮賑濟之功效。基於此種情況，太祖曾於洪武十八年（1385），令天下有司凡遇災傷去處，如有不即時上奏者，極刑不饒。〔註43〕可見在此之前，天下有司例俟奏准，方行賑濟，至二十六年（1393）四月，太祖以天下預備倉多已設立，故諭戶部曰：

> 朕常捐內帑之資付天下耆民糴粟以儲之，正欲備荒歉濟飢民也。若歲荒民飢，必候奏請，道途往返，遠者動經數月，民飢死者多矣。爾部即諭天下有司，自今凡遇歲飢，則先發倉廩以貸民，然後奏聞，著爲令。〔註44〕

雖然太祖先後有此二令，允許地方官吏遇災可先賑後奏，但是地方官似是仍不敢自作主張，故有時須賴地方上耆民奏乞以預備倉糧貸之，百姓方得有所救助。〔註45〕

至成祖時，仍有類似之情形，如永樂元年（1403）十二月，北京刑部尚書郭資等奏，眞定棗強縣民初復業，加以蝗旱，流殍甚眾，今天寒，乞遣人覈實賑濟。成祖曰：「民困如此，濟之當如救焚，少緩即無及矣，今遣人覈實，展轉往復，非兩月不得，民命迫于旦夕，其可待乎。令戶部速遣官往賑，又命監察御史一員監督，賑畢具實以聞。」〔註46〕可見當時天下有司仍存先奏而後施賑之作法，而且成祖當時所下之令，亦僅以該地而言。至於全國地方官似仍不敢先賑後奏，蓋懼擅發之罪也，如十八年（1420）十一月，皇太子過鄒縣，見飢民拾草實爲食，憫之，下馬入民舍，鶉衣圯竈，嘆曰：「民隱不上聞，至此哉。」徧問所疾苦。時，山東布政石執中來迎，責之曰：「爲

〔註42〕《明太宗實錄》，卷二〇二，永樂十六年七月己巳條。
〔註43〕同註37。
〔註44〕《明太祖實錄》，卷二二七，洪武二十六年四月乙亥條。
〔註45〕書同前，卷二三八，洪武二十八年七月辛亥條。
〔註46〕《明太宗實錄》，卷二六，永樂元年十一月乙酉條。

民牧而視民窮如此，亦動念否乎？」執中曰：「凡被災之處皆已奏，乞復今年秋糧。」皇太子曰：「民飢且死，尚及徵稅耶？汝往督郡縣速取勘飢民口數，近地約三日，遠地約五日，悉發官粟賑之，事不可緩。」執中請人給三斗。皇太子曰：「且與六斗，汝無懼擅發，予見上當自奏也。」〔註 47〕其懼擅發之罪至此地步，毋怪成祖嘆之曰：「有司必至飢民嗷嗷，始達於朝，又待命下，始賑之，餒死者已不逮矣。其令有司，今後遇飢荒急迫，即驗實發倉賑之，而後奏聞可也。」〔註 48〕

地方官為何懼於擅發，實乃多因拘於成法所致。洪熙元年（1425）六月，有河南新安知縣陶鎔，以縣在山谷，土瘠民貧，從來薄收，去年尤甚，今民食最艱，採食不給，公私無措，獨亟驛頗有儲糧，欲申明待報，而民命危在旦夕，已先借一千七百二十八石給之，俟秋成還官。宣宗（時已即位）聞之，謂夏原吉曰：「知縣所行良是，朕聞近年有司不體人情，苟有飢荒，必須申報，展轉勘實，賑濟失時，民多飢死，陶鎔先給後聞，能稱任，使毋拘文法，責其專擅。」〔註 49〕此為地方官不待報勘，即先賑後奏而幾至獲罪之例，幸而皇帝通達明察，方能免罪。故天下有司對於賑濟之事，仍有許多顧慮，甚至於雖有皇帝允其便宜行事，仍受成法之影響，不敢擅行。如宣德元年（1426）四月，山東青州飢，有司議賑，行在戶部請覆覈，宣宗曰：「覈而後賑，將求之溝壑，其令從便宜行事。」明廷遣使偕山東布政司右參政陳士啓如數賑之，粟比至，飢民倍增，使者議再奏俟報。士啓曰：「民命在旦夕，若再俟報，旬浹間悉綏死矣，請發奏後即出眾，脫有罪，請自任，不致以累使者。」遂獨具奏朝廷。〔註 50〕連朝廷所遣之使者，亦持此種拘束之態度，故是時賑濟之功效，屢受影響。

至明代中葉，隨著災荒之頻繁，使先賑後奏之法更有其實際上之需要，而賑濟之事亦亟須賦予彈性變通，如宣德二年（1427）正月，四川重慶府永川縣奏去年旱飢先貸米五千六百四十石，宣宗曰：「倉廩儲蓄本以為民，彼能從權濟民，更勿責其專擅。」〔註 51〕正統二年（1437）四月，巡撫山東兩淮行在刑部左侍郎曹弘奏，直隸鳳陽屬邑連年旱傷，民採橡栗為食，今新穀

〔註 47〕書同前，卷二三一，永樂十八年十一月己丑條。
〔註 48〕書同前，卷二四七，永樂二十年三月丙寅條。
〔註 49〕《明宣宗實錄》，卷二，洪熙元年六月丙辰條。
〔註 50〕書同前，卷二○，宣德元年八月辛酉條。
〔註 51〕書同前，卷二四，宣德二年正月癸卯條。

未熟，老稚流離飢殍盈途，若俟上報，賑濟恐後時無及，已將在官米麥量給之。英宗曰：「民飢發廩，權以濟事可也。」〔註52〕至景泰四年（1453）三月，鳳陽、淮安、徐州大水，道殣相望，王竑巡撫江北，奏聞，不待報，即開倉賑之。竑以徐州廣運倉有餘積，欲盡發之，典守中官謂不可，竑稱民旦夕且爲盜，若不吾從，脫有變，當先斬若，然後自請死，中官憚其威名，不得已，從之，竑乃自劾專擅罪。時，景帝不僅未治其罪，並命侍郎鄒幹齎帑金馳赴，聽便宜處置，竑乃躬自巡行散賑，不足，則令沿淮上下商舟量大小出米，全活百八十五萬餘人，勸富民出米二十五萬餘石，給飢民五十五萬七千家，賦牛種七萬四千餘，復業者五千五百家，他境流移安輯者萬六百餘家。景帝稱贊曰：「賢哉都御史，活我民矣。」〔註53〕至天順三年（1459），陝西按察使項忠見連年飢饉，亦曾不待奏報，發廩賑之，活軍民萬計。〔註54〕此皆爲及時賑濟之成效，誠相當可觀也。故成化元年（1465）八月，當憲宗命工部右侍郎沈義、右僉都御史吳琛分往保定、淮揚等處巡視民瘼時，即勅之曰：「如果人民缺食，先發見在倉糧驗口賑濟，……凡有禦災救荒之事，悉聽爾便宜施行，然後奏聞。」〔註55〕蓋國以民爲本，民以食爲天，如民有被災失所者，拯恤救濟，誠不可緩也，故有少數愛民之地方官能挺身爲民著想，先賑後奏，即使獲罪亦在所不惜。如成化年間，馬廷用署南京戶部，會歲歉，江北流民就倉都下者相屬，留守諸司議所以拯救之法，或以爲當請于朝，廷用抗言曰：「若待奏請而後賑濟，數萬人將化爲鬼物矣。古人固有矯制發倉者，吾請獨任其罪。」眾是之，賴以全活者眾。〔註56〕

賑濟之事，本如拯溺救焚，不可稍緩，倘能先賑後奏，就便分給，庶幾有濟，故明代諸帝多常訓令速予救濟，且亦有少數地方官能冒擅權之險，即時施賑。然而終明之世，先賑後奏之法，仍未能成爲定制，蓋此法終究爲一擅權之舉，有司雖有欲發官廩賑濟之心，卻未敢專擅，且地方官如握有先賑後奏之權，極易產生「市私恩」之弊病，〔註57〕故嘉靖十一年（1532）十二

〔註52〕《明英宗實錄》，卷二九，正統二年四月壬戌條。

〔註53〕張廷玉（清代），《明史》（台北，鼎文書局，民國64年6月台一版），卷一七七，列傳六五，〈王竑〉，4707～4708。

〔註54〕杜聯喆（民國），《明人自傳文鈔》（台北，藝文印書館，民國66年元月初版），〈項忠自敘〉，頁277。

〔註55〕《明憲宗實錄》，卷二〇，成化元年八月丁丑條。

〔註56〕焦竑（明代），《玉堂叢語》（台北，筆記小說大觀三十三編，新興書局印行，民國71年），卷二，〈政事〉，頁32。

〔註57〕顏杏眞（民國），〈明代災荒救濟政策之研究——災後賑濟政策〉，《華學月刊》

月，都察院覆都察御史王應鵬之奏曰：

> 近來各處公私匱乏，巡撫官一遇歲災，束手無策。有等有司不諳事體，本無甚大飢荒，要得先時博施，過爲申擾以市私恩，曾不計錢糧有限，即使那移、勸借、倒廩傾囊以副之，萬一明年復飢，或復甚於今年，及地方卒起變故時，將何應用。今後賑濟之事，須專責巡撫會同司府州縣備查倉廩盈縮，酌量災傷重輕，應時樽節給散，巡按毋得輕聽前項好事有司，輒與准行，如賑濟失策，聽巡撫糾舉。〔註58〕

此語正足以說明朝廷對於地方官先賑後奏之顧忌，蓋依國家之成法，先奏後賑方爲常規，且無論大小災荒，即不計錢糧施予賑濟，倉無餘糧，來年將無保障矣，故都察院乃如此覆之。

二、賑　米

明代以米粟施賑予民，初似無定規，故吾人所見早期賑米之史料，往往僅計其總數，如洪武二年（1369）正月，太祖以「湖廣飢，詔賑之，凡給米三千五百七十餘石」。〔註59〕五年（1372）六月，「命以米六萬六千餘石，賑萊州及東昌二府飢民」。〔註60〕或是僅計其戶數，如四年（1371）八月，「關中飢，……發粟賑濟凡二萬五千餘戶」。〔註61〕即使有較詳細之記載，亦僅述及戶數、米數或每戶得米之數。如二年（1369）三月，「關中既附，民飢，上聞之，命戶賜米一石，繼又命赴孟津倉，戶給米二石，民大悅」。〔註62〕同年十二月，以西安等府「歲旱，粟麥不登，民多飢死，詔有司正月戶給米一石，二月再賑，數如之」。〔註63〕三年（1370）正月，「西安、鳳翔二府飢，戶給粟一石，計三萬六千八百八十九石」。〔註64〕同年八月，「命賑濟聚宅門外軍民被水者，戶給米一石，漂房舍者，倍之，溺死者戶三石」。〔註65〕五年（1372）

第142期，頁23。

〔註58〕《明世宗實錄》，卷一四五，嘉靖十一年十二月甲戌條。

〔註59〕《明太祖實錄》，卷三八，洪武二年正月乙丑條。

〔註60〕書同前，卷七四，洪武五年六月甲申條。

〔註61〕書同前，卷六七，洪武四年八月己酉條。

〔註62〕書同前，卷四○，洪武二年三月庚子條。

〔註63〕書同前，卷四七，洪武二年十二月甲申條。

〔註64〕書同前，卷四八，洪武三年正月丁巳條。

〔註65〕書同前，卷五五，洪武三年八月乙丑條。

六月，「山東高唐、濮二州聊城、堂邑、朝城等五縣民飢，……發倉粟以振之，凡一千七百八十戶，發粟一千九百石」。〔註66〕十年（1377）三月，「錢塘、仁和、餘杭三縣水災，賑之，戶給米一石」。〔註67〕凡此皆爲明太祖時期賑米之情形，大體上是直接給予米粟，每戶約可得一石，太祖亦曾言：「去年浙西常被水災，民人缺食，朕嘗遣官驗戶賑濟。」〔註68〕可見當時乃是以戶數爲賑米之依據。爲何不以人數爲賑米之依據呢？其原因在於明國初建，每一戶之人口數仍未覈實清楚，無法掌握正確之數目，故以戶數爲準，不失爲一簡便之法。另一原因，則爲明太祖之積極推行墾荒，出現許多自耕農，爲把握這些自耕農，故直接把握其各個戶，以維持農業生產之安定及稅收之來源。〔註69〕遂以戶數爲救濟之對象。

然而當災荒之際，百姓常流徙四方，如仍以戶數爲計，賑濟實在無法發揮最大之效果。故至洪武十四年（1381），太祖令天下郡縣編造黃冊，〔註70〕使明廷較能掌握全國各戶之口數後，遂在賑米之措施上，改採以每戶之大、小口爲計算之依據。〔註71〕另一方面，明代之預備倉制亦逐漸建立，各州縣大多有能力賑米，故施行此法乃應運而生。其實此種以大、小口爲準之救濟辦法，明廷早在創辦養濟院之初，即已採行，如弘治江西《徽州府志》曰：

> 洪武七年（1374）欽奉聖旨，務要實效，户部頒降定式，……生者養之有差如下，一等隻身大口十五歲以上，月支米三斗，柴三十斤，歲支冬夏布各三丈。小口十四歲以下至五歲，月支米二斗，柴三十斤，歲支冬夏布三丈。〔註72〕

至於賑米方面，有大、小口之劃分，最早之記載，始於洪武二十二年（1389）九月，廣東惠州府長樂、興寧二縣飢，太祖「詔戶部遣官發附近倉賑之，男女年十五以上者人給米一石，十歲至十四歲者人五斗，五歲至九歲者人三斗」。〔註73〕二十四年（1391）十一月，復「命戶部遣官賑給河南諸處被水災

〔註66〕書同前，卷七四，洪武五年六月丁丑條。
〔註67〕陳善（明代），浙江《杭州府志》（一百卷，萬曆七年刊本），卷五，〈國朝事紀〉上，頁5。
〔註68〕《明太祖實錄》，卷一一五，洪武十年九月丙子條。
〔註69〕顏杏眞，前引文，頁16。
〔註70〕《明太祖實錄》，卷一三五，洪武十四年正月條。
〔註71〕同註69。
〔註72〕汪舜民（明代），江西《徽州府志》（十二卷，弘治十五年刊刻），卷五，頁51。
〔註73〕《明太祖實錄》，卷一九七，洪武二十二年九月壬申條。

民，凡年十五以上人給米七斗，十歲以下五斗，五歲三斗」。〔註74〕至二十七年（1394），明廷「定災傷去處散糧則例，大口六斗，小口三斗，五歲以下不與」。〔註75〕至此，明代全國各地賑米之事乃成定制，即以口數爲計算之準據，並有大、小口之分，而所謂「大口」者，乃指十五歲以上者，十四歲至五歲則列爲「小口」。可見賑米之法，越來越周全完備，其目的不外在於儘量使百姓能多霑政府之德澤。

太祖時期之賑米，既演變爲計算每戶大、小口數，且定爲大口六斗，小口三斗。然而如該戶之口數較多，勢必增加政府之負擔，且有賑濟不均之嫌，故至永樂二年（1404），明廷曾定蘇松等府水渰去處給米則例：「每大口米一斗，六歲至十四歲六升，五歲以下不與，每戶有大口十口以上者止與一石」。〔註76〕此賑米之數比之於洪武年間，實在減少很多，甚至於每戶大口之數定限於十口，多出者即不給予。然而此一則例僅限於蘇松地區，至於賑米之法仍隨實際情形而有彈性之改變，故賑米之石數往往超過百姓之戶數很多，如六年（1408）三月，「賑雲南麗江軍民府飢，民一千三百餘戶，麥三千一百八十石」。〔註77〕八年（1410）八月，「賑陝西鞏昌府伏羌、通渭等縣飢民五百八百九十餘戶，給粟九千八百八十石有奇」。〔註78〕十三年（1415）八月，「賑……山東東昌……等府，民萬六千四百六十餘戶，給粟三萬八千九百六十餘石，河南南陽……等府，民五萬七千六百七十餘戶，給粟十三萬八千四百九十餘石」。〔註79〕十八年（1420）十一月，「賑山東青萊、平渡等府州縣被水飢民，凡十五萬三千七百三十四戶，給粟四十七萬九千一百七十石」。〔註80〕就以上之史料略予計算，每戶平均約可得米二石以上，比之於洪武初期，以戶數爲準，每戶所得之米約多出一倍。至於每一口得米之數如何？據《明太宗實錄》永樂九年（1411）四月丙辰條之記載：「賑綏德、隆德等飢民二萬二千六百八十口，給糧萬有八百石。」〔註81〕可知此次之賑米，每一口約可得米四點七斗以上，亦即大口約爲六點二斗，小口約爲三點二斗，與洪武二

〔註74〕書同前，卷二一四，洪武二十四年十一月辛亥條。

〔註75〕申時行，前引書，卷十七，〈災傷〉，頁568。

〔註76〕註同前。

〔註77〕《明太宗實錄》，卷七七，永樂六年三月壬戌條。

〔註78〕書同前，卷一〇七，永樂八年八月癸卯條。

〔註79〕書同前，卷一六七，永樂十三年八月庚辰條。

〔註80〕書同前，卷二三一，永樂十八年十一月條。

〔註81〕書同前，卷一一五，永樂九年四月丙辰條。

十七年所定之散糧則例，正略相符。

以上所論，皆爲明代洪武、永樂年間賑米之數，及至中葉，其米數卻有減爲半數之現象，如景泰四年（1453）正月，「隆慶州復業人戶乏食：詔發官糧，驗口賑之，大口三斗，小口一斗五升」。〔註82〕另據《明英宗實錄》景泰七年八月壬戌條所記：「江西賑三十萬六千六百八戶，大小六十五萬三千十六口，支米穀三十九萬三千六百三十二石五斗九升。」〔註83〕平均每口得米六斗，即大口爲四斗，小口二斗。成化二十一年（1485）五月，賑濟京師流移之民，「月給大口米三斗，小口一斗五升」。〔註84〕弘治三年（1490）三月，以水旱災，賑順天府固安、文安二縣飢民，「每口月支米二斗，與銀兼支」。〔註85〕六年（1493）五月，「以順天府大興、宛平二縣旱災，命發預備倉賑賑之，下戶兩月，稍優者一月，大口各給糧三斗，小口半之」。〔註86〕可知明代中葉以後之賑米，約是大口三斗，小口一斗五升。〔註87〕有時因洪水之患，田失屋毀，人畜死傷甚多，口數計算困難，故以戶數爲據，如成化六年（1470）七月，憲宗命給事中御史督五城兵馬，具京城內外被水患該賑恤者數凡一千九百二十戶，戶給米一石，死傷者加一石。〔註88〕弘治二年（1489）七月，孝宗以河間、永平二府近被水災，分遣郎中陳瑗等往賑之，戶給米一石，溺死者，加一石。〔註89〕十年（1498）八月，河南鄧州水災，孝宗令有司給米以賑之，溺死人口者家二石，漂流房屋頭畜者家一石。〔註90〕同年十一月，復因四川成都等處旱潦相仍，命所司賑給之，民溺死者與其家米二石，漂流產業者一石。〔註91〕可見是時明廷對於賑米之事，頗能視災情之實際情況而予以靈活之運用。

至於賑米之對象，並非每一貧飢之民均予布施，林希元《荒政叢言》疏曰：「救荒……有三便，曰極貧之民便賑米，次貧之民便賑錢，稍貧之民便賑

〔註82〕《明英宗實錄》，卷二二五，景泰四年正月戊寅條。
〔註83〕書同前，卷二六九，景泰七年八月壬戌條。
〔註84〕《明憲宗實錄》，卷二六六，成化二十一年五月丙子條。
〔註85〕《明孝宗實錄》，卷三六，弘治三年三月乙亥條。
〔註86〕書同前，卷七五，弘治六年五月乙亥條。
〔註87〕顏杏眞，前引文，頁17。
〔註88〕《明憲宗實錄》，卷八一，成化六年七月辛巳條。
〔註89〕《明孝宗實錄》，卷八二，弘治二年七月戊寅條。
〔註90〕書同前，卷一二八，弘治十年八月庚辰條。
〔註91〕書同前，卷一三一，弘治十年十一月戊戌條。

貸。」〔註 92〕因極貧之民，賑以米粟，可濟其臨死之急，能速見其效也。但是於施賑之時，仍須嚴加規定，以免秩序紛亂，林希元議曰：

> 隨飢口多寡，不分流移土著，合就鄉集立廠，每廠賑濟官給與長條小印，上刻某廠，極貧飢民以油和墨印誌于臉，每人給與花闌小票，上書年貌住址，如係一家即同一票，五日一次赴廠驗票支米。十人爲甲，甲有長，五甲爲群，群有老，每甲一小旗，旗上掛牌，書十人姓名，甲長報之，每群一大旗，旗上掛牌，牌書五甲姓名，群老執之，群以千字文給號。當給之日俱限巳時，群老甲長各執旗牌領率所屬飢民，挨次唱名給散，每口一支五升，每甲五斗，每群二石五斗，群甲之糧只給長老，使之給散。〔註 93〕

此些規定固然頗爲嚴密，然而爲使極貧之民，皆能乞得所賑之米，勢必予以設限，因印臉驗票者，可防其僞；群分旗引者，可防其亂；一時支給者，可防其重疊；總領細分者，可免其繁遲。〔註 94〕故於賑米之時，有司如能善於籌劃，其成效必然可觀。〔註 95〕

三、賑　錢

前文述及「救荒……有三便，曰極貧民便賑米，次貧民便賑錢，稍貧民便賑貸」。〔註 96〕蓋賑濟之法，須視對象之實際情況，運用最恰當之法，方能確實合乎其需要，而收得最大之效果。故林希元以其曾在江北泗州主持荒政之經驗，認爲「極貧之民，……若與之錢銀，未免求糴於富家，抑勒虧折皆所必有，又交易遑還動稽時日，將有不得而立斃者矣。……惟次貧之民自身

〔註 92〕林希元（明代），《荒政叢言》（守山閣叢書，百部叢書集成，藝文印書館印行），收於俞森（清代），《荒政叢書》，卷二，頁 6。

〔註 93〕註同前。

〔註 94〕註同前。

〔註 95〕賑米之際，有司如能用心籌畫，使法紀精嚴，時時檢點，則百姓可沾實惠矣。如隆慶元年，有「陳霽岩知時開州，大水，無蠲而有賑，府下有司議，岩倡議極貧民，賑穀一石，次貧民，賑五斗，務必令民共沾實惠。放賑時，編號執旗，魚貫而入，雖萬民無敢譁者，公自坐倉門外小棚下，執筆點名，視其容貌衣服，於極貧者暗記之。庚午（隆慶二年）春，上司行文再賑貧者，書吏稟公，出示另報。公曰不必，第出前之點名冊查看，暗記極貧者，逕開其人，喚領賑米，鄉民咸以爲神。蓋前領賑之時不暇粧點，盡得眞度故也」。倪國璉，前引書，頁 127～128。

〔註 96〕林希元，前引文，頁 1。

既有可賴而不甚急，得錢復可營運以繼將來，此其所以便也」。〔註97〕極貧之民最亟需者，乃是三餐之米糧，如予以銀錢，往往會受米商或富戶抬高價錢，以致遭受虧損，故不如直接賑以米糧，不僅可迅速解決其飢困之問題，且亦可免生枝節。至於次貧之民，並不欠缺米糧，故其亟待能得錢，而將之用於生產，以便取得足以維生之工具，此乃賑錢之好處。故賑米或賑錢，有賴於當事人視情況而定，如徐文貞〈答出粟論〉曰：

往年京師出粟，四外貧民聞之，匍匐而來，及到，則多已散畢，空手而歸，顛殞道路。臣聞各處贓罰銀兩，荷蒙皇上降旨，不許撫按官私餽妄費，除解部外，各頗有積餘，糴穀在倉，似應令户部出粟，止給在京及近京之人，其在外者，行令撫按官查有災疾去處，將贓罰銀穀，一體賑給，仍明白曉諭百姓，各於本府縣候領，不必前來，則中間全活計亦不少。〔註98〕

為免貧民來乞，空手而回，故其建議米粟只予在京及近京之人，而在外者，則賑予銀穀，如此可符合貧民之所需。萬曆年間，中丞周孔教巡撫蘇州時，曾頒行〈荒政議〉曰：「救荒……有八宜，極貧之民宜賑濟，次貧宜賑糶，遠地宜賑銀。」〔註99〕其觀點在於以米粟賑民，有不便流通之失，故遠地者宜以銀錢賑之。

賑銀錢予貧民，既有實際之需要，故明代賑錢之事例很多，始於太祖時期，如洪武七年（1374）正月，即因松江府水災，百姓八千二百九十九戶，各賜錢五千。〔註100〕十年（1377）正月，詔賜蘇、松、嘉、湖等府居民舊歲被水患者，戶鈔一錠，計四萬五千九百九十七戶。〔註101〕十九年（1386）二月，「賑河南諸府州縣飢民，凡四萬八千八百戶，鈔五萬三千三百餘錠」。〔註102〕二十年（1387）十二月，「詔戶部賑恤濟南、東昌、東平三府飢民，凡六萬三千八百一十餘戶，為鈔三十一萬九千八十錠」。〔註103〕二十四年（1391）

〔註97〕林希元，前引文，頁7。

〔註98〕徐孚遠（明代），《皇明經世文編》（台北，國聯圖書公司據明崇禎年間平露堂刊本影印，民國53年11月初版），卷六九三，《徐文貞（徐階）文集》卷二，頁18。

〔註99〕周孔教（明代），《荒政議》（守山閣叢書，百部叢書集成，藝文印書館印行），收於俞森（清代），《荒政叢書》，卷四，頁1。

〔註100〕《明太祖實錄》，卷八七，洪武七年正月庚午條。

〔註101〕書同前，卷一一一，洪武十年正月條。

〔註102〕書同前，卷一七七，洪武十九年二月癸丑條。

〔註103〕書同前，卷一八七，洪武二十年十二月己巳條。

二月，「賑山東高密、棲霞、莒州被水患，民萬五千九百餘戶，男女十五以上者鈔一錠，十歲以上者三貫，五歲以上者二貫，仍命他處被患者視例賑之」。〔註 104〕二十五年（1392），復令山東災傷去處，每戶給鈔五錠。〔註 105〕凡此史料，吾人可知明國於太祖時期，每戶賑錢之數，並無固定，然而以前述二十年及二十五年之事例而言，似是每戶約可得錢五錠。再觀之洪武三十五年（建文四年，1402）十月，「山東青州諸郡蝗，命戶部給鈔二十萬錠賑民，凡賑三萬九千三百餘戶」〔註 106〕，似乎每戶五錠已成定數。

至永樂年間，明廷更是常以米、錢同時施賑於民，因二者各有優缺點，故同時並濟，可互補長短，且如以錢賑民，米價隨時波動，〔註 107〕百姓所得米數無法紓困，乃改採此一折衷辦法，例如永樂十二年（1414）閏九月，成祖勑戶部給米鈔賑蘇州府崇明縣被災之民五千八百三十餘家，「凡給米萬二千四百餘石，鈔十三萬八千三百二十五錠」。〔註 108〕十三年（1415）八月，賑「北京順天、河間、大名、眞定等府，民八萬三千七百四十餘戶，給粟十五萬二千四百六十餘石，鈔三十二萬五千四百四十四錠有奇」。〔註 109〕十六年（1418）十二月，賑陝西旱，「飢民九萬八千餘戶，給米十萬四千三百餘石，鈔十二萬六千三百錠」。〔註 110〕此種救濟之法，不僅可改善前述之缺失，且富有彈性，可靈活運用，故賑濟時如食糧不足，可用鈔，依時值補給。〔註 111〕〔註 111〕然而從宣德以後，明廷以來、錢賑民之事，比洪武、永樂年間減少很多，往往改以蠲免之法，且因「英宗即位，收賦有米麥折銀之令，……而以米銀錢當鈔，弛用

〔註 104〕書同前，卷二○七，洪武二十四年二月壬辰條。

〔註 105〕清高宗敕撰，《續文獻通考》（台北，新興書局影印萬有文庫本，民國 47 年 10 月初版），卷三二，〈國用〉三，頁 3121。

〔註 106〕《明太宗實錄》，卷一三，洪武三十五年（建文四年）十月辛未條。

〔註 107〕全漢昇（民國），〈明代北邊米糧價格的變動〉，《中國經濟史研究》（香港，新亞書院，1978），頁 261～308；〈宋明間白銀購買力的變動及其原因〉，《新亞學報》第八卷第一期，頁 157～186，九龍，1967；市古尚三，《中國食貨志考》（京都，東華書院，昭和四五年十月初版），〈明代に於ける銀價值の變動に就いて〉，頁 223～242；寺田隆信，〈明代北邊的米價問題〉，《東洋史研究》（日本京都，1967），第二十六卷第二號。以上諸文，對於明代米價變動之原因、情形及指數均有詳細之論述與統計，可資參考。

〔註 108〕《明太宗實錄》，卷一五六，永樂十二年閏九月丁巳條。

〔註 109〕書同前，卷一六七，永樂十三年八月庚辰條。

〔註 110〕書同前，卷二○七，永樂十六年十二月辛丑條。

〔註 111〕《明宣宗實錄》，卷九六，宣德七年十月己酉條。

銀之禁，朝野率皆用銀」，〔註 112〕銀錢逐漸取代寶鈔，成爲民間流通之貨幣，故明廷有時以銀錢賑濟百姓，〔註 113〕如景泰元年（1450）十二月，即曾運官銀二萬兩於山西布政司，給所屬貧民糴買種子。〔註 114〕四年（1453）十一月，「給直隸隆慶州被災人民大口銀二錢；小口銀一錢，糴糧食用」。〔註 115〕五年（1454）三月，「給口外隆慶州復業逃民銀兩，令其買牛耕種」。〔註 116〕

明代自憲宗成化年間開始，更常發帑金賑民，〔註 117〕有時則錢粟並支，如成化二年（1466）閏三月，「右命都御史吳琛奏賑濟飢民，用過銀五萬七千五百五十九兩有奇，金六兩有奇，銅錢四十一萬六千文，鈔二百一十萬七千貫，米麥三十二萬二千五百石有奇」。〔註 118〕嘉靖十一年（1532）九月，「發帑金八十萬金賑陝西，仍令人輸粟」。〔註 119〕至於百姓所得米、銀各多少，據《明實錄》所稱，弘治三年（1490）三月，發太倉銀賑濟順天府固安、文安二縣飢民，「驗口給賑，每口月支米二斗，與銀兼支」。〔註 120〕嘉靖二十八年（1549）正月，賑甘肅莊浪飢民，「自本年正月起至四月止，每名月給米三斗，銀五錢」。〔註 121〕萬曆十五年（1587）六月，神宗「命順天尹賑貧戶米五斗、銀五錢，壓死者每口倍之，傷者米七斗、銀七錢」。〔註 122〕十七年（1589），遣戶科給事中楊文舉賫發內帑銀五千八百兩賑濟江浙，「極貧給發銀五錢，次貧三錢，又次貧二錢」。〔註 123〕可見明廷對於以米、銀賑民，其數量乃視災情以及施賑之對象而有所不同。

賑錢之法固然簡便，且易於流通，但是仍有些人爲因素之弊端，導致賑

〔註 112〕《明史》卷八一，志五一，〈食貨〉五，頁 1964。

〔註 113〕顏杏眞，前引文，頁 20。

〔註 114〕《明英宗實錄》，卷一九九，景泰元年十二月己亥條。

〔註 115〕書同前，卷二三五，景泰四年十一月癸酉條。

〔註 116〕書同前，卷二三九，景泰五年三月戊寅條。

〔註 117〕《明憲宗實錄》，卷二五六，成化二十年九月己亥條；卷二五九，成化二十年十二月甲子條；卷二六〇，成化二十一年正月乙巳條。

〔註 118〕書同前，卷二八，成化二年閏三月丁丑條。

〔註 119〕《明世宗實錄》，卷一四二，嘉靖十一年九月丁巳條。

〔註 120〕《明孝宗實錄》，卷三六，弘治三年三月乙亥條。

〔註 121〕《明世宗實錄》，卷三四四，嘉靖二十八年正月丁酉條。

〔註 122〕《明神宗實錄》（據國立北平圖書館紅格鈔本微捲影印，台北南港，中央研究院史語所校勘印行，民國 57 年影印二版），卷一八七，萬曆十五年六月丁亥條。

〔註 123〕李培（明代），浙江《秀水縣志》（十卷，萬曆二十四年刊本），卷三，頁 25。

濟之成效降低，據王圻《稗史彙編．山東發賑》曰：

> 景泰間，山東連歲災傷，天順初，人猶飢窘，已發內帑銀三萬賑濟，有司以爲不給，乞增之。上召問（徐）有貞與（李）賢，賢對曰：「可」。有貞怫然曰：「臣常見發銀賑濟，小民何嘗沾惠，俱爲里老輩所漁耳」。賢曰：「雖有此弊，猶勝無銀。」上曰：「增銀是也。」遂增銀四萬。〔註 124〕

顯見賑銀錢予災民，其實際效果常因不良之徒侵漁，而大打折扣，世宗亦曾勅諭六部都察院曰：「平日有司不肯積穀備荒，一有災僅無所措置，雖每發銀賑濟，亦已晚矣。況姦官猾吏往往侵尅，小民全不得沾實惠，徒有賑救之名，其實未活一命。」〔註 125〕故有司於賑錢之際，尤須謹愼行事，如鍾化民《賑豫記略》述及愼散銀曰：

> 垂亡之人既因粥廠以得生矣，稍自顧惜不就廠者，散銀賙之，令各州縣正官，喚集里長、保、約，公同查審胥餛作奸，許諸人舉首，得實者重賞，冒破者抵罪。極貧、次貧給與印信小票，上書極貧户某給銀五錢，次貧户某給銀三錢，鰥寡孤獨更加優恤。正官下鄉親給，分東西南北四鄉，先示期以免奔走守候，貧民領得銀穀，里長豪惡或以宿逋奪去者，以劫論，出首者，賞所發帑金，正官監鑿秤分，封固加印立册，每月期日分給，差廉能推官不時掣封秤驗。公巡至，如粥廠拾遺法驗所折散銀原封開註，如有侵尅，視輕重律處。〔註 126〕

蓋災民者眾，賑錢有限，爲使災民皆能受惠，勢必嚴密規定施賑之法，如是，則法不生奸，而民蒙實惠矣。

四、賑　貸

賑貸乃是政府貸糧予民，以紓其一時之飢困，或貸穀予農民，以充作種子，俟新穀收成後，再如數償還之辦法。故賑貸不僅宜行於凶年，且平時青黃不接之季節，百姓如能貸得米糧，亦不失爲解困之善法。此法對中產以下之家尤其有利，林希元力主「救荒有三便，曰極貧之民便賑米，次貧之民便

〔註 124〕王圻（明代），《稗史彙編》（台北，筆記小說大觀三編，新興書局影印本，民國 62 年 4 月初版），卷七一，〈山東發賑〉條，頁 11。

〔註 125〕《明世宗實錄》，卷一一二，嘉靖九年四月庚午條。

〔註 126〕鍾化民（明代），《賑豫紀略》（守山閣叢書，百部叢書集成，藝文印書館印行），收於俞森（清代），《荒政叢書》，卷五，頁 3～4。

賑錢，稍貧之民便賑貸。」〔註127〕其所持之理由即是「稍貧之民較之次貧，生理已覺優裕，似不待賑濟，然時當荒歉，資用不無少欠，不可全不加念，是故不之濟，而之貸也」。〔註128〕顯見賑貸亦爲救濟之良方。

明代之賑貸多以米糧爲主，亦即以解決百姓之飢困爲先，故洪武十五年（1382）八月，蘇州府嘉定縣民飢，太祖即命發官廩米二萬八千一百二十石貸之。〔註129〕至永樂二年（1404），成祖更以蘇松等府之不係全災，內有缺食者，定借米則例，「一口借米一斗，二口至五口二斗，六口至八口三斗，九口至十口以上者四斗，候秋成抵斗還官」。〔註130〕可見該地常行賑貸之舉，故有此規定。另外亦有貸民以穀種者，因可使其播種生產，以待來日之收穫，如永樂四年（1406）六月，「貸河南嵩溫等縣穀種千七百五十九石」。〔註131〕甚至亦有地方官買牛具貸於民者，如景泰三年（1452）十二月，右僉都御史李秉在鎮，曾以三萬金買牛具貸民，及秋而償。〔註132〕

至於賑貸米糧之來源，約可分爲三端，一爲貸之於預備倉。洪武二十三年（1390），太祖積極推行預備倉制，頗見成效，故至翌年八月，罷耆民糴糧。〔註133〕並開始遣使往山東、河南郡縣以預備倉糧貸給貧民。〔註134〕是後，即常以預備倉糧貸之於民，〔註135〕二十七年（1394）正月，因預備倉粟藏久致腐，故令天下郡縣將預備倉糧貸貧民。〔註136〕至三十年（1397）正月，復詔郡縣以預備倉糧貸民之貧者。〔註137〕宣德三年（1428）正月，徽州府黟縣亦奏稱，去年七月初旬，民食艱甚，發預備倉、官穀二千六百五十四石，給貸飢民二千一百一十一戶。〔註138〕二爲貸之於官倉（官廩、官稻），有少數州縣未立預備倉，或是其預備倉糧存量不敷賑貸，只好求之於

〔註127〕同註96。
〔註128〕同註97。
〔註129〕《明太祖實錄》，卷一四七，洪武十五年八月辛巳條。
〔註130〕同註75。
〔註131〕《明太宗實錄》，卷五六，永樂四年六月己卯條。
〔註132〕《明英宗實錄》，卷二二四，景泰三年十二月辛丑條。
〔註133〕《明太祖實錄》，卷二一一，洪武二十四年八月壬午條。
〔註134〕書同前，卷二一一，洪武二十四年八月己卯條。
〔註135〕書同前，卷二一七，洪武二十五年三月戊戌條；卷二二七，洪武二十六年四月壬辰、癸卯條；卷二二七，洪武二十六年五月乙卯條。
〔註136〕書同前，卷二三一，洪武二十七年正月辛酉條。
〔註137〕書同前，卷二四九，洪武三十年正月乙亥條。
〔註138〕《明宣宗實錄》，卷三五，宣德三年正月癸卯條。

官倉，例如永樂三年（1405）二月，寬和州民貸官稻三千四百七十餘石。〔註139〕宣德二年（1427）五月，四川重慶府巴縣奏，縣民四千三百三十八戶，歲飢艱難，已借在官倉糧二萬一百一十六石賑之。〔註140〕同年十一月，湖廣衡州府奏衡陽、衡山二縣，民四千八十五戶，歲荒缺食，借給官倉米八千二百七十五石。〔註141〕宣德年間，較常採行以官倉米賑貸之原因，似亦與預備倉制逐漸敗壞有關。三為貸之於富民，有時倉糧不敷賑貸，故借助於富民之力，如永樂四年（1406）閏七月，建寧知府歲飢民困，發公稟賑卹，又勸富民分粟貸之，民賴以濟。〔註142〕宣德三年（1428）四月，有巡按監察御史沈福言，山西積旱飢，盡徙河南，宜遣官招撫復業。宣宗曰：「昨已遣賑，如不給，勸富民分貸之，以俟秋成。」〔註143〕可見以富民賑貸予民，頗具輔助作用。然而此種辦法，亦常會造成富民侵尅百姓，故洪熙元年（1425）八月，武進、宣興等縣因去歲遭水、飢之災，勸富民借賑米麥，宣宗即諭戶部曰：「勿輕用厲民之政。」〔註144〕蓋此法雖可解決百姓一時之飢困，然而其弊端亦頗大，故未便輕易使用也。

百姓貸得米糧後，照規定應於秋收後償還，但是應還多少呢？據《明會典》曰：「永樂二年，……原定借米則例，一口借米一斗，二口至五口二斗，六口至八口三斗，九口至十口以上者四斗，候秋成，抵斗還官。」〔註145〕此為照所貸之米數還於官之規定，但是如屆時「不能償」，亦可「折鈔」，〔註146〕甚至可獲得全免之恩，如永樂五年（1407）十一月，北京保定府博野縣言，往歲民飢，嘗貸預備倉粟，而連歲水患，無以償，乞折輸鈔為便，成祖命悉免之。〔註147〕因百姓貸得米糧，屆時仍須償還，如連年災傷，則民困更趨嚴重，故予免之。至仁宗時，聞百姓飢，欲賑官麥，即曰：「飢即賑之，不必曰貸。」〔註148〕可見賑貸不如賑米也。

〔註139〕《明太宗實錄》，卷三九，永樂三年二月壬申條。
〔註140〕《明宣宗實錄》，卷二八，宣德二年五月丁巳條。
〔註141〕書同前，卷三三，宣德二年十一月甲辰條。
〔註142〕《明太宗實錄》，卷五七，永樂四年閏七月癸未條。
〔註143〕《明宣宗實錄》，卷四二，宣德三年四月戊辰條。
〔註144〕《明宣宗實錄》，卷七，洪熙元年八月己卯條。
〔註145〕同註75。
〔註146〕《明太宗實錄》，卷一〇九，永樂八年十月戊申條。
〔註147〕書同前，卷七三，永樂五年十一月戊辰條。
〔註148〕《明仁宗實錄》，卷八上，洪熙元年三月戊子條。

五、工　賑

工賑者，即是政府集合災民從事於工程之建設或修治，而按工計酬予以賑濟，此一救濟之法，尤其施行於水災之區，蓋於水災之後，河流與堤防均有待於疏濬、修築，故可招集待賑之災民從事於此，由政府予以適當之報酬，而寓賑濟於工作。此種賑濟法，可一舉而數得，例如興修水利工程，飢餓之百姓隨即可得糧食，免於再被飢寒所迫，而所興修之堤塘堅固，溝洫分明，田產可賴以不損也，故於災荒之際，此法頗爲可行，林希元《荒政叢言》疏曰：

> 凶年飢歲，人民缺食，而城池水利之當修，在在有之，窮餓垂死之夫，固難責以力役之事，次貧稍貧人户，力任興作者，雖官府量品賑貸，安能滿其仰事俯育之需，故凡圮壞之當修，湮塞之當濬者，召民爲之，日受其直，則民出力以趨事，而因可以賑飢，官出財以興事，而因可以賑民，是謂一舉而兩得。〔註149〕

工賑法既有如是之優點，故明代有司多採行之。如永樂元年（1403），戶部尚書夏原吉整治蘇松諸河道，即曾動用民役十萬餘人，賑飢給粟有三十萬石。〔註150〕正統五年（1440）二月，英宗以畿內災，民食不贍，乃敕都察院右僉都御史張純與大理寺右少卿李畛區畫賑濟，給京城飢民飯三月，造奉天、華蓋、謹身三殿，乾清、坤寧二宮。〔註151〕萬曆間，御史鍾化民救荒，亦令各府州縣查勘該動工役，如修學、修城、濬河、築堤之類，計工招募，以興工作，每人日給穀三升。〔註152〕雖然災荒之際，百姓或可得到政府之賑濟，然而畢竟仍是有限，無法充分濟急，故「此中流移貧民，亦賴做工得食，少延殘喘」。〔註153〕可免死於溝壑，且不致於作亂於山林。潘季馴曾爲此向明廷建議曰：

> 一議優恤各工夫役，計工者每方給銀四分，計日者每日給銀三分，而本籍本户幫貼安家銀兩有無，聽從其便，茲亦不爲薄矣。但貧民自食其力，衝寒冒暑，暴風露日，艱苦萬狀，縱使稍從優厚，亦不爲過，合無每夫一名，於工食之外，再行量免丁米一年，容臣等出

〔註149〕林希元，前引文，頁13。
〔註150〕夏原吉（明代），《忠靖集》（台北，台灣商務印書館，四庫全書珍本四集），附錄，〈夏忠靖公遺事〉，頁9。
〔註151〕倪國璉，前引書，頁206。
〔註152〕鍾化民，前引文，頁6。
〔註153〕潘季馴（明代），《河防一覽》（中國水利要籍叢編第二集，台北，文海出版社，民國59年9月初版），卷七，〈河工事宜疏〉，頁182。

給印信票帖，審編之時，許令執票赴官告免，州縣官抗違，許其赴臣告治，如此惠足使民，民忘其勞矣。〔註 154〕

蓋應役之貧民既困於災荒，而工程亦多艱難，故潘季馴特為其請命，從優賑恤，以紓其困。

第三節　調　粟

災荒之際，百姓面臨最大之困擾，應是糧食之問題，如稍有欠缺，將三餐不繼，甚至危及生命之存亡，故政府尤須重視調粟之工作，使糧粟能互通有無，以改善百姓飢餓之情況。孟子曰：「河內凶，則移其民於河東，移其粟於河內。河東凶，亦然。」〔註 155〕此即移民就粟，移粟就民之法也。吾國歷代於災荒時期，常以此二法相輔而行，如民能移，則聽其移，或令其移於豐饒之地就食，若民不能移，而糧粟有可移之便，則盡力移粟以就民，故二者互不衝突，且可同時並用。〔註 156〕另外，平糴法亦為紓解飢餓之良法，蓋「糴甚貴傷民，甚賤傷農；民傷則離散，農傷則國貧」。〔註 157〕故為政者如善用平糴法，將可平穩物價，貧民亦不因米貴而愈見困，頗有收救民於倒懸之效。究之明代此方面之救濟工作，政府似乎甚少採行移民就粟之法，因百姓既為飢餓所困，實難有移徙之能力，政府如迫令其遷，將成擾民之舉。故本節僅論述明代移粟就民與平糴二項。

一、移粟就民

吾國百姓素有重鄉土之情，不輕易離鄉之習慣，故當災荒之際，政府輸運糧粟以濟民飢，頗能符合百姓之心意，可免百姓離鄉背井也。究及明代移粟就民之策，最常採行者，即是截留漕糧。明初雖曾有過小規模之運河輸送糧餉，然而仍以海運或陸運為主，〔註 158〕至成祖時期，因營建北京及對北方

〔註 154〕註同前。

〔註 155〕焦循（清代），《孟子正義》（台北，台灣商務印書館，民國 57 年 3 月台一版），卷一，〈梁惠王章句〉上，頁 20。

〔註 156〕鄧雲特（民國），《中國救荒史》（台北，台灣商務印書館，民國 67 年 7 月台三版），頁 312。

〔註 157〕班固（東漢），《漢書》（台北，鼎文書局，民國 67 年 4 月三版），卷二四上，〈食貨志〉第四上，頁 1124。

〔註 158〕吳師緝華（民國），《明代海運及運河的研究》（中央研究院歷史語言研究所專

拓展之需要，乃促成漕運之使用，永樂九年、十三年（1411、1415）工部尚書宋禮及平江伯陳瑄先後開通會通河及江浦河之後，〔註 159〕北京至杭州之漕運乃得以暢通，故於是年罷除海運，專倚漕運。及至十九年（1421）正月，更因都城正式北遷，京中糧米什九取資於江南，倚漕更為加重，傅維鱗《明書》曰：「漕為國家命脈所關，三月不至則君相憂，六月不至則都人啼，一歲不至則國有不可言者。」〔註 160〕是時，明廷為使漕運方便起見，於交通要地增設水次倉，《明史・食貨志》曰：「迨會通河成，始設倉於徐州、淮安、德州，而臨清因洪武之舊，并天津倉凡五，謂之水次倉，以資轉運。」〔註 161〕此即明代五大水次倉，不僅具有儲貯之功能，且明代截留漕糧以賑濟民飢，亦多以此五大倉為主。

明代之截留漕糧，常因地利之便，而以水次倉所儲貯之米糧，就近賑濟其附近之災區。如正統五年（1440）二月，英宗命行在戶部移文發德州常盈倉米麥十萬石，驗口賑濟眞定、保定。〔註 162〕成化十年（1474）四月，命借撥臨清、德州二倉糧米六萬石賑山東災傷。〔註 163〕至萬曆年間，賑濟眞定、大名、滄州、河間等地，亦皆以此二倉轉運發賑。〔註 164〕而鳳陽、淮安、徐州等地之賑濟，則截留淮安倉或徐州倉之米糧，如景泰四年（1453）五月，從禮部右侍郎兼春坊庶子鄒幹及巡撫官右僉都御史王竑之奏請，雇船運淮安常盈倉支糧十五萬石并支官銀一千五百兩赴賑鳳陽府之水災。〔註 165〕成化二年（1467）閏三月，准總督南京糧儲右都御史周瑄之請，發淮安府常盈倉糧二十萬石，賑濟鳳陽及淮安，發徐州水次倉糧二十萬石，賑濟徐州。〔註 166〕至於天津倉粟，亦曾發賑保定、眞定、廣平、順德等地，〔註 167〕但

刊之四十三，民國 50 年 4 月初版），頁 1～82；星斌夫，〈明初の漕運について〉，《史學雜誌》第四八卷五期，頁 1～54。

〔註 159〕《明史》卷八五，志六一，〈河渠〉三，〈運河〉上，頁 2080～2082。

〔註 160〕傅維鱗（清代），《明書》（百部叢書集成，畿輔叢書三十六函，台北，藝文印書館，民國 55 年），卷六九，〈河漕志〉，頁 2。

〔註 161〕清高宗敕撰，《續文獻通考》，卷二七，〈市糴〉三，頁 3040。

〔註 162〕《明英宗實錄》，卷六四，正統五年二月庚寅條。

〔註 163〕《明憲宗實錄》，卷一二七，成化十年四月乙亥條。

〔註 164〕《明神宗實錄》，卷一七五，萬曆十四年六月己巳條；卷一八一，萬曆十四年十二月甲戌條；卷二五五，萬曆二十年二月戊戌條；卷二六○，萬曆二十一年五月甲寅條；卷四四五，萬曆三十六年四月戊辰條。

〔註 165〕《明英宗實錄》，卷二二九，景泰四年五月丁丑條。

〔註 166〕《明憲宗實錄》，卷二八，成化二年閏三月癸酉條。

是次數較前述各倉爲少。

另外，明代在北京建有京倉與通州倉（通倉），以備京師官軍關支、邊糧、救濟之用，故如鄰近北京之地遇有災荒，亦常以此二倉之米糧賑濟之，如嘉靖二十三年（1544）正月，世宗以宣府旱災，命支京、通二倉粟米十萬石，運懷來城給該鎮官軍。〔註 168〕萬曆二十七年（1599）十一月，發通州倉三千石，賑三河及興營、神武等三衛飢民。〔註 169〕顯見明代之漕運不僅發揮轉運江南米糧之功能，使其北方之政治軍事重心更加穩固，且在移粟就民之賑濟工作上亦曾扮演重要之角色。

明代除以截漕留糧施行賑濟外，有時則以漕運、陸運兼施轉輸糧粟至交通不便之地，如成化二十年（1484）九月，憲宗詔湖廣運糧十萬石赴陝西以備荒。〔註 170〕十一月，亦先後運河南兌軍糧至陝西、山西救荒。〔註 171〕是月底，更准南京戶部主事張倫督運淮安瓜洲兌運糧十萬石，南京常平烏龍潭等倉糧十萬石運至沔池縣，令河南、山西、陝西三司委官轉運，以五萬石存留懷、慶二府等處，五萬石給平陽、蒲州等處，十萬石給潼關、西安等處，以備賑濟。〔註 172〕此種轉運法雖較艱難，然而因飢荒之所需，仍不能罷廢，故至嘉靖三十四年（1555）六月，戶部以宣府、大同二鎮米價騰貴，差主事二員至北直隸、山東、河南麥熟等處收糴，在山東者運至通州以備宣府，在河南者運至易州以備大同。〔註 173〕可見北方因駐有重兵，糧食之需求量大，再因天然及人爲之因素，其米價隨時波動，〔註 174〕故當有災荒發生時，即須從山東、河南等地移粟以就民。至於遼東之地，則由山東轉運，如嘉靖三十七年（1558）九月，以山東登、萊二府近海州縣米六萬石、豆一萬石輸之遼東濟飢。〔註 175〕

就以上所論，吾人可知移民就粟雖爲一賑濟之法，然而百姓勢必扶老攜幼，離鄉背井，且田地荒廢，家本動搖，主政者不忍爲之。故明代遇有災荒常採移粟就民之策，尤其是當時漕運制度已相當完備，可由南而北，透過各

〔註 167〕《明神宗實錄》，卷三七二，萬曆二十九年五月戊申條。
〔註 168〕《明世宗實錄》，卷二八二，嘉靖二十三年正月丙寅條。
〔註 169〕《明神宗實錄》，卷三四一，萬曆二十七年十一月己酉條。
〔註 170〕《明憲宗實錄》，卷二五五，成化二十年八月辛巳條。
〔註 171〕書同前，卷二五八，成化二十年十一月戊戌、乙巳條。
〔註 172〕書同前，卷二五八，成化二十年十一月壬子條。
〔註 173〕《明世宗實錄》，卷四二三，嘉靖三十四年六月乙酉條。
〔註 174〕同註 107。
〔註 175〕《明世宗實錄》，卷四六四，嘉靖三十七年九月辛卯條。

大小之水次倉，將米糧運至京城，而有賑濟之需求時，亦可隨時截留漕糧，發倉賑濟，即使於交通不便之地，亦以漕運、陸運並行，達到救濟之目的。然而漕運仍有其困難之處，即是黃河之經常泛濫以及運河之淤窄，乃間接使截留漕糧之賑濟法，在功效上無法全力發揮。且此種辦法之施行，僅限於漕運可及之地，其他水路不暢之地，雖仍能轉運糧食賑濟，然而在當時交通工具落伍之情況下，其工作之進行，可想而知必是相當艱難，無法通暢而行。另外，其所截之漕糧，乃爲上供之粟，故是時有司多不敢主動奏請截留漕糧，而坐視百姓爲飢餓所困，更遑論有如同「古之良有司，有不俟請命，徑自截留上供者」，〔註 176〕屠隆《荒政考》曾嘆之曰：

> 今朝廷不聞詔留某項解京糧餉賑濟飢民，有司亦絕不敢以此爲請，而徒取境內藏積糧儲，量行給散，能有幾何？……今遇大侵，願有司力請于監司，監司力請于朝廷，留粟發粟依仿前代，不然所司噤不敢出聲，即民間之疾苦，何由上聞，上人之德意，何由而觸發乎？〔註 177〕

此即是有司對於奏請截留漕糧有所顧忌，而致百姓飢困不得紓解之事例。

二、平　糴

歲有凶穰，穀有貴賤，如糧粟爲奸商壟斷居寄，則百姓之疾苦，更無以告，故平糴法尤爲救荒權宜之策。其法略而言之，即是穀賤增價而糴，穀貴減價而糶，使之不困民，故善用此術者，不惟可使米價常平，且嗷嗷之百姓亦可甦矣。古之戰國時代，李悝即曾依歲之大、中、小飢，而定其糶米之多寡，「小飢則發小熟之所斂，中飢則發中熟之所斂，大飢則發大熟之所斂，而糶之，故雖遇飢饉水旱，糴不貴而民不散，取有餘以補不足也」。〔註 178〕迨至漢宣帝時，大司農中丞耿壽昌奏請令邊郡皆築倉，以穀賤時增其價而糴，以利農，穀貴時減其價而糶，以贍貧民，名曰常平倉。〔註 179〕自是平糴之法，歷代多有施行者，顯見平糴法之所以便民，乃在於糧粟方其滯於民用時，則官糴之，及其糧粟適於民用時，則官糶之，〔註 180〕故頗有保護與救濟百姓之作用。

〔註 176〕屠隆（明代），《荒政考》（守山閣叢書，百部叢書集成，藝文印書館印行），收於俞森（清代），《荒政叢書》，卷三，頁 12。

〔註 177〕註同前。

〔註 178〕班固，前引書，卷二三上，〈食貨志〉第四上，頁 1125。

〔註 179〕書同前，頁 1141。

〔註 180〕清高宗敕撰，《續文獻通考》，卷二七，〈市糴〉三，3033～3043。

（一）平糴法之演變

明初由於預備倉制之完善，故常平倉制並未獲得積極之推行，〔註 181〕萬曆年間，金華知府張朝瑞〈建議常平倉厫〉有曰：

> 洪武初，令天下縣分各立預備四倉，官爲糴穀，收貯以備賑濟，……次災則賑糶，其費小，極災則賑濟，其費大，曰賑濟，則賑糶在其中矣，賑糶即常平法也。〔註 182〕

可見明初之預備倉，即已含有常平倉之作用，仁宗曾諭戶部尚書夏原吉等人曰：「預備倉儲正爲百姓，比之前代常平最爲良法，若處處收積完備，雖有水旱災傷，百姓可無飢窘。」〔註 183〕故明初以平糴之法賑濟百姓，似並未加以推廣，僅行之於邊郡。〔註 184〕及至宣德四年（1429）六月，有吏部聽選官歐陽齊見預備倉法歲久日湮，各州縣預備倉僅存一二，乃奏乞「令府縣如舊修理倉厫，……其民戶繁而積粟少者，豐年令所司支官錢於有穀之家，平糴收貯」。〔註 185〕正統二年（1437）五月，戶部亦奏曰：

> 各府縣洪武中俱設預備倉糧，隨時散斂，以濟貧民，實爲良法。近歲有司視爲泛常，倉廩頹塌而不葺，糧米逋負而不徵，歲凶缺食，往往借貸於官，今江浙等處豐收，請令所司出價斂糴，以防荒歲賑民。〔註 186〕

可知明代初期之預備倉，其主要之目的乃在於將所收之米儲於倉中，以備歲荒救濟，並無明顯之平糴之意，〔註 187〕然而及至中葉，因預備倉糧短少，有司議曰，於豐年之際平糴收貯於倉，使預備倉法漸具平糴之作用。至正統四年（1439），大學士楊士奇奏請「擇遣京官廉幹者，往督有司，凡豐稔州縣各出庫銀平糴，儲以備荒，……具實奏聞，郡縣官以此舉廢爲殿最，風憲官巡歷各務稽考，仍有欺蔽怠廢者，具奏罪之」。〔註 188〕至此預備倉制平糴之意義始漸受重視，蓋行此法不僅可常保預備倉糧之豐盈，且仍不失預備倉制賑濟百姓之本

〔註 181〕參閱本論文第三章第三節。

〔註 182〕陳夢雷（清代），《古今圖書集成》（台北，鼎文書局，民國 66 年 4 月初版），食貨典第一百二卷，荒政部，張朝瑞，〈建議常平倉厫〉，頁 507。

〔註 183〕《明宣宗實錄》，卷二，洪熙元年六月乙卯條。

〔註 184〕參閱本論文第三章第三節。

〔註 185〕《明宣宗實錄》，卷五五，宣德四年六月壬午條。

〔註 186〕《明英宗實錄》，卷三〇，正統二年五月辛卯條。

〔註 187〕參閱本論文第三章第三節。

〔註 188〕徐學聚，前引書，卷一百一，〈倉儲〉，頁 5。

意。故自正統年間開始，明代雖仍以預備倉名之，然而已行常平倉之實，如正德四年（1509）正月，有南直隸巡撫羅鑒以蘇、松、常及嘉、湖等府米價昂貴，奏請放預備倉糧減價量糶，貯其銀於官，俟年豐糴穀備賑。〔註 189〕

就以上所論，吾人可知，明代中葉似欲將平糴法寓於預備倉制之中，且曾努力改善預備倉制長久以來之弊端，〔註 190〕然而此種改革，並未成功，因各州縣之預備倉多頹廢不堪，使明廷所行之平糴法，無法借助於預備倉，而多賴官倉（官辦官營之倉）負起平糴之任務，如正統六年（1441），明廷從巡撫浙江監察御史康榮之所奏，發杭、湖二府之官廩三十五萬石糶於民間，依時値償納。〔註 191〕十年（1445）七月，亦從巡撫河南、山西大理少卿于謙奏請，發懷慶、河南二府倉糧六十餘萬石，糶與飢民，依時價收鈔解京。〔註 192〕是時英宗曾因此事，謂戶部曰：

> 凶年減價糶以利民，此古良臣爲國救荒之長策也。今謙爲朕舉行，甚可嘉尚，其馳報謙如奏行，毋緩。〔註 193〕

細究英宗此言，可知明代至少於正統年間以前，甚少施行平糴之法，故當于謙以此法施賑，英宗竟特予嘉勉之。其實是時預備倉制已見疲弊，以官倉行平糴，乃爲勢所必行之事。甚至當嘉靖十六年（1537）正月，因京師米價翔踴，即發大倉銀平糴以賑濟之。〔註 194〕或以京倉米平糶之。唐順之〈與呂沃洲巡按〉中述及以京倉平糶之成效，曰：

> 縱使諸郡盡荒，但得京倉糴粟數十萬石，分散諸郡，諸郡每發官帑銀萬兩爲糴本，輸之京倉，則可得米二萬石，平歲，人食米一升，凶歲則減之。是二萬石者，二三萬人百日之命也。是官帑不過出銀萬兩，而續二三萬人百日之命，以待來歲之熟也。數十萬石者，五六十萬人百日之命也。京倉糴粟三十萬石，而得銀十五萬兩，是國家不過錢米互換之間，實未嘗費斗糧、損一錢，而賜五六十餘萬人百日之命，以待來歲之熟也。〔註 195〕

〔註 189〕書同前，卷九九，〈救荒〉，頁 16。
〔註 190〕參閱本論文第三章第三節。
〔註 191〕倪國璉，前引書，頁 137。
〔註 192〕徐學聚，前引書，卷九九，〈救荒〉，頁 9。
〔註 193〕註同前。
〔註 194〕書同前，卷九九，〈救荒〉，頁 22。
〔註 195〕陳夢雷，前引書，第一百一卷，荒政部，唐順之，〈與呂沃洲巡按〉，頁 500。

此爲平糴法於救濟措施中之價値，尤其就政府而言，僅是錢米互換而已，然而卻能活眾人之生命，何能辭之不行乎？故如能發國帑以行官糴之法，則尤爲善策也。因災荒之際，欲施賑濟，往往恐官府之糧廩有限，議勸借又恐地方之富戶無多，故最妙之策，莫過於「發官帑銀兩若干，委用忠厚吏農富戶，轉糴于各省外郡豐熟之處，歸而減價平糶于民，……如此轉運無窮，循環不已，則百姓雖丁凶年之苦，而常食豐年之糧。積穀之家，雖欲踊貴其價，而官府平糶之糧日日在市，彼即欲獨高其價，勢必不能漸」。〔註 196〕可知借國帑以糴糶者，上不病官，下不困民，且能救生民於萬死之中，嘉靖年間，寺正林希元有曰：

> 借官帑銀錢，令商賈散往各處，糴買米穀歸本處發賣，依原價量增一分，爲搬運腳力，一分給商賈工食，糶盡復糴，事完之日，糴本還官，官無失財之費，民有足食之利，非特他方之粟畢集于我，而富民亦恐後時失利，爭出粟以糶矣。〔註 197〕

然而不論以預備倉或官倉施行平糴法，任何一項均無法符合古代平糴法之眞意，故至明代中葉以後，地方有司常議請於各州縣建置常平倉〔註 198〕，因常平倉設置後，於豐年穀賤之際，可增價糴貯以爲備，凶歲穀貴之時，則減價而糶以濟飢，且願糴者與之，無所強，受糶者去之，亦無所追。其利常周，其本亦不仆，乃公私兩便之事。〔註 199〕故惟有行常平倉制，乃可使平糴法之賑濟作用更爲落實，此亦爲明代中葉以後，有許多州縣開辦常平倉之原因，如萬曆浙江《秀水縣志》曰：

> 新設四鎮常平倉，萬曆二十三年（1595）間，知縣李公培奉檄親勘置買民地，……每鎮建倉一所，積穀備賑，其法專主平糶，歲豐則照價以入，歲儉入則減價以出，民稱便焉。〔註 200〕

如此，則百姓於凶年，可稍免飢餓之困矣。

（二）禁抑價

〔註 196〕屠隆，前引文，頁 7。

〔註 197〕林希元，前引文，頁 12。

〔註 198〕參閱本論文第三章第三節常平倉項。

〔註 199〕朱健（明代），〈國朝貯糴論〉（《守山閣叢書》，百部叢書集成，台北，藝文印書館，民國 56 年初版），收於俞森（清代），《荒政叢書》，卷八，〈常平倉考〉，頁 22。

〔註 200〕李培，前引書，卷二，頁 7。

明代米價常波動不穩定，〔註 201〕其原因一爲災荒降臨，農產歉收，致米價昂貴，如侯先春〈安邊二十四議疏〉曰：「時値災荒，米珠薪桂，斗粟銀二、三錢，有至六、七錢者。」〔註 202〕二爲人爲因素，使米價漸昇，如韓邦彥〈議處年久浥爛預備倉糧以濟時艱事〉曰：「宣府……目下青黃不接……召商糴買，銀一兩三四錢，方可得糧一石，而米價愈至於勝踴。」〔註 203〕値米價高昂之時，百姓得米不易，艱食渡日，尤賴政府施行有效之法平糶之，其中之一即是不抑米價。萬曆年間，禮部主事屠隆《荒政考》曰：

> 荒年穀貴，民誠不堪，有司不忍穀價日高以病小民，乃令折減時價，定爲平糶。〔註 204〕

地方官認爲米價既昂，百姓持錢又不多，故常以官價抑之，以市恩於民，殊不知此舉，適反害民。林希元《荒政叢言》疏曰：

> 年歲凶荒，則米穀湧貴，嘗見爲政者，每嚴爲禁革，使富民米穀皆平價出糶，不知富民慳吝，見其無價，必閉穀深藏，他方商賈見其無利，亦必憚入吾境，是欲利小民，而適病小民也。〔註 205〕

萬曆年間，中丞周孔教以其撫蘇之經驗，亦曰：

> 穀少則貴，勢也，有司往往抑之，米產他境歟，客販必不來矣。米產吾境歟，上户必然閉糶矣。上户非眞閉糶也，遠商一至，牙儈爲之指引，則陰糴與之，以故遠商可糴，而土民缺食。是抑價者，欲利吾民，反害吾民也。〔註 206〕

顯見有司一旦抑制米價，則客米不來，而本地之富戶亦不樂糶，甚至於和外地遠商勾結，陰而糶之，故遠商可糴得糧粟，本地百姓卻反而更不易得食，此乃抑米價之害也。

其實米價高昂之時，有司可順導之，「聽民間自消自長，粟貴金賤，人爭趨金，米價不降自減」矣。〔註 207〕明人沈蘭先〈平糶〉議曰：

〔註 201〕同註 107。

〔註 202〕徐孚遠，前引書，卷四二八，侯給諫（侯先春）奏疏卷之一，〈安邊二十四議疏〉，頁 29。

〔註 203〕書同前，卷一六〇，韓邦彥，〈苑洛集〉卷之一，〈議處年久浥爛預備倉糧以濟時艱事〉，頁 6。

〔註 204〕屠隆，前引文，頁 11。

〔註 205〕林希元，前引文，頁 16。

〔註 206〕倪國璉，前引書，頁 169。

〔註 207〕郎擎霄（民國），《中國民食史》（台北，台灣商務印書館，民國 59 年 12 月台

平糴無他法，強抑之，不如順導之，官司出示減價，此抑之也。米少，則價騰，米多，則價自減，此順導之也。……今欲客舟之來，則不必強抑其價，彼知吾邑價少，他郡或有貴賣之處，則商販不來，不若聽其自然，客舟必集。〔註 208〕

故有司如欲平糶，可不必強抑之，聽其自然，因勢而順導之。屠隆《荒政考》曰：

此令（抑米價之令）一出，則他處之興販者，畏沮而不來，本境之有穀者閉糶而不出，民食愈乏，人情益慌，強則有劫掠，弱則有飢死，……有司惟貴設法調停，令穀價聽時低昂，不強折減，而出官銀以行運糴卹，商賈以來興販，……則穀價不減而自減，不平而自平矣。〔註 209〕

蓋抑價之令一旦頒行，四方商賈見無利可圖，則不願將米來販，囤戶亦不賣其所積之米，百姓即使有錢亦無得糴，飢困必更趨嚴重，故不如不抑米價，以招徠客商，且可促使本地富戶糶其所積之米。萬曆年間，山西巡撫呂坤《實政錄》曰：

歲凶穀貴，但有本地出賣，遠方來糴者，任其增長價銀，有司不許作大斗減價錢，斗小價高，則四方之來者如雲矣，雖欲貴，得乎？〔註 210〕

本地既已缺米，尤賴外米運販而至，故如抑米價，遠商不來，民即無得救矣，反之米價不抑，則客米自來，米既坌集，價當自平也。此法尤適行於不產米之地，浙江右參政蔡懋德〈通商濟荒條議〉曰：

杭城生齒，仰給外米，蒙行廣糴通商，已無遺策。而聚米之道，不厭多方，近聞鄰境閉糴，米價翔湧，商販紛紛，有各處阻難之愬，職思官府之儲散有限，民間之自運無限，而民間之自運猶有限，遠商之樂販更無窮，但能使遠地客商，望武陵爲利藪，聞風爭赴，米貨迸湊，杭郡百萬生齒之事濟矣。〔註 211〕

一版），頁 221～222。

〔註 208〕陳夢雷，前引書，食貨典，第二百四十卷，國用部，沈蘭先，〈平糴〉，頁 1164。

〔註 209〕屠隆，前引文，頁 11。

〔註 210〕呂坤（明代），《實政錄》（台北，文史哲出版社，民國 60 年 8 月影印初版），第二卷民務卷之二，〈存恤煢獨〉，頁 44。

〔註 211〕倪國璉，前引書，頁 170。

此乃不抑米價，而招徠米商之好處，商賈與富戶於荒年出糶，本即欲多賺些利潤，此爲人心之所好也，故如有司能因勢順其所欲，不抑米價，則其等聞之，必紛紛運米而至，價亦隨平矣。

（三）禁閉（遏）糴

某地發生災荒時，米價昂貴，糴米困難，尤須依賴附近各州縣之糧粟互通有無，以紓百姓艱食之困，無奈明代時期閉糴之情事，頗爲多見。林希元稱其「嘗見往時州縣官司各專其民，擅造閉糴之令，一郡飢，則鄰郡爲之閉糴，一縣飢，則鄰縣爲之閉糴，……乃各私其民，遇災而不相恤，豈吾君子民之意，萬一吾境亦飢，又將糴之誰乎？是欲濟吾民，而反病吾民也」。〔註 212〕申時行於〈請禁遏糴疏〉中，亦述及其所見曰：

> 近訪河南等處，往往閉糴，彼固各保其境，各愛其民，然天下一家，自朝廷視之，莫非赤子，災民既缺食于本土，又絕望于他方，是激之爲變也。〔註 213〕

顯見地方有司常基於私心，爲保其境，而行遏糴之舉，其所造成之影響，常使乏食地區之飢荒更趨嚴重。崇禎年間，東宮講官汪偉〈請禁遏糴疏〉有曰：

> 徽州……今連年飢饉，待哺於糴如溺待援。奈何鄰邦肆毒，截河劫商，斷絕生路，餓死萬計。〔註 214〕

此乃地方有司之短視，僅顧及本境之民，而未思之遠也，其既禁止本境之米不許出界，則他處之米亦不願入界，致一旦本境飢饉，百姓將無告糴之所，必因飢餓而爲亂。故此一作法，誠爲不智之舉，更何況鄰境如爲不產米之地，則其飢民將因而更受飢困矣。

地方官吏之遏糴既有如是之弊端，故禁遏糴之令，乃勢所必行，林希元《荒政叢言》疏曰：

> （閉糴）宜重爲之禁，今後災傷去處，鄰界州縣不得輒便閉糴，敢有違者，以違制論。〔註 215〕

屠隆《荒政考》亦曰：

〔註 212〕同註 205。

〔註 213〕陳夢雷，前引書，食貨典，第一百一卷，荒政部，申時行，〈請禁遏糴疏〉，頁 503。

〔註 214〕書同前，食貨典，第一百三卷，荒政部，汪偉，〈請禁遏糴疏〉，頁 513。

〔註 215〕同註 205。

今朝廷宜敕監司憲臣出榜曉諭，不許諸路有司遏糴，違制者覺察申奏。〔註216〕

蓋惟有得「鄰近協助市糴，通行米穀灌輸不至乏絕，乃可延旦夕之命」，〔註217〕故「早申遏糴之禁，嚴堵截之條，清囤害之路」，〔註218〕方爲救濟之良策，如地方有司皆能「講求平糴之法，聽商民從宜糴買，江南則糴於江淮，山陝則糴於河南，各撫按互相關白，接遞轉運，不許閉遏，其糴米或於各布政司，或於南京戶部，權宜措處，河南直隸四府縣，以臨德二倉之米，平價發糶，則各處皆可接濟」。〔註219〕如此，使各州縣能「爾我一體，有無相濟，非惟彼之缺食，可資于我，而己之缺食，亦可資於人」，〔註220〕則米價自無長期昂貴之理。萬曆年間，御史鍾化民奉使至河南賑饑，即曾「先飛檄各省，不許遏偓，……米到，任其價之高下，毋許抑勒，是時米價五兩，遠商慕重價，無攘奪患，浹辰米舟併集，延袤五十里，價遂減，石止八錢」。〔註221〕可見米價雖昂貴，但是如有司能善於處置，則米粟可自通有無，米價亦漸平矣。

總之，欲使平糴之法完備，能發揮其救濟之功用，乃「在無遏糴，俾商販諒我之公，凡道經我境者，俱運米而來，又在無抑價，俾商販聞價值倍常，自將輻輳而至，何患米價不漸平哉」。〔註222〕

第四節　治　蝗

一、治蝗之方法

百姓辛苦耕耘，所寄望者，即是秋收後能得溫飽，然而一旦蝗害形成，田禾盡失，收成無望，隨即面臨飢餓之威脅，且常使整個社會經濟皆產生紛亂之現象，故主政者尤須爲百姓尋出一治蝗之良策。論及明人之治蝗辦法，吾人可舉徐光啓爲代表，其根據史書之記載，以及親身之訪問、觀察、實驗，於〈除蝗疏〉中，提出寶貴之見解，雖然其認爲蝗生之緣乃是蝦變而成，吾人不足爲

〔註216〕屠隆，前引文，頁22。
〔註217〕同註213。
〔註218〕同註205。
〔註219〕倪國璉，前引書，頁154。
〔註220〕同註205。
〔註221〕鍾化民，前引文，頁4。
〔註222〕陳夢雷，前引書，食貨典第九十三卷，荒政部，王圻，〈賑貸群議〉，頁462。

訓，然而其所議，「蝗災之時，……是最盛于夏秋之間，與百穀長養成熟之時，正相値也，故爲害最廣。小民遇此，乏絕最甚。……蝗初生如粟米，數日旋大如蠅，能跳躍群行，是名爲蝻。又數日即群飛，是名爲蝗。所止之處，喙不停囓，……又數日，孕子于地矣。地下之子，十八日復爲蝻，蝻復爲蝗。如是傳生，害之所以廣也。秋月下子者，則依附草木，枵然枯朽，非能蟄藏過冬也。然秋月下子者，十有八九，而災于冬春者，百止一二。則三冬之候，雨雪所摧，隕滅者多矣。……故詳其所自生，與其所自滅，可得殄絕之法矣。蝗生之地，……必也驟盈驟涸之處，如幽涿之南，長淮以北，青兗以西，梁宋以東，都郡之地，胡濼廣衍，暵溢無常，謂之涸澤，蝗則生之。……故涸澤者，蝗之原本也。欲除蝗，圖之此其地矣」。〔註 223〕徐光啓此疏，對於蝗蟲成長時間、過程與滋生地區作出詳細報告，尤其有助於人們對蝗害之了解，且其更進一步提出防治之辦法，一爲預防法，其謂既知蝗生之緣，當即令有司於湖蕩洵窪積水之處，遇霜降水落之後，親臨勘視，尤其是「本年潦水所至，到今水涯，有水草存積，即多集夫眾，侵水芟刈，斂置高處。風戾日曝，待其乾燥，以供薪燎。如不堪用，就地焚燒，務求淨盡」。〔註 224〕二爲臨治法，其言蝗初生時，最易撲治，當令居民里老，時加察視，但見土脈墳起，即便報官，集眾撲滅，及時進行，有力省功倍之效。如已成蝗蝻，可預掘長溝，多集人眾，趨赴沿溝排列，持箒、持撲打器具，或持鍬鍤，每五十人，用一人鳴鑼其後，待蝻蟲驚入溝中，眾人即掃者自掃，撲者自撲，埋者自埋，至溝坑俱滿爲止。如已成蟲，則其振羽能飛，復能渡水，可視其落處，糾集眾人，各用繩兜兜取，貯於布囊，官司以粟易之。〔註 225〕三爲除蝗卵法，其認爲蝗蟲下子，必擇堅垎黑土高亢之處，用尾栽入土中下子，深不及一寸，仍留孔竅。且同生而群飛群食，其下子必同時同地，勢如蜂窠，易於尋覓，可趁冬月掘除之。

徐氏此一除蝗之論，頗有科學之根據，皆爲治蝗之良策，故雖然「天災非一，有可以用力者，有不可以用力者，凡水與霜非人力所能爲，姑得任之。至于旱傷則有車戽之利，蝗蝻則有捕瘞之法，凡可以用力者，豈可坐視而不救耶？爲守宰者，當激勸斯民使自爲方略以禦之可也」。〔註 226〕顯見如欲有

〔註 223〕徐光啓（明代），石聲漢（民國），《農政全書校注》（下），（台北，明文書局，民國 70 年 9 月初版），卷四四，荒政，〈備荒考〉中，頁 1300～1301。

〔註 224〕書同前，頁 1304。

〔註 225〕書同前，頁 1304～1305。

〔註 226〕陳夢雷，前引書，食貨典第一百三卷，荒政部，俞汝爲，〈捕蝗論〉，頁 512。

效治蝗，「必藉國家之功令，必須百郡邑之協心，必賴千萬人之同力，一身一家，無戮力自免之理」。〔註 227〕因蝗害發生之際，往往蝗陣如雲，荒田如海，惟有集合眾人之力，共同盡力防治，方能有效。故治蝗之事，「主持在各撫按，勤事在各郡邑，盡力在各郡邑之民」，〔註 228〕如此全面進行除蝗之務，則蝗害終可治矣。

二、治蝗之措施

蝗災之爲害，常致數千里之草木田禾淨盡，百姓受飢餓之苦，故起自明初，太祖即屢「命中書省毋奏祥瑞，災異蝗旱即以聞」，〔註 229〕使政府可速予賑濟。是時，明廷對於蝗災地區百姓收成無望者，常免其田租，〔註 230〕且命有司前往督捕。〔註 231〕至成祖之世，爲使治蝗之效果更加顯著起見，乃採行較嚴厲之態度，於永樂元年（1403），「令吏部行文各處有司，春初差人巡視境內，遇有蝗蟲初生，設法撲捕，務要盡絕，如或坐視，致使滋蔓爲患者，罪之。若布按二司官不行嚴督所屬巡視打捕者，亦罪之，每年九月行文，至十一月再行，軍衛令兵部行文，永爲定例」。〔註 232〕可見明廷頗致力於治蝗，且將此一重任委諸於布按，有坐視者，即罪之。故是後成祖常令布按速遣官分捕蝗害，〔註 233〕不以聞者，亦懲罰之。元年六月，有戶部尚書郁新言，河南郡縣蝗，所司不以聞，請罪之。成祖即訓之曰：「朝廷置守，資其惠民，凡民疾苦皆當卹之，今蝗入境不能撲捕，又蔽不以聞，何望其能惠民也，此而不罪，何以懲後。」並命都察院遣監察御史按治之。〔註 234〕蓋蝗害一日不除，其災即日甚一日，故嚴厲要求有司迅速捕瘞。十年（1412）六月，山西左布政司周璟言，平陽、太原等縣蝗，督捕已絕，成祖復命巡按御史驗之。〔註 235〕此舉並非不信任地方有司之言，誠乃對蝗害採謹慎之態度

〔註 227〕徐光啓，前引書，頁 1299。

〔註 228〕書同前，頁 1306。

〔註 229〕《明太祖實錄》，卷六七，洪武四年七月壬子條。

〔註 230〕書同前，卷一〇二，洪武八年十二月丙午條，卷一二一，洪武十一年十一月乙酉條。

〔註 231〕書同前，卷八八，洪武七年三月乙未條；卷八八，洪武七年四月條。

〔註 232〕申時行，前引書，卷十七，〈災傷〉，頁 472。

〔註 233〕《明太宗實錄》，卷七九，永樂六年五月乙亥條。

〔註 234〕書同前，卷二一，永樂元年六月甲子條。

〔註 235〕書同前，卷一二九，永樂十年六月戊辰條。

也，因如督捕未盡，來年必將仍有蝗害發生。由此亦可見成祖確實頗留心於治蝗，其曾諭有司曰：

> 蝗，苗之蠹，爾不能除之，亦民之蠹，今苗稼長養之時，宜盡力捕瘞，無遺民害。〔註236〕

其仁政愛民之至此境地，然而仍有少數地方官玩忽法令，坐視民瘼於不顧，成祖乃諭之曰：

> 近山東蝗生，有司坐視不問，及朝廷知之，遣人督捕，則已滋蔓矣。此豈牧民者之道，其令各郡縣，每歲春至驚蟄之時，即遣人巡視境內，但有害稼若蝗蝻之類，及其初發，即設法捕之，或蟲蝗有遺種，亦須尋究盡除，如因循不行，府州縣官悉罪之。若布政司、按察司失於提督同罪。其各處衛所，令兵部一體移文使遵行之。〔註237〕

蓋欲除蝗害，尤須撫按道府，實心主持，各府州縣官，皆同心協力，方能有成，若一方怠事，即易發生蝗害，蔓及他方，〔註238〕亦即「無論一身一家一邑一郡，不能獨成其功」〔註239〕也。

宣德元年（1426）六月，有河南布政司奏安陽、臨漳二縣蝗，宣宗謂尚書夏原吉曰：「近者有司數言蝗蝻，此亦可憂，……但患捕之不早耳，卿宜遣人馳驛分督有司巡視，但遇蝗生，須早撲滅，毋遺民患。」〔註240〕治蝗宜早，當其猶爲蝗蝻時，尚易除之，如待其振羽能飛，則治之難矣，故須儘早撲滅其蝻卵。是時，宣宗不僅重農，〔註241〕且尤恐百姓之田禾爲蝗害所囓，故於四年（1429）五月，永清縣奏蝗蝻生，宣宗即問左右曰：「永清有蝗，未知他縣何似？」錦衣衛指揮李順竟對曰：「今四郊禾黍皆茂，獨聞永清偶有蝗耳。」宣宗曰：「蝗生必滋蔓，不可謂偶有，命行在戶部速遣人馳往督捕，若滋蔓即馳驛來聞。」〔註242〕顯見宣宗雖貴爲皇帝，然而對蝗害亦有深入之了解，知道蝗害必非僅限於一地，遣人速往督捕。〔註243〕翌年四月，當易州奏蝗蝻生，宣宗亦訓示「蝗蝻爲災，若不早捕，民食無望，即選賢能御史往督有司發民

〔註236〕書同前，卷一四○，永樂十一年五月己卯條。
〔註237〕書同前，卷一四三，永樂十一年九月壬午條。
〔註238〕徐光啓，前引書，頁1304。
〔註239〕書同前，頁1306。
〔註240〕《明宣宗實錄》，卷一八，宣德元年六月戊子條。
〔註241〕參閱本論文第三章第一節。
〔註242〕《明宣宗實錄》，卷五四，宣德四年五月己酉條。
〔註243〕書同前，卷一一二，宣德九年八月己未條。

併力撲捕，初發捕之則易，若稍緩之，即爲害不細」。〔註 244〕然而所遣之使似未盡力，甚至有擾民之舉，故宣宗諭尙書郭敦，曰：「遣官之際，亦須戒飭，頗聞往年朝廷遣人督捕蝗者，貪酷害人不滅于蝗，卿等須知此弊。」〔註 245〕並作捕蝗詩示郭敦等人。〔註 246〕

明人之治蝗，尤重滅除蝗蝻之工作，使蝗害能防之於未然，正統元年（1436）四月，英宗曾指示捕蝗官曰：

> 今命爾巡視各郡，遇有蝗蝻生發，隨即督併衛所府州縣起集軍民人等捕之，務令盡絕，己除民患，不宜稍緩，以致滋蔓。〔註 247〕

因蝗災之形成，大致均在四、五、六、七、八月份，故欲除其蝗蝻，須提早行事，起自正統七年（1442），明廷一連幾年，常於正月遣官至各地督有司預絕蝗種。〔註 248〕此種舉措，頗有成效，故八年（1443）四月，巡按山東監察御史鄭觀奏，山東濟南等府，長清、歷城等縣蝗蝻生，己委官督捕，所掘蝗子少者一二百石，多至一二千石。〔註 249〕然而仍有少數捕蝗官「不體朝廷恤民之心，肆行箠楚，民受酷虐，甚於蝗災」，〔註 250〕且督民不力，任其踐踏田禾，致損傷頗多，如正統十三年（1448）十二月，直隸邢台縣奏，今歲蝗蝻，發民捕瘞，踐傷禾苗，計地二百四十二頃，租粟一千二百九十七石，草二萬四千二百餘束。〔註 251〕故英宗曾於派遣捕蝗官時，特別訓之曰：「爾宜深戒，尤在設法使人不勞困，田不損傷。」〔註 252〕

明代中葉以後，隨著社會、經濟之轉變以及旱災之頻繁，使歷次之蝗災漸趨嚴重，田禾屢被蝗蟲嚙盡，至有田婦見之痛心號淘大哭，而縊死於田間

〔註 244〕書同前，卷六五，宣德五年四月甲午條。
〔註 245〕書同前，卷六七，宣德五年六月己卯條。
〔註 246〕註同前。明宣宗〈捕蝗詩〉曰：「蝗螽雖微物，爲患良不細。其生實蕃滋，殄滅端匪易。方秋禾黍成，芃芃各生逐。所忻歲將登，奄忽蝗已至。害苗及根節，而況葉與穗。傷哉隴畝植，民命之所係。一旦盡于斯，何以卒年歲。上帝仁下民，詎非人所致。修省弗敢忽，民患可坐視。去螟古有詩，捕蝗亦有使。除患與養患，昔人論已備。拯民于水火，朂哉勿玩愒。」
〔註 247〕《明英宗實錄》，卷一六，正統元年四月庚子條。
〔註 248〕書同前，卷八八，正統七年正月癸未條；卷一〇〇，正統八年正月丁卯條；卷一一二，正統九年正月己卯條。
〔註 249〕書同前，卷一〇三，正統八年四月癸丑條。
〔註 250〕書同前，卷一六，正統元年四月庚子條。
〔註 251〕書同前，卷一七三，正統十三年十二月丙子條。
〔註 252〕同註 250。

者。〔註 253〕是時，明廷除屢遣官督民捕蝗之外，並給予米糧以資鼓勵。如「每捕得一升者，予米二斗」，〔註 254〕或「捕斗蝗者，給以斗穀」。〔註 255〕萬曆四十四年（1616），御史過庭訓〈山東賑饑疏〉曰：

> 捕蝗男婦，皆飢餓之人，如一面捕蝗，一面歸家吃飯，未免稽遲時候，遂向市上買麵做餅，挑於有蝗之處，不論遠近大小男女，但能捉得蝗蟲與蝗子一升者，換餅三十個。又查得箇山鄰近兩廠，預糧飢民一千零二十名，令其報效朝廷，今後將被地蝗蟲或蝗子捕半升者，方給米麵一升，以爲五日之糧，如無，不准給與。〔註 256〕

此種獎勵法，本是以除去蝗害爲目的，故給予米食爲報酬，然而吾人細究之，實有許多弊端，例如「箇山飢民，升數之粟，必令有蝗而始給，彼老弱殘疾，艱於行動，力不能捕蝗者，不盡死於此疏耶」。〔註 257〕又如「假令鄉民去邑數十里，負蝗易粟，一往一返，即二日矣」。〔註 258〕可見此種捕蝗易粟之法，固然「官亦易於勵眾，眾亦樂於從官」，頗能達到治蝗之效果，然而身爲主事者，仍須謹慎行事，才可使雙方皆得好處。清初倪國璉之《康濟錄》針對此法，曾提出十宜之策，〔註 259〕茲分別論述如下：

一曰委官分任——蝗災之區必然廣大，有司無法遍閱，故可委佐貳學職等員，資其路費，分其地段，註明底冊，令其多率民夫搜除蝗蝻。

二曰無使隱匿——如該地本無蝗害，今忽有之，則令地主須即申報，如有隱匿不言者，被人舉發，以杖警戒之，並賞舉發者十日之糧。

三曰多寫告示——將告示張掛於四境，規定不論男婦小兒，捕蝗一斗者，以米一斗易之，得蝗蝻五升或蝗卵二升者，皆以米三斗易之，因蝗蝻及蝗卵小而少，不可一例同稱也。

四曰廣置器具——捕瘞蝗害所必用之器具，百姓無法一時皆能完備，故有司當爲其廣置，事畢歸還。

五曰三里一廠——以粟易蝗之所，可令忠厚社長、社副司其事，並置執

〔註 253〕《明神宗實錄》，卷五四七，萬曆四十四年七月壬辰條。
〔註 254〕《明孝宗實錄》，卷八六，弘治七年三月戊申條。
〔註 255〕同註 253。
〔註 256〕倪國璉，前引書，頁 365～366。
〔註 257〕書同前，頁 366。
〔註 258〕註同前。
〔註 259〕書同前，頁 366～369。

筆者一人，協力者三人。使粟、蝗之出入皆有所根據，且捕蝗易米者，無遠涉之苦。

六曰厚給工食——共襄其事者，如敢冒破，固當予以重罰，然而無弊者，亦可給予工食，賞其苦勞。

七曰急償損壞——捕瘞蝗害之際，尤易損壞禾稼田地，以致收成短少，故須速予賠償，可照畝數除其稅糧，還其工本，依成熟所收之數償之。

八曰淨米大錢——百姓捕得蝗蟲、蝗蝻，有司不得插和粟米糠粃以易之，如或給銀，亦須照米價分發，如若散錢，亦依給銀之例，不可加入低薄小錢。

九曰稽察用人——有司須慎選襄其事者，並時稽察之，公平者立賞，侵欺者立罰。

十曰立參不職——有司之治蝗，尤須苦心經營，捕瘞務盡，勿縱蟲害民，則治蝗之效，亦不遠矣。

綜上所論，吾人可知蝗害之嚴重，甚於水旱，然而倘使朝野同心，合眾力共除之，何患乎蝗之不除不滅矣？

第五節　施　粥

災荒發生後，百姓除遭遇死亡之威脅外，最普遍者即是為飢餓所困，亟待政府速予救濟，此時政府雖可以賑米、賑貸、賑銀等各種方式施予賑濟，然而此些方式均不如施粥能迅速發揮作用，尤其百姓三餐不繼，飢斃在即之際，施粥正可助其苟延殘喘，免於死亡，且煮粥「一升可作二升用，兩日堪為六日糧」，〔註260〕故施粥乃是臨災最急切之辦法。王圻〈賑貸群議〉曰：

> 災荒時，人民流徙，飢餒疾病，扶老挈幼，驅之不前，緩之則斃，資之錢幣，則價踴而難糴，散之菽粟則麇歉，人眾而難遍，惟煮粥庶可救燃眉。〔註261〕

弘治十七年（1504），席書〈南畿賑濟疏〉亦曰：

> 臣日夜籌計，今日有司倉既無儲備，户部錢糧又難遍給。……惟作粥法，不須審户，不須防奸，至簡至要，可以舉行時下，可以救死

〔註260〕陳夢雷，前引書，食貨典，第二六六卷，粥部，張方賢，〈煮粥詩〉，頁1289。
〔註261〕同註222。

目前。〔註262〕

可見施粥誠爲一簡便且能扶顛起斃之法，尤其是「垂死之民，生計狼狽，命懸頃刻，若與極貧一般給米，則有舉火之艱，將有不得食而立斃者矣。惟與之粥，則不待舉火，而可得食，涓勺之施，遂濟須臾之命，此粥所以當急也」。〔註263〕

然而施粥之法，在實際施行上仍有許多問題須先加以解決或改善，例如「盡聚之城郭，少壯棄家就食，老弱道路難堪」，「竟日伺候二飧，遇夜投宿無地」，「穢雜易染疾，給散難免擠踏」，而主事者慮人眾粥少，增入生水食之，往往致疾，甚至摻入雜物、白土石灰於米麥中，反使得粥者立見斃亡，故有謂煮粥不若分米，蓋目擊其艱苦也。〔註264〕席書亦曰：

今世俗皆謂作粥不可輕舉，緣曾有聚于一城，不知散布諸縣，以致四遠飢民，聞風併集，生者勢力難給，死者堆積無計，遂謂作粥之法，不宜輕舉。〔註265〕

就此觀之，則施粥不便之處頗多，尤其是飢民聚之城郭，極易造成紛亂，使救濟之效果降低。但是陝西巡按畢懋康於〈賑粥議〉中，仍認爲施粥爲救民之良方，且提出其看法，曰：

嘗聞救荒，非救飢民，及救死民也，其法無如煮粥善相應，先儘各州縣見在倉糧，盡數動支，又動本院贖銀，收買米豆、雜糧，煮粥接濟。然所謂救荒無奇策者，患在任之不真，行之不力耳，若有眞心，自有良法，又何事不可爲，何災不可弭也。〔註266〕

此言誠爲至確之論，因主事者若有眞心，則自有良法也，亦即「荒年煮粥，全在官司處置有法」，〔註267〕故席書提出其賑粥之經驗曰：

今計南畿相應作粥州縣……江南，宜于應天、太平、鎮江，分布一十二縣；江北，擇要急者，宜分布三十二縣。總計四十三州縣，大約大縣設粥十六處，中縣減三之一，小縣減十之五。〔註268〕

〔註262〕徐孚遠，前引書，卷一八三，《席文襄公（席書）奏疏》卷之一，〈南畿賑濟疏〉，頁1～2。

〔註263〕林希元，前引文，頁8。

〔註264〕陳夢雷，前引書，食貨典，第一百三卷，荒政部，耿橘，〈條議荒年煮粥〉，頁511。

〔註265〕倪國璉，前引書，頁177。

〔註266〕書同前，頁178。

〔註267〕同註264。

〔註268〕徐光啓，前引書，〈席書奏疏〉，頁1289。

如此則飢民不必盡聚於城郭，互爭粥食，且爲使飢民免於奔走，以及能均霑實惠起見，席書更「備行各該州縣設粥廠，分約日並舉，凡窮餓者，不分本部外省，不分江南江北，不分或軍或民，不分男女老幼，一家三口五口，但赴廠者，一體給粥賑濟」。〔註 269〕此次賑粥成效頗大，「計自十一月中起，至麥熟爲止，四個半月爲率，江南十二縣，約用米五萬餘石；江北三十州縣，約用米十萬餘石。有司能守，此法一行，餓窮垂死之人，晨舉而午即受惠，三四舉而即免死亡」。〔註 270〕可見賑粥之法不僅可行，且可推行于天下，惟賴主事者之處置是否得法耳。

明人對於施粥賑濟飢民之事多有議論，茲僅就施粥所應注意事項，綜合各家說法，分別論述於后：

（一）廣設粥廠——飢民無定方，而煮粥有定處，若不多設處所，以粥就民，而圖官吏近便，以民就粥，恐奔食於場，難宿於家。且其朝暮爲食而來，十里之外，將不勝奔波，而老病之父母、幼弱之小兒未能前來，雖賴其乞粥以歸，亦以道遠難攜，尤其不便也。〔註 271〕故除有席書前之所述於大縣設粥十六處，中縣減三之一，小縣減十之五外，陝西巡按畢懋康發刻張司農〈救荒十二議〉，亦建言州縣之大者設粥廠數百處，小者不下百餘處，多不過百人，少則六七十人，〔註 272〕如此廠多則人不雜，各賑各方，且易於識認，又無途宿風雨之苦。〔註 273〕

（二）愼擇粥長——飢民之命，懸於粥長之手，如不得其人，弊竇叢生，故務須擇百姓中之殷實好善者三四人，爲正副而主之。〔註 274〕且先令之講求，講求既明，正印官親與問難，則於立法之外猶如另有良法也，如有不好潔，不聽命，因而偷盜米糧物件者，即予逐出更換。〔註 275〕

（三）查審飢民——有時待賑者，未能眞正霑得實惠，實因官照里甲排年編造，而里甲細戶散住各鄉不在一處，故里老任意詭造花名，借甲當乙，無由查核。王士性於〈賑粥十事〉建議曰：

〔註 269〕註同前。

〔註 270〕註同前。

〔註 271〕呂坤，前引書，第二卷，民務卷之二，〈賑濟飢荒〉，頁 60。

〔註 272〕倪國璉，前引書，附錄，頁 334。

〔註 273〕註同前。

〔註 274〕註同前。

〔註 275〕陳夢雷，前引書，食貨典，第一百十卷，荒政部，陳繼儒，〈救荒煮粥事宜〉十七條，頁 547。

> 今……約報飢民，不照里排，止照保甲，州縣官先畫分界，小縣分爲十四、五方，大縣二、三十方，大約每方二十里，每方內一義官、一般實户領之，如此方內若干村，某村若干保，某保災民若干名，先令保正副官造冊，義官殷實户覈完送縣，仍依冊用一小票粘各人自己門首，……他日散粟散粥，亦俱照方舉號。〔註276〕

此法不僅可使貧者免遭遺漏，而富者亦難詭名。另外畢懋康所發刻之〈救荒十二議〉，亦言「先令各里長報明貧戶，正印官輕車簡從，親自逐都逐圖，驗其貧窘，給與吃粥小票一張，塡寫里甲姓名，許執票入廠，仍登簿」。〔註277〕此一舉措，其目的不外是嚴審飢民，使其皆能均霑恩澤也。

（四）分別等第——凡前來食粥者，先報名在官立簿，主事者可將其分爲三等六班，老者不耐久餓，另爲一等，先給粥，且稍加稠。病弱者不能雜處群眾中，可另爲一等，亦先給粥。少壯者另爲一等，最後給。且男女三等各在一邊，即所謂三等六班。〔註278〕

（五）施粥之法——施粥之時，如秩序紛亂，則飢民未能平均乞得粥米，故有須嚴加規定之必要。可令飢民至者，隨其先後，來一人則坐一人，後至者坐先至肩下，但坐下者即不許起，一行坐盡，又坐一行，以面相對，至正午，官擊梆一聲，喝給一次食，由兩人擡粥桶，兩人執瓢杓，令飢民各持碗坐給之。〔註279〕呂坤之賑濟飢荒法，則以男女老病壯爲別，即令「食粥之人，男坐左邊，以老病壯爲序，女坐右邊亦然，每人一滿碗，周而復始，大率止於兩碗，老病者加半碗一碗可也」。〔註280〕蓋施粥之難，難在平均分食，如互相推擠，勢必無法均授，故上述二法似頗可行。

（六）酌給粥量——久餓之人，胃腸枯細，一旦驟飽，將速其死，例如「崇禎庚辰年（崇禎十三年，1640），浙江海寧縣雙忠廟賑粥，人食熱粥，方畢即死，每日午後，必埋數十人」。〔註281〕故賑粥予飢民，其粥萬不可過

〔註276〕馮應京（明代），《皇明經世實用編》（二八卷，明萬曆間刊本，台北，成文出版社影印，民國56年8月台一版），卷十五，利集一，王士性，〈賑粥十事〉，頁1165～1166。

〔註277〕倪國璉，前引書，頁341。

〔註278〕呂坤，前引書，頁62。

〔註279〕馮應京，前引書，王士性，前引文，頁1170。

〔註280〕同註278。

〔註281〕倪國璉，前引書，附錄，頁349。

熱，並令其徐徐食粥，戒其萬勿過飽，始可得生。〔註 282〕

（七）先親嘗粥——煮粥者有時見飢民眾多，慮粥缺少，增入生水，食之往往致疾。且插和雜物于米麥中，甚至有插入白土石灰者，致使飢民立見斃亡。〔註 283〕故主事者須先嘗粥，凡粥之生熟厚薄，有無插和，均須監督，親看親嘗。〔註 284〕

（八）畫分食界——爲顧及遠地與病弱者皆能分得粥米，故尤須分界而多置爨所，如「每方二十里，則以當中一村爲爨所，州縣出示此方東至某村，西至某村，南至某村，北至某村，但在此方之內居住飢民已報名者方得每日至村就食，令保甲察之」。〔註 285〕如此，粥米方可確實分予飢民，不致多爲強梁者所得。

（九）逐日登記——粥米得來不易，浪費不得，故每日男女領粥若干，須逐日登記於簿籍，以便查考。糧道王士性議曰：

> 監爨官署一曆簿，送州縣鈐印，如今日初一日起分爲二大款，一本處飢民，照其坐位從頭登寫，……二外處流民，又分作東西南北四小款，一某處人某人某人係欲過東者，一某係欲走西走南走北者，其下即註本日保甲某人送出境訖。……至初二日，又分作三大款，一本處舊管飢民，即昨日給過粥者，官則先照昨日舊名盡數塡此項下，來者分付先儘舊人照昨日坐定，點名如有不到者，大紅筆抹去。……二本處新救飢民，其有新來者令坐舊人之下，以便查點，……三外處流移，若流民則每日皆新來者，其昨日給過舊人，除病老不能動移外，再與給食，餘者不得存留。〔註 286〕

如能逐日總結共若干人，則有一人即有一人之食，可免冒破之弊也。

關於以上所論，王士性作有簡圖與說明，茲錄之於后，以知明人施粥之情形。〔註 287〕

〔註 282〕註同前。
〔註 283〕徐光啓，前引書（下），耿橘，前引文，頁 1294。
〔註 284〕同註 275。
〔註 285〕馮應京，前引書，王士性，前引文，頁 1169。
〔註 286〕書同前，頁 1172。
〔註 287〕書同前，頁 1175～1181。

圖十九：明糧道王士性賑粥格式通縣方界圖

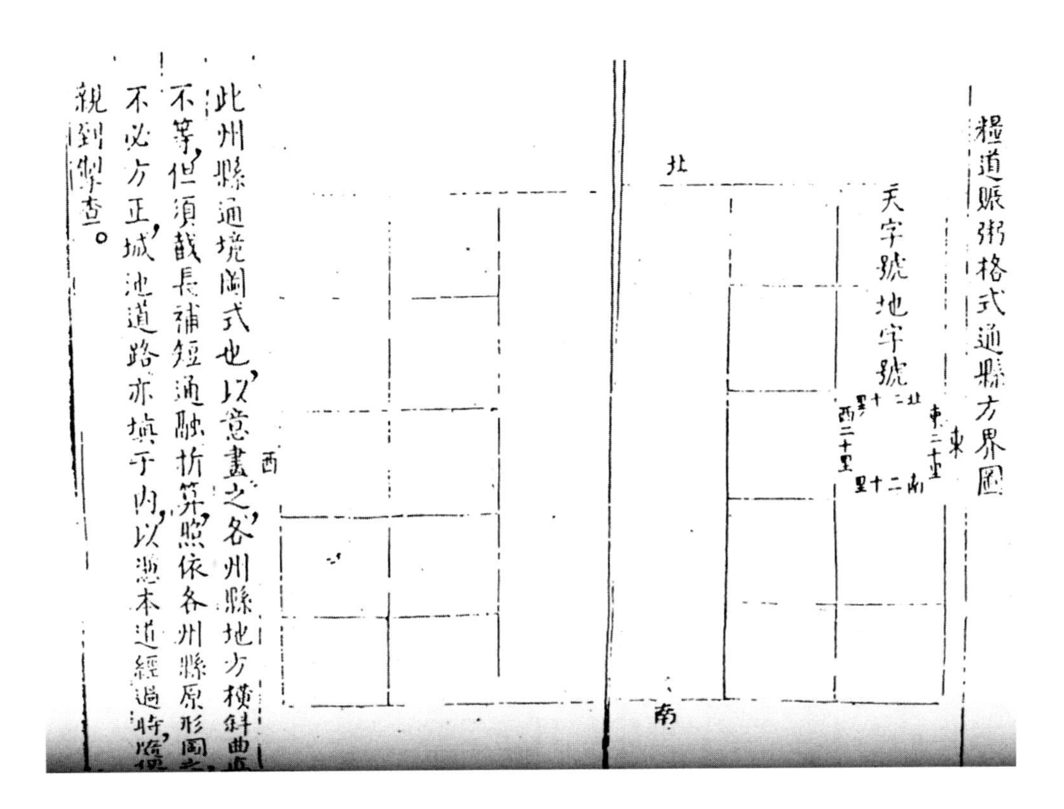

圖二十：明糧道王士性賑粥天字號方界圖

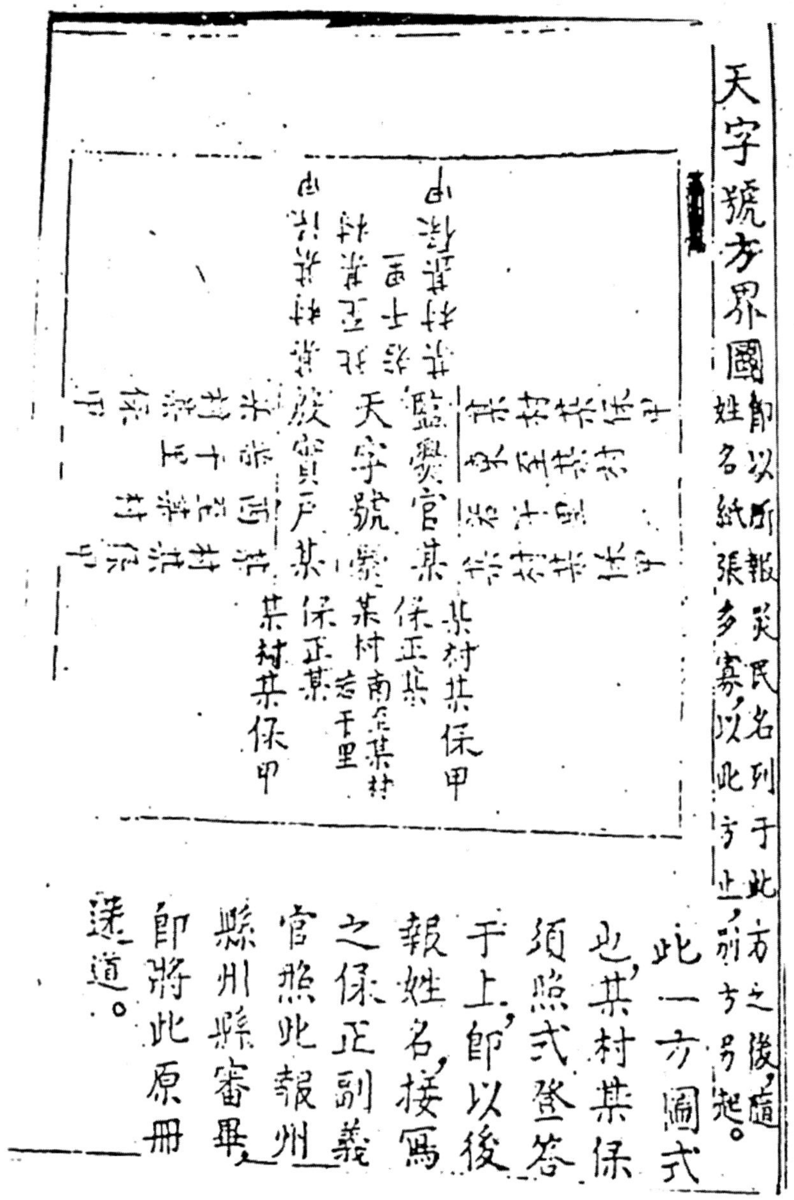

天字號方界圖 即以所報災民名列于此方之後，隨姓名紙張多寡，以此方止，別方另起。

監賑官某 某村某保甲

天字號 某村南至某村十里

放賑戶某 保正某

某村某保甲

此一方圖式也，某村某保須照式登答于上，即以後報姓名，接寫之保正副義官照此報州縣，州縣審冊，即將此原冊送道。

圖二十一：明糧道王士性賑粥登記圖

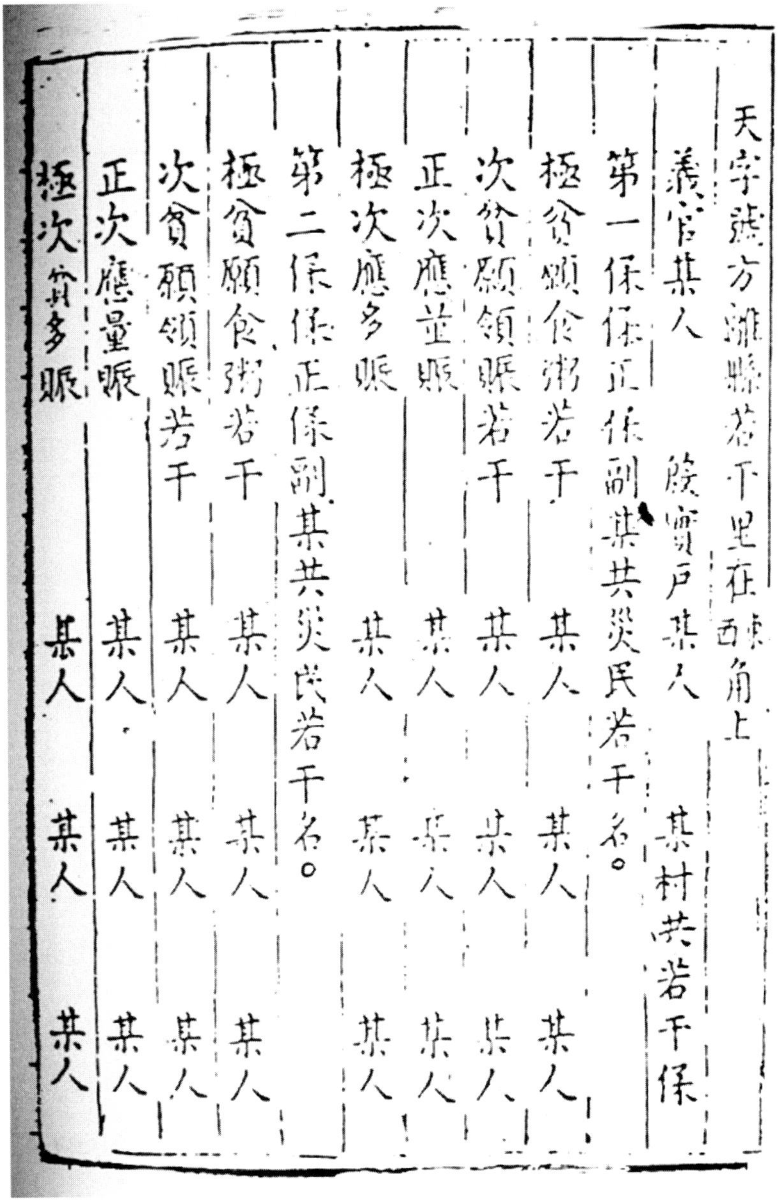

天字號方離縣若干里在西東角上
義官某人　殷實戶某人　某村共若干保
第一保係正係副某共災民若干名。
極貧願食粥若干　某人　某人　某人
次貧願領賑若干　某人　某人　某人
正次應並賑　某人　某人　某人
極次應多賑　某人　某人　某人
第二保係正係副某共災民若干名。
極貧願食粥若干　某人　某人　某人
次貧願領賑若干　某人　某人　某人
正次應量賑　某人　某人　某人
極次貧多賑　某人　某人　某人

圖二十二：明賑粥本處饑民坐食式圖

圖二十三：明賑粥外處饑民坐食法圖

圖二十四：明賑粥外處饑民坐食登記圖（一）

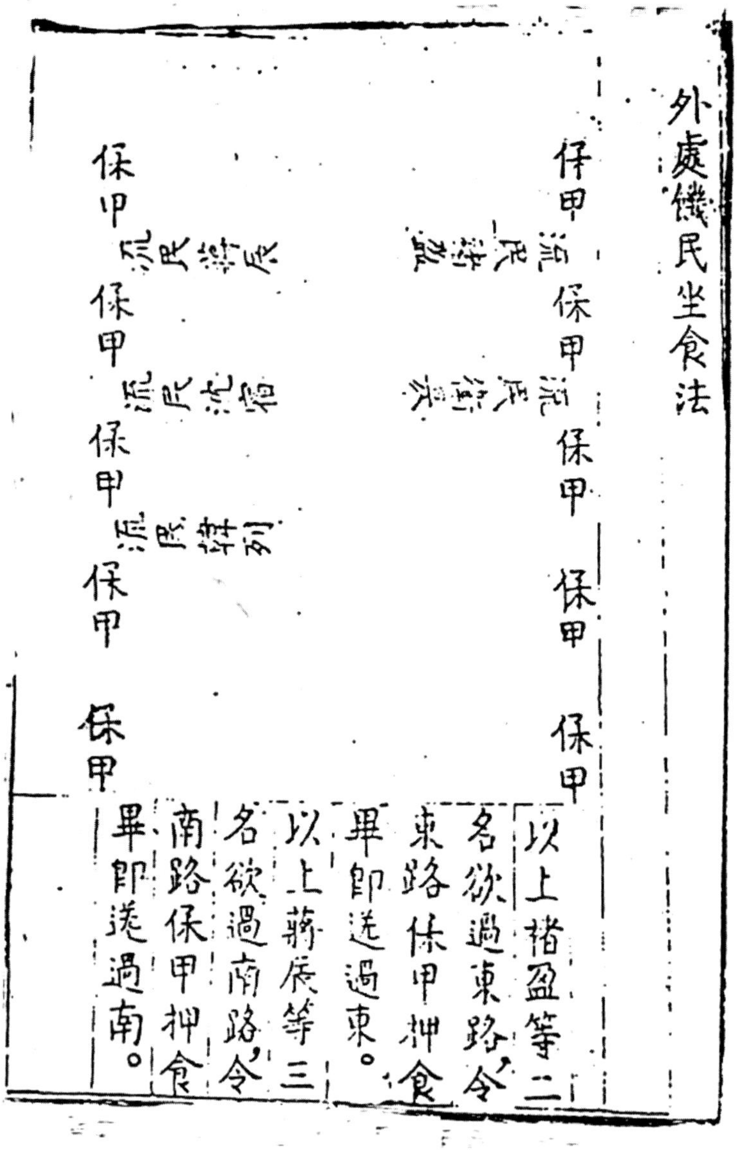

外處饑民坐食法

保甲　流民褚盈　保甲　流民[illegible]　保甲　保甲　保甲

以上褚盈等二名欲過東路，令東路保甲押食畢即送過東。

保甲　流民蔣辰　保甲　流民沈德　保甲　流民蔣列　保甲　保甲

以上蔣辰等三名欲過南路，令南路保甲押食畢即送過南。

圖二十五：明賑粥外處饑民坐食登記圖（二）

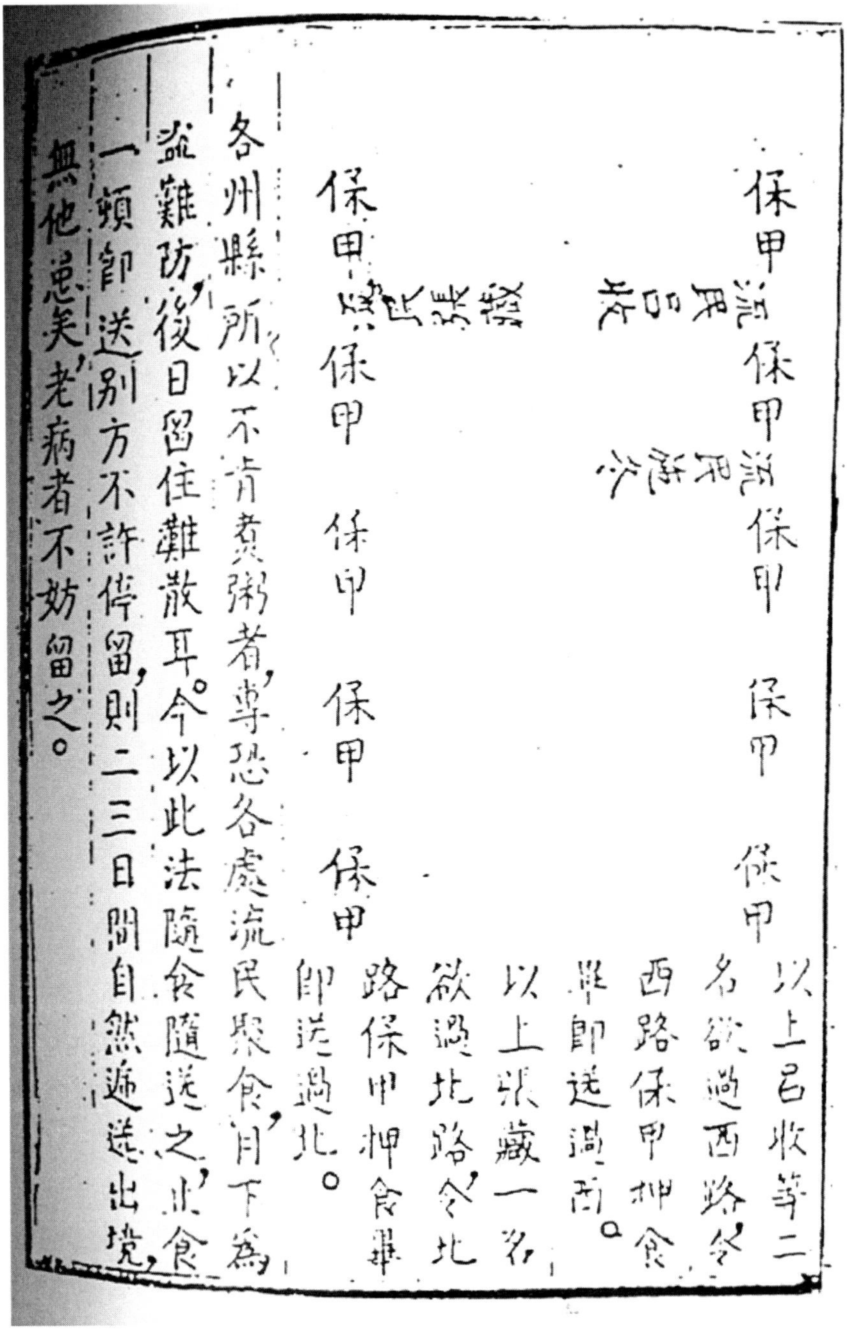

保甲　流民二名　保甲　流民一名　保甲　保甲　保甲

以上已收等二名，欲過西路，令西路保甲押食畢，即送過西。

以上收藏一名，欲過北路，令北路保甲押食畢，即送過北。

保甲　流民一名　保甲　保甲　保甲　保甲

各州縣所以不肯煑粥者，專恐各處流民聚食，用下為盜難防，後日留住難散耳。今以此法隨食隨送之，止食一頓即送別方，不許停留，則二三日間自然逓送出境，無他患矣，老病者不妨留之。

圖二十六：明放賑法登記圖（一）

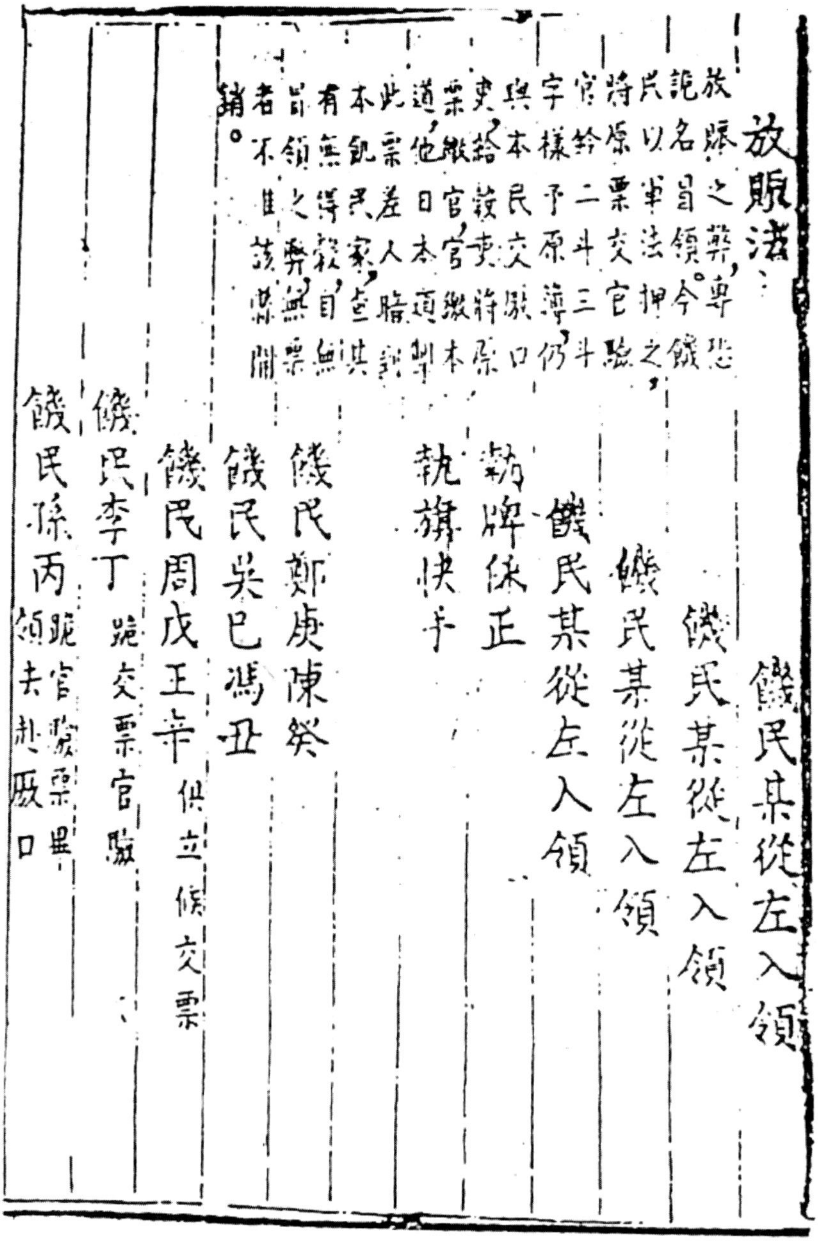

放賑法

放賑之弊，專恃詭名冒領。今饑民以半法押之，將原票交官驗，官給二斗三斗，字樣予原簿仍與本民交服口，吏給發吏將原票繳官官繳本道他日本道掣此票差人臨銀本飢民家查其有無得穀自無目領之弊無票者不且該縣開諸。

饑民某從左入領

饑民某從左入領

饑民某從左入領

饑民某從左入領

勅牌依正

執旗快手

饑民鄭庚陳癸

饑民吳巳馮丑

饑民周戊王辛　供立候交票

饑民李丁　跪交票官驗

饑民孫丙　跪官發票畢　領去赴廠口

圖二十七：明放賑法登記圖（二）

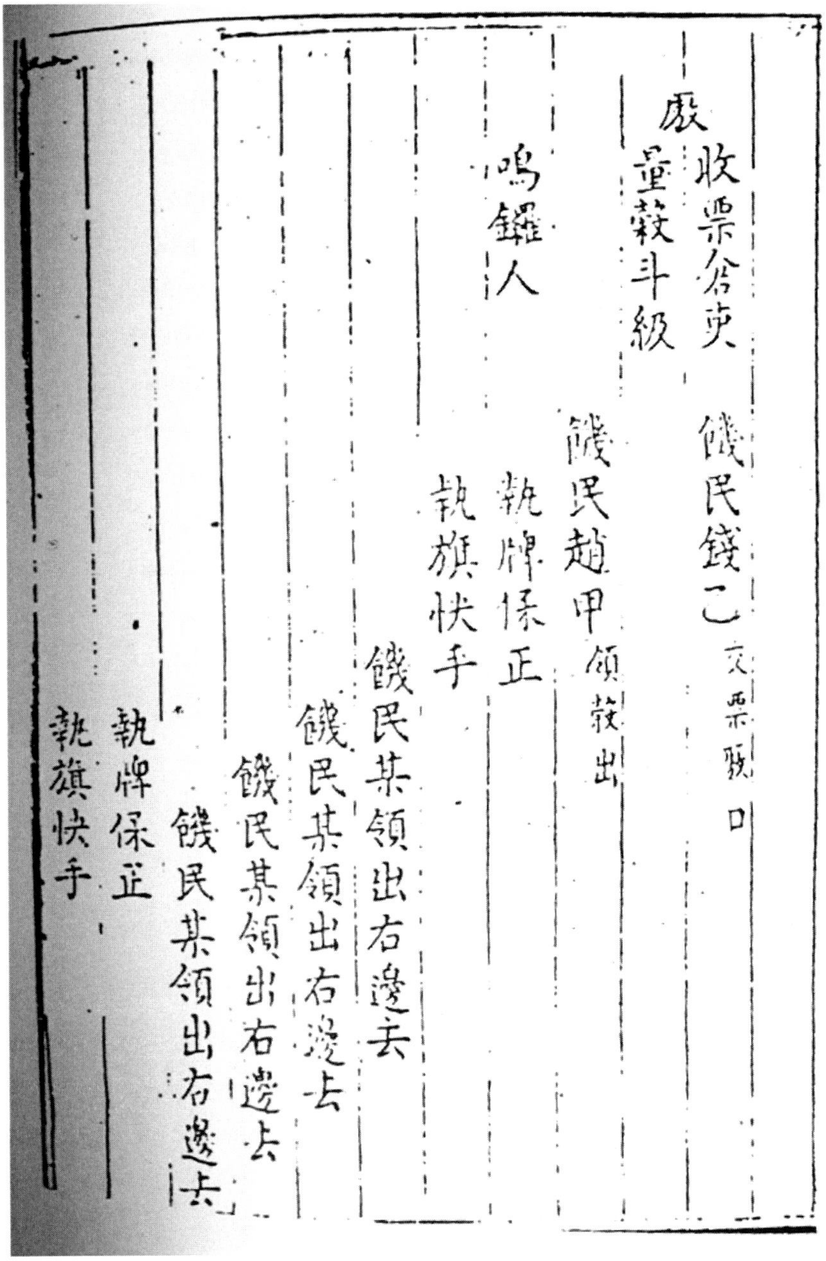

廒
收粟谷吏
量穀斗級
鳴鑼人
饑民錢乙　交粟驗口
饑民趙甲　領穀出
執牌保正
執旗快手
饑民某領出右邊去
饑民某領出右邊去
饑民某領出右邊去
饑民某領出右邊去
執牌保正
執旗快手

圖二十八：明放賑報名小票式圖

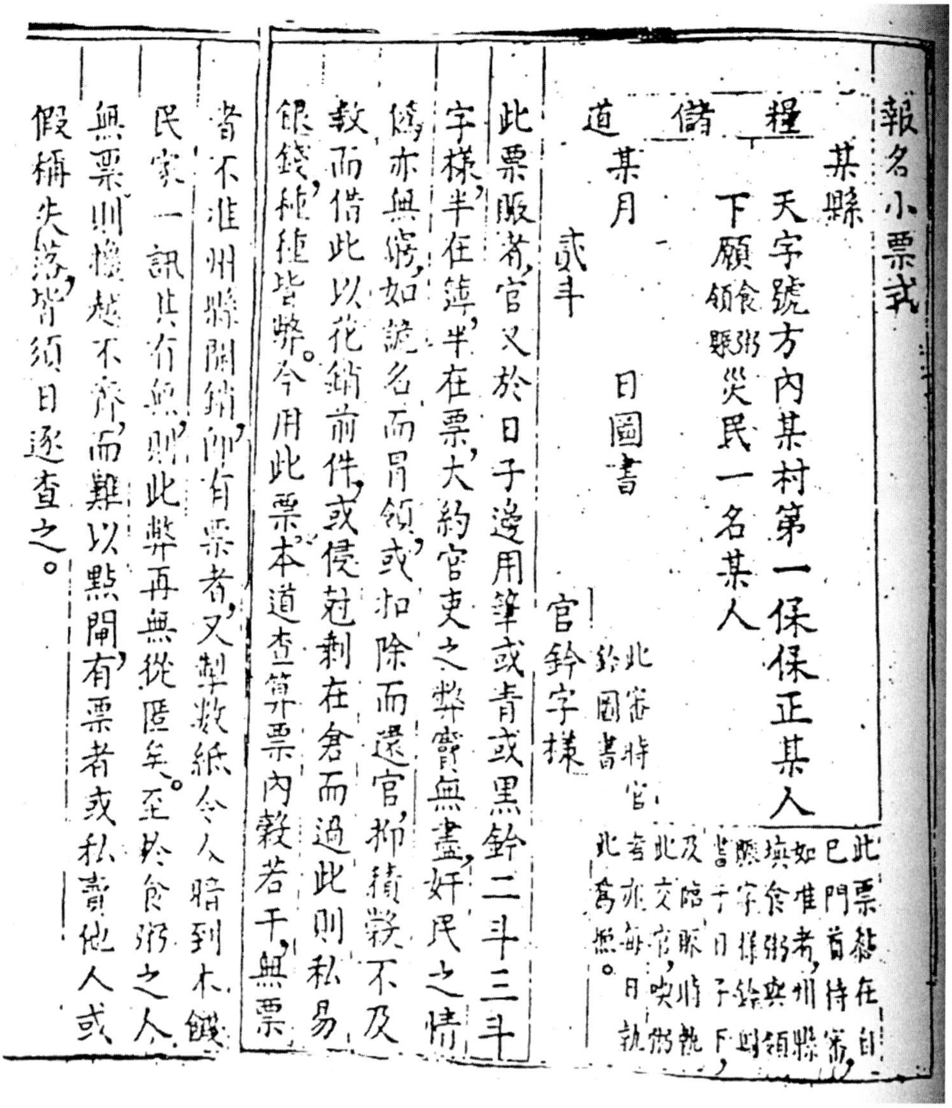

報名小票式

某縣
天字號方內某村第一保保正某人
下願食粥領賑災民一名某人

糧儲道
某月　日圖書
貳斗
官鈐字樣
此處將官鈐圖書

此票給在自己門首持示，如准者，州縣填食粥與領照字樣，鈐印當于日子下，及臨賑時，執此交官，喫粥者亦每日執此為照。

此票賑者，官又於日子邊用筆或青或黑鈐二斗三斗字樣，半在簿，半在票，大約官吏之弊實無盡，奸民之情僞亦無窮，如詭名而冒領，或扣除而還官，抑積穀不及教而借此以花銷前件，或侵冠剩在倉而過此則私易銀錢，種種皆弊。今用此票，本道查算票內穀若干，無票者不准州縣開銷，即有票者，又製數紙令人暗到木餓民家一訊其有無，則此弊再無從匿矣。至於食粥之人，無票則擾越不齊，而難以點閘，有票者或私賣他人，或假稱失落，皆須日逐查之。

綜上所論，吾人可知明代對於施粥之事頗爲重視，雖然行之，或有不便之處，然而實在端賴有司之處置得法而定，例如以上所述各項，皆爲施粥之際，所應注意者，故有司如能盡心力主持，則其成效必定相當可觀。焦竑《玉堂叢語》曰：

> （正統間）汴城流莩聚集，相爲蹈籍，守郡者議逐之，俾還諸屬以就賑。李公充嗣曰：「餓殍死在旦夕，力不自支，又安能匍匐至？彼昔以設粥之事，謂非良術，然驅之使僵仆於道路，而吾輩坐視其斃，誠不忍爲也。」亟令城中四門置釜爨數十，選勤能有司，日饘粥以食之。旬日之後，擇少壯者給道餉，先令就粟於各屬，而老弱病疾之民，膳月餘而後遣，由是民賴存活者以萬計。〔註288〕

粥米雖謂稀薄，卻爲活人之物，豈可小視，故施粥雖非最佳之救濟法，然而如有司以眞心處之，則自有良法，可救民無數，何能不爲乎？

第六節　結　語

災荒之際，百姓備受痛苦，亟須政府伸以援手，予以救濟。故前五節所述之各項救濟工作，乃爲明代政府常採行者。祈神之舉，於災荒之時，頗能產生影響力，增進百姓生活信心，且可顯示政府關愛百姓之意，若果眞倖得感應，天降雨霖，則其作用更大。至於修省，乃藉天警，以省己過，以求直言，察施政之得失，去虐民之惡政，誠不失亦爲救濟之道。然而此二者，皆含消極之意，有不切實際之嫌，故如能行賑濟之策，則百姓有得救之望。賑濟者貴其速，尤須賴有司便宜行事，先賑後奏，災民可免飢寒之苦。賑濟之策有四端，曰賑米、曰賑錢、曰賑貸、曰工賑，皆爲善策，惟端視有司靈活運用也。糧粟者，活民之源，如或有所缺乏，則賑濟之事即成空談，故須使其互通有無，其法有截留漕米、發帑金糴米賑民、或行平糶使民糴米以食。至於百姓之田產，亦爲其活命之所賴，奈何蝗害一起，即蕩然無收，故主政者爲民除蝗，乃爲責無旁貸之務，而治蝗尤須講求時效，於其初爲蝗卵、蝗蝻之時，即群策群力予以捕瘞，最易有成。百姓爲飢餓所困，臨於死亡，而有司之賑米亦有限，則此際可考慮煮粥之策，不僅可救燃眉之急，苟延民命，且所費不多，甚是可行。凡此五大策，皆爲災荒時之重要救濟工作，觀之明

〔註288〕焦竑，前引書，卷二，〈政事〉，頁36。

廷於此方面，多有興舉，然而畢竟有司講求者少，怠忽者多，及至末年，更因朝政敗壞、財政困難、社會紛亂、外患日亟、災荒頻仍，救濟之策徒屬具文，致民生艱困，倍於往昔，民亂遂由是而起。

第六章　明代災荒後之救濟工作

第一節　安　輯

一、百姓流亡之原因

百姓之流亡，不僅廢棄田產，且為求食而流落他鄉，極易嚴重影響國家經濟與社會安寧，故安輯流亡百姓之措施，尤為災荒後之重要救濟工作。

《明史・食貨志》對於百姓之流亡，有如下之劃分：

其人户避徭役曰逃户，年飢或避兵他徙者曰流民，有故而出僑於外者曰附籍，朝廷所移民曰移徙。〔註1〕

然而逃戶與流民之性質本即大致相同，故本節將此二者一併論述。

論及明代百姓流亡之原因，明孝宗弘治十八年（1505）二月，戶部尚書韓文曰：「耗損之故有二，有因災傷斂重逼迫逃移者，有因懼充軍匠諸役賄里長匿報者。」〔註2〕故吾人可言一為災荒之嚴重，二為賦役之苛重，三為官吏之逼迫，乃導致百姓大量流亡。每當災荒之後，百姓常受飢餓之威脅，多四散各地以趁食。正統十年（1445）八月，鎮守陝西右僉都御史陳鎰奏曰：

陝西所屬西安、鳳翔、乾州、扶風、咸陽、臨潼等府州縣旱傷，人

〔註1〕張廷玉（清代），《明史》（台北，鼎文書局，民國64年6月台一版），卷七七，志五五三，〈食貨〉一，頁1878。

〔註2〕《明孝宗實錄》（據國立北平圖書館紅格鈔本微捲影印，台北南港，中央研究院史語所校勘印行，民國57年影印二版），卷二二一，弘治十八年二月戊辰條。

民飢窘，攜妻挈子，出湖廣、河南各處趁食，動以萬計。〔註3〕

嘉靖二十八年（1549）十二月，巡撫鳳陽都御史龔輝亦奏曰：

淮安、贛、榆、沭陽、安東、清河及海邳等州縣，連歲災傷，户口逃亡大半。〔註4〕

蓋災荒之際，百姓死傷無數，田禾無收，屋舍遭毀，求食困難，故被迫轉徙他鄉趕食居住。

至於苛稅繁役與官吏之逼迫，亦是促使戶口流亡之主要原因，洪熙元年（1425）閏七月，廣西右布政使周幹，自蘇、常、嘉、湖等巡視民瘼後，奏曰：

臣竊見，蘇州等處人民，多有逃亡者，詢之耆老，皆云，由官府弊政困民，及糧長、弓兵害民所致。〔註5〕

本來百姓被災後，常自計應可倖獲恩，蠲免賦役，然而事實並未如此，佃民受督責取盈猶故也，又有從而朘削漁獵者，使百姓更無法堪受，乃多去其鄉，計不返顧。〔註6〕故詳究百姓之流亡，實多出於不得已，隆慶年間，僉都御史海瑞《備忘集》於招撫逃民之告示中，述及此種痛苦，曰：

爾等割舍鄉土，遠離了平日所聚會的親戚交游，遠離了平日遇時節所標掛的祖宗丘塚者，非獨無天性不忍之心，與人殊也。蓋因不能賠貱錢糧，些小產業賤賣與富家者，再無可賣，或本身或男或女，寫作奴婢於富家者，再無可寫，衣食不充，錢糧何出，妻啼子號，苦惱萬端，而里遞多科尚未已，官府刑徵猶不息，致小民不願有斗酒彘肩之賜，惟願無催稅打門之聲，不願有連篇累牘之詔，惟獨無放黃催白之文。奈人願不從，籲天無路，所以忍割天性之愛，含淚逃流他方，以求衣食，以避繁刑。〔註7〕

〔註3〕《明英宗實錄》（據國立北平圖書館紅格鈔本微捲影印，台北南港，中央研究院史語所校勘印行，民國57年影印二版），卷一三二，正統十年八月壬戌條。

〔註4〕《明世宗實錄》（據國立北平圖書館紅格鈔本微捲影印，台北南港，中央研究院史語所校勘印行，民國57年影印二版），卷三五五，嘉靖二十八年十二月己未條。

〔註5〕《明宣宗實錄》（據國立北平圖書館紅格鈔本微捲影印，台北南港，中央研究院史語所校勘印行，民國57年影印二版），卷六，洪熙元年閏七月丁巳條。

〔註6〕徐孚遠（明代），《皇明經世文編》（台北，國聯圖書館公司據明宗禎年間平露堂刊本影印，民國53年11月出版），卷四〇六，郭惟賢，〈潞課疏〉，頁8下。

〔註7〕海瑞（明代），《備忘集》（台北，學海出版社，民國59年4月初版），頁749

顯見百姓平日之生活已極窘困，又在苛稅重役之壓力下，受官吏之榨取，勢豪之剝削，幾至傾家蕩產之地步。故《明詩紀事．催糧行》曰：

催完糧，催完糧，莫遣催糧吏下鄉。吏下鄉，何太急，官家刑法禁不得。新來官長亦愛民，那信民家如此貧，朝廷考課催科重，鄉里小民飢膚痛。官久漸覺民命輕，耳熟寧聞冤號聲，新增有名官有限，兒女賣成早上縣。君不聞，南村大姓吏催糧，夜深公然上婦床。〔註 8〕

田產本是農民生存之條件，然而卻受盡有司如此之逼徵，遂紛紛流亡異鄉，以求逃避。張居正〈答宋陽山〉論曰：

夫民之亡且亂者，咸以貪吏剝下，而上不加恤，豪強兼併而民貧失所故也。今爲侵欺隱占者，權豪也，非細民也。而吾法之所施者，奸人也，非良民也。清隱占則小民免包賠之累，而守其本業，徵貪墨則閭閻無剝削之擾，而得以安其田里，如是則民將尸而祝之，何以逃亡爲？〔註 9〕

除前述三項因素外，有時因邊患或爭戰亦使百姓被迫而流亡，如正統十四年（1449）十月，値土木堡之變之後，「虜寇入境，順天府所屬州縣城市鄉村屯堡居住軍民人等，被其驚散，至今未復」，〔註 10〕遂成流亡之民，故兵部左侍郎商輅於〈招撫流移塡實京畿疏〉曰：

臣聞河南開封等府并南直隸鳳陽府等處地方，近年因水患，田禾無收，在彼積年逃民，俱各轉徙往濟寧、臨清等處，四散趁食居住，中間有係正統十四年以後，山西并直隸眞定、保定等處軍民，被賊寇驚散逃民，未久及原籍，見有田產之家，雖已陸續回還復業，其正統十四年已前逃移在外。年久軍民，及陝西、山西所屬艱難州縣，并口外地方，及原無田產之家，俱不肯復業，流移轉徙，動以萬計。〔註 11〕

～750。

〔註 8〕陳田（清代），《明詩紀事》（一八三卷，台北，鼎文書局，民國 60 年 9 月初版），〈催糧行〉，總頁 3020。

〔註 9〕張居正（明），《張太岳文集》（四七卷，萬曆年間刊本，中央研究院史語所藏），卷二六，答宋陽山。

〔註 10〕《明英宗實錄》，卷一八四，正統十四年十月癸酉條。

〔註 11〕徐孚遠（明代），《皇明經世文編》（台北，國聯圖書館公司據明宗禎年間平露堂刊本影印，民國 53 年 11 月初版），卷三八，《商文毅公文集》卷之一，〈招

此種流亡之百姓，其原因雖較特殊，然而給予國家社會經濟之影響，仍與前之所述者相同。

流亡者轉徙各地，本是受飢餓之威脅，及逃避官逼豪欺，然而至他鄉後之遭遇，並未因而改善，悽慘之情形猶不減於往昔。故陶澂〈飢民謠〉曰：

> 高原託群命，仳離無安居。三日僅一食，誰復計其餘。大府方南來，宣言發倉糈。皇皇感且泣，提挈滿路衢。里正仍作奸，公然雜追呼。終歲重剜肉，不得寬須臾。蒼天聽彌高，吞聲行次且。艱難已盡骨，願乞身爲奴。〔註12〕

因飢荒而流落他鄉已是出於無奈，倖而偶得賑米，自然欣喜萬分，卻復受里正作奸，冒支侵尅，其慘境誠可想而知。

二、安輯政策之演變

百姓流亡四方，尤爲亂事之端，故如何使其早日歸鄉，恢復舊業，或寄籍他鄉，安心耕種，進而重整社會秩序，乃是主政者所不可忽略之務。吾國歷代皆頗重視安輯之工作，其原因即在於此。

明代始自太祖起兵之初，即已能注意及安輯政策之施行，故當其「往濠州，所至州縣，見百姓稀少，田野荒蕪，由兵興以來，人民死亡，或流徙他郡，不得以歸鄉里，骨肉離散，生業蕩盡」，〔註13〕乃特諭中書命有司「徧加體訪，俾之各還鄉土，仍復舊業，以遂生息，庶幾斯民不致失所」。〔註14〕至龍鳳十二年（元至正二十六年，1366）十二月，其建國之形勢已逐漸完成，爲鼓勵百姓歸鄉復業，詔曰：

> 人民果能復業，即我良民，舊有房舍田土，依額納糧，以供軍儲，餘無科取，使爾等永保鄉里，以全家室。〔註15〕

國基初建，正須力圖使社會安定，蕃殖生齒，故此詔之頒行，頗具有招

撫流移疏〉，頁5。

〔註12〕陳田，前引書，陶澂，〈飢民謠〉，總頁3145。

〔註13〕《明太祖實錄》（據國立北平圖書館紅格鈔本微捲影印，台北南港，中央研究院史語所校勘印行，民國57年影印二版），卷二○，丙午年（元至正二六年）五月壬午條。

〔註14〕註同前。

〔註15〕佚名，《明典章》（中央研究院史語所藏鈔本），第一冊，龍鳳十一年十二月十一日詔。

撫之作用。至明初，太祖又督令「逃戶還本籍，復業，賜復一年，老弱不能歸及不願歸者，令在所著籍，授田輸賦」。〔註16〕此言表示明代初期對於招撫逃戶之措施，約有二途，一爲使其歸本籍復業，並以「賜復一年」優待之，二爲於所居地著籍（附籍）。然而畢竟逃戶爲法所不容，故太祖曾示之以威，於洪武二十三年（1390），「令監生同各府州縣官，拘集各里甲人等，審知逃戶該縣移文，差親鄰里甲，於各處起取其各里甲下，或有他郡流移者，即時送縣官給行糧，押赴原籍州縣復業」。〔註17〕依此令觀之，是時明廷似是欲將流亡之百姓，儘量歸送原籍復業。然而行之，仍有實際上之困難，例如彼等已在他郡居之多年，此時強令其回歸原籍，必是百般不願，將易激起民怨，滋生亂事。故於翌年，有繁峙知縣奏逃民三百餘戶，累歲招撫不還，乞令衛所追捕時，太祖即諭戶部臣曰：「民窘於衣食，或迫於苛政則逃，宜聽其隨地占籍，令有司善撫之。」〔註18〕蓋安輯之策應有彈性之運用也。

至成祖之世，對於流亡百姓之態度，亦是極力招撫，故於永樂元年（1403）閏十一月，諭戶部尚書郁新曰：「民誰樂去其鄉哉，河南連歲水旱蝗螟，守令鮮撫字之夫，其田廬生業已廢，捕歸益之困耳。」〔註19〕此乃寬禁捕之指示也。五年（1407）八月，復有廣東布政司言：「揭陽諸縣，民多流徙者，近招撫復業。……此皆逃避差役之民，宜罪之。」成祖不允，並訓之曰：「人情懷土，豈樂於遷徙，有不得已而去者，既復業則當撫綏之，何忍復罪。」遂勑善撫輯之。〔註20〕成祖此言，誠是有理，百姓既復業，猶予罪之，則百姓必畏之不敢歸。故成祖常令所在官司，對於流亡之百姓須善加撫綏，毋驅逐之，復業者如無糧食種子，由官給之。〔註21〕甚至於以牛具予復業之百姓，並免三年賦役之優待。〔註22〕十九年（1421）正月，更詔「各逃移人戶，悉宥其

〔註16〕張廷玉，前引書，卷七七，志五三，食貨一，〈戶口〉，頁1879。

〔註17〕申時行（明代），《明會典》（二二八卷，萬曆十五年司禮監刊本，台北，台灣商務印書館，民國57年3月台一版），卷一九，〈逃戶〉，頁519。

〔註18〕龍文彬（清代），《明會要》（台北，世界書局，民國52年4月二版），卷五〇，民政一，〈逃戶〉，頁946。

〔註19〕《明太宗實錄》（據國立北平圖書館紅格鈔本微捲影印，台北南港，中央研究院史語所校勘印行，民國57年影印二版），卷二五，永樂元年閏十一月丙寅條。

〔註20〕書同前，卷七十，永樂五年八月壬辰條。

〔註21〕徐學聚（明代），《國朝典彙》（二〇〇卷，台北，學生書局，民國54年元月初版），卷九九，〈救荒〉，頁2～3。

〔註22〕《明太宗實錄》，卷八十，永樂六年六月庚辰條；卷一一六，永樂九年六月甲辰條。

罪，許令所在官司首告，發原籍原業，其戶下虧欠稅糧，盡行宥免」。〔註23〕四月，復詔「各處逃移人戶，招回復業，仍免雜泛差役」。〔註24〕百姓之流亡，實多出於不得已，如示以恩宥，將可鼓勵其願速歸鄉復業也。故成祖於是年，「令原籍有司覆審逃戶，如戶有稅糧無人辦納，及無人聽繼軍役者發回，其餘准於所在官司收籍撥地耕種，納糧當差，其後仍發回原籍，有不回者，勒於北京爲民種田」。〔註25〕凡此皆爲成祖對於安輯流亡百姓之指示，然而有少數地方官吏未盡遵守，於百姓返鄉復業後，仍登門催納積欠，故至二十年（1422）十月，成祖以山東高密縣復業之百姓七百餘戶，有司屢遣催繳其累年所負糧芻，特諭戶部曰：

> 往古之民，死徙無出鄉，安於王政也。後世之民賦役均平，衣食有餘，亦豈至於逃徙。比來撫綏者不得人，但有科差，不論貧富一概煩擾，致耕穫失時，衣食不給，不得已乃至逃亡。及其復業，田地荒蕪，廬舍蕩然，農具種子皆無所出，政宜賙卹之，乃復徵其逋負，窮民如此，豈有存活之理。爾戶部其申諭有司繼自今逃民復業者，積年所負糧芻等物，悉與蠲免。〔註26〕

成祖此諭，不僅顯示其非常了解百姓流亡之苦衷，亦反應出當時少數奸吏擾民之烈。故當逃民復業後，除其積欠，以利其迅速恢復生產能力，乃勢在必行且頗合情理之舉措。由於成祖如此用心安輯，故於其在位期間，招撫流亡百姓之成效顯著，如永樂元年（1403）閏十一月，巡按河南監察御史孔復奉命招撫開封等府，計復業之民三十萬二千二百三十戶，男女百九十八萬五千五百六十口，新開墾田地十四萬七千三百五十八公頃。成祖聞之，更進一步諭戶部臣曰：「人情不得已而去其鄉，今既復業，即令有司厚撫綏之，……新墾田地停徵其稅。」〔註27〕四年（1406）九月，復賑蘇、松、嘉、湖、杭、常六府流徙，復業民戶十二萬二千九百有奇，給粟十五萬七千二百石有奇。〔註28〕此皆爲其愛民之仁政，可免百姓受流亡之苦也。

復業後之百姓，如獲得政府所予之牛具種子，並享三年免除賦役之優待，

〔註23〕佚名，《明典章》（中央研究院史語所藏鈔本），第一冊，洪武十九年正月條。
〔註24〕書同前，洪武十九年四月條。
〔註25〕同註17。
〔註26〕《明太宗實錄》，卷二五二，永樂二十年十月戊子條。
〔註27〕書同前，卷二五，永樂元年閏十一月丁未條。
〔註28〕書同前，卷五九，永樂四年九月戊辰條。

再加上本身之努力農稼，於無天災之情況下，應可於短時間內具備基本生活之條件。然而實際情況往往並未如此順利，亦即給予復業者最大之困擾，莫過於地方有司之追索積欠，故宣宗早於洪熙元年（1425）十一月，其即位後不久，見直隸眞定府博野等縣，有司督徵復業者所逋糧芻甚急，遂詔曰：

> 凡逃民復業者，令有司綏撫，免其徵徭，乃不體朕意，又督責之，不能安生，烏得不逃。其即移文各郡縣令善綏撫，如再有科擾，重罪之。〔註29〕

然而至宣德元年（1426）三月，仍有官司追徵復業者連歲所欠稅糧之事。〔註30〕以上二例，其間僅隔數月，而有司卻明知故犯，甘冒被處以重罰之禁令，追擾百姓，其原因何在？誠在於百姓初逃之際，地方官吏畏懼遭受處分，故並未上報，及至流亡之百姓歸鄉復業後，遂仍然逼其繳稅，且追索累年積欠之稅糧。〔註31〕故於二年（1427）十月，宣宗曾謂行在戶部臣曰：「已有詔書免徵，此必有司故違，使朝廷失信，即與除豁，今後更有違詔行事者，重罪之。」〔註32〕五年（1430）二月，又敕行在部院，招飢徙民復業，免役一年。〔註33〕宣宗既致力於百姓之復業，故於其在位期間，屢有免復業者之田租，甚至於至六年（1431）時，仍有免永樂二十一、二十二年稅糧之事。〔註34〕然而是時明代之國運似是已漸由盛轉衰，故吏政多敗壞，追徵科擾者常有之，棄詔令於不顧，使宣宗復於七年（1432）敕部院曰：

> 已遣人招諭復業，免徭役一年，今聞有司不體朕心如故，流民歸者，居無廬舍，耕無穀種，逼償故所逋稅，奈何不死且復亡也。其速加厚恤，諸雜賦蠲除之，有虐害者，無論官民悉治罪。〔註35〕

但是明代此時之吏治，「已經不像洪、永時清明，公文自公文，而催徵自催徵」，〔註36〕故至十年（1435）六月（時英宗已立），仍有官司對河南彰德等府復業者追累年負欠稅糧，致民不聊生。〔註37〕

〔註29〕《明宣宗實錄》，卷一一，洪熙元年十一月辛丑條。
〔註30〕書同前，卷一五，宣德元年三月癸卯條。
〔註31〕書同前，卷一四，宣德元年二月辛未條。
〔註32〕書同前，卷三二，宣德二年十月乙丑條。
〔註33〕書同前，卷六三，宣德五年二月癸巳條。
〔註34〕書同前，卷八五，宣德六年十二月庚申條。
〔註35〕書同前，卷九一，宣德六月乙巳條。
〔註36〕王崇武（民國），〈明代戶口的消長〉，《燕京學報》第二〇期，頁340。
〔註37〕《明英宗實錄》，卷六，宣德十年六月丁未條。

百姓之復業，既有如上之問題，故於宣宗之世，亦曾採行任其寄籍之策，而寬禁捕。如宣德二年（1427）閏三月，工部侍郎李新自河南還，言山西飢民流入河南者十萬餘口，爲有司軍衛所捕逐。宣宗謂夏原吉曰：

> 民飢流移，豈其得已，……今乃驅逐，使之失所，不仁甚矣。其即遣官往同布政司及府縣官加意撫綏，發廩給之，隨所至居住，敢有逐捕者罪之。〔註 38〕

至三年（1428）七月，亦許流徙棗強縣二百餘戶入籍，且免追積欠。〔註 39〕蓋有些流亡之百姓，徙居他地，已有多年，如復予以驅逐，必徒招民怨，滋生事端，故不如允其寄籍定居。基於此一原因，宣宗乃於五年（1430），准「逃戶已成產業，每丁種有成熟田地五十畝以上者，許告官寄籍。見當軍民匠竈等差，及有百里之內，開種田地，或百里之外，有文憑分房趂田耕種不悞原籍糧差，或遠年迷失鄉貫，見住深山曠野，未經附籍者，許所在官司取勘見數造冊，送部查考」，〔註 40〕此皆爲頗合情理之仁政。

然而隨著明代國運之轉衰，至中葉以後，其流亡之百姓逐漸加多，使政府招撫流亡者之事例多於往昔，而有關流亡者之禁令亦趨於嚴厲，以便能控制逐漸紛亂之社會秩序。首論其招撫之策，最明顯者，莫過於給予復業者更多之優待，例如正統四年（1439），令流亡勘籍編甲互保，屬在所里長管轄之，並設撫民佐貳官，歸本籍者，勞徠安輯，給牛種口糧。〔註 41〕六年（1441），山東、陝西流民就食河南省者二十餘萬，巡撫于謙不僅請以河南、懷慶二府積粟賑之，並命布政使年富撫集其眾，授田給牛耕種，流民乃得安定。〔註 42〕八年（1443）三月，英宗更令戶部榜諭天下，百姓流移境外，限半年之內，願報籍者，聽其報籍，務令安插得所，仍免役三年，願復業者，官記其名，秋成遣之，如例優恤，公私逋負，悉與蠲除，〔註 43〕甚至於至景泰年間，有將復業者之免賦役，延長爲五年。〔註 44〕雖然明廷積亟實施招撫流亡者之工作，然而流亡之人數卻日漸益眾，尤其是河南、山西、兩直隸等地最爲嚴

〔註 38〕徐學聚，前引書，卷九九，〈救荒〉，頁 7。
〔註 39〕《明宣宗實錄》，卷四四，宣德三年七月乙亥條。
〔註 40〕同註 17。
〔註 41〕張廷玉，前引書，卷七七，志五三，食貨一，〈戶口〉，頁 1879。
〔註 42〕書同前，卷一七○，列傳第五八，〈于謙〉，頁 4544。
〔註 43〕《明英宗實錄》，卷一○二，正統八年三月戊午條。
〔註 44〕書同前，卷二一六，景泰三年五月庚子條；卷二二三，景泰三年十一月甲戌條；卷二二五，景泰四年正月乙丑條。

重，〔註 45〕使明廷不勝招撫，如正統四年（1439）二月，河南武安縣因旱蝗流徙者，有一千六百四十八戶，有司雖儘力招撫，僅招回復業者三分之一。〔註 46〕再加上少數「不才有司，不能招撫安輯，以致遷徙不常，或於田多去處，結聚耕種，豪強之徒，自相管束。布按二司官苟且遷延不思處置」。〔註 47〕以致使社會秩序之紛亂日益嚴重，有遠見者深引以爲憂，如十四年（1449）十一月，尚寶司司丞夏瑄即曾奏曰：

> 今日之所憂者，不專于虜，而在于吾民。何以言之，今四方多事，軍旅數興，賦役加繁，轉輸加急，水旱之災，蝻蝗之害，民扶老攜幼，就食他鄉，而塡溝壑者，莫知其數。而存者北爲虜寇之屠，南被苗賊之害，兵火之餘，家產蕩盡，欲耕無牛，欲種無穀，飢饉相繼，盜賊滋多，中土騷然。〔註 48〕

景泰五年（1454），尚書孫原貞亦疏曰：

> 臣昔官河南，稽諸逃民籍凡二十餘萬户，悉轉徙南陽、唐、鄧、襄、樊間，群聚謀生，安保其不爲盜？〔註 49〕

明廷見及流民問題之情勢逐漸惡化，故有關之禁令亦轉趨嚴厲，始自正統元年（1436），即令山西、河南、山東、湖廣、陝西、南北直隸、保定等府州縣，「造逃戶周知文冊，備開逃民鄉里姓名男婦口數軍民匠竈等籍，及遺下田地稅糧若干，原籍有無人丁應承糧差，若係軍籍則開某衛軍役，及有無缺伍，送各處巡撫并清軍御史處督令復業。其已成家業願入冊者，給與戶由執照，仍令照數納糧。……如何不首，雖首而所報人口不盡，或展轉逃移及窩家不舉首者，俱發甘肅衛所充軍」。〔註 50〕八年（1443），復令「逃軍、逃匠、逃囚人等自首免罪，各發著役，罪重者從實開奏，量與寬減，其逃民不報籍復業，團聚非爲，抗拒官府，不服招撫者，戶長照南北地方發缺軍衛所充軍，

〔註 45〕王崇武，前引文，頁 331～373。清水泰次，〈明代の流民て流賊〉（一）（二），《史學雜誌》四六編二、三號，頁 48～86、74～110。橫田整三，〈明代に於ける户ロの移動現象に就いて〉（上）（下），《東洋學報》卷二六第一、二號，頁 121～164、292～313。

〔註 46〕《明英宗實錄》，卷五一，正統四年二月丁丑條。

〔註 47〕書同前，卷一二一，正統九年九月乙酉條。

〔註 48〕書同前，卷一八五，正統十四年十一月丙午條。

〔註 49〕張廷玉，前引書，卷一七二，列傳六十，〈孫原貞〉，頁 4586。

〔註 50〕申時行，前引書，卷一九，〈逃户〉，頁 519～520。

家口隨往，逃軍、逃匠、逃囚人等不首者，發邊衛充軍」。〔註51〕顯見此時，明廷頗欲整頓逃戶之問題，故如遇有逃戶不服招撫者，必處以充軍之罰，而且亦嚴格要求地方有司確實處理逃民之問題，曾於同年七月「命山西布政司催糧參政院阮存協同清軍參議尹弼兼督有司設法招撫逃民，按季開報復業戶口，年終類奏各官考滿，仍具報吏部以憑考覈」。〔註52〕

至於對流民問題之處置，英宗曾於正統二年（1437），「令各處有司委官挨勘流民名籍男婦大小丁口，排門粉壁，十家編爲一甲，互相保識，分屬當地里長帶管。若團住山林湖濼，或投託官豪勢要之家藏躲，抗拒官司，不服招撫者，正犯處死，戶下編發邊衛充軍，里老窩家知而不首，及占恡不發者，罪同」。〔註53〕從此些禁令觀之，一方面可知明廷當時對百姓流亡者之處置態度，即以勘籍互保，進行戶口編查，並示之以威，以防止百姓之流亡。另一方面吾人亦可想及，是時明廷之招撫，成效並不很大，故流亡者仍逐漸增加，使明廷乃於四年（1439），令添設山東、山西、河南、陝西、湖廣布政司所屬，并順天等府州佐貳官各一員，撫治流民，〔註54〕以免流民團聚爲亂。

明代中葉以後，百姓流亡之問題既不得解決與改善，故其亂勢即如滾雪球一般逐漸擴大，雖然明廷仍致力招撫，例如成化元年（1465）十月，有巡視准揚等處右僉都御史吳琛奏曰：

> 鄰境及別郡人民流移入境者，所司善加存恤，亦照例驗口賑濟，令還鄉，其不願還者聽，仍諭民有空房及庵觀寺廟借與暫住，有願爲傭者，亦從其便。〔註55〕

儘量以流亡百姓之方便，而安頓之，並驗口賑濟。至六年（1470），更准「流民願歸原籍者，有司給與印信文憑，沿途軍衛有司每口給口糧三升，其原籍無房者，有司設法起蓋草房四間，仍不分男婦，每大口給與口糧三斗，小口一斗五升，每戶給牛二隻，量給種子，審驗原業田地給與耕種，優免糧差五年，仍給下帖執照」。〔註56〕不僅給予口糧，齎送其返籍復業，更爲復業者造屋、給糧粟、

〔註51〕書同前，頁520。

〔註52〕《明英宗實錄》，卷一〇六，正統八年七月癸酉條。

〔註53〕同註51。

〔註54〕同註51。

〔註55〕《明憲宗實錄》（據國立北平圖書館紅格鈔本微捲影印，台北南港，中央研究院史語所校勘印行，民國57年影印二版），卷二二，成化元年十月壬午條。

〔註56〕申時行，前引書，卷一九，〈流民〉，頁520～521。

牛具、種子、田土、免糧差，此種優待可謂不薄，亦可顯示明廷對改善流民問題之決心與努力。另外，明廷更設置撫民官專司其事，〔註 57〕例如：

天順八年（1464），添設湖廣布政司參議一員，於荊襄、漢陽等府，撫治流民。

成化元年（1465），添設陝西按察司副使一員，於漢口府，撫治流民。

成化十七年（1481），添設四川按察司副使一員，於重、夔、保、順四府，撫治流民。

弘治八年（1495），添設河南布政司參政一員，於南陽府，撫治流民。

弘治九年（1496），令河南分巡汝南道僉事兼理撫民，聽撫治鄖陽都御史節制。

添設此種官吏本欲撫治流民，然而卻常因不得其人，徒增百姓之困擾，〔註 58〕使明廷優待復業者，以利招撫之種種努力與成效，皆受影響。而明廷之當事者，亦因對民情之隔閡，未能深切了解實情，無法提出適當之對策，故是時不僅未能有效撫治流民，反而屢有流民之亂發生，其中以成化年間，發生於荊襄地區之亂事，最具代表性，使明廷費時十二年，數次用兵，始將其平定。〔註 59〕

荊襄流民之亂，似曾使明廷檢討其招撫流民政策之得失，故自是之後，其招撫之工作似又示之以寬，且給予許多優待。如化成二十三年（1487），「詔陝西、山西、河南等處軍民，先因飢荒逃移，將妻妾子女典賣與人者，許典買之家首告，准給原價贖取歸宗」〔註 60〕。弘治十七年（1504），則令「撫按官嚴督所屬，清查地方流民，久住成家不願回還者，就令附籍，優免糧差三年」。〔註 61〕嘉靖六年（1527），詔「今後流民有復業者，除免三年糧役，不許勾擾，其荒白田地，有司出給告示曉諭，許諸人告種，亦免糧役三年」。〔註 62〕二十四年（1545）二月，更從巡按山東御史劉廷儀所奏，「令天下有司招撫流移復業，給

〔註 57〕書同前，頁 521。

〔註 58〕《明英宗實錄》，卷八二，正統六年八月辛卯條；卷九七，正統七年十月乙卯條。

〔註 59〕藍宏（民國），《明成化年間荊襄地區的流民變亂》（國立台灣師範大學歷史研究所碩士論文，民國 66 年 6 月）。此論文對於成化年間荊襄流民變亂之源起，以及明廷剿平之過程，有詳細之論述。

〔註 60〕同註 51。

〔註 61〕同註 57。

〔註 62〕同註 57。

與牛具種子，竢年豐抵還，有能開墾閒田者蠲賦十年」。〔註63〕本來逃移者即於法所不容，然而明廷卻助其贖還已典賣之妻妾子女，甚至於蠲賦竟有長達十年者。凡此皆足以說明是時明廷對流亡百姓之態度，乃採取寬恩之措施，然而明廷至此似亦已無策，蓋允許流民寄籍，或優免糧差，或除其積欠，雖然皆爲招撫流民之法，可是流民之根本問題，明廷始終未能有效解決。故至明末，於政治腐敗、法紀廢弛、社會紛亂、財政貧困、外患頻仍之情況下，明廷更無力無暇招撫流亡之百姓，再加上連歲之天災，以及政府之「加派」重徵與縉紳豪右之剝削，使流民問題更日形嚴重，如呂坤〈陳天下安危疏〉曰：

> 自萬曆十年以來，無歲不災，催科如故。臣久爲外吏，見陛下赤子，凍骨無兼衣，飢腸不再食，垣舍弗蔽，苫藁未完，流移日眾，棄地猥多，留者輸去者之糧，生者承死者之役，君門萬里，孰能仰訴。〔註64〕

故其又論曰：

> 今天下之勢，亂象已形，而亂勢未動，天下之人亂心已萌，而亂人未倡。今日之政，皆播亂機使之動，助亂人使之倡者也。〔註65〕

顯然此時呂坤已深知流民之亂，頗有一觸即發之勢，並且將演變爲無法挽回之地步。惜明廷未能明察，而招撫之工作亦因前述諸多原因未能盡力進行，更遑論其安輯之策矣。

第二節　蠲　免

政府之稅收，多賴於租賦，而租賦由田產所出，故百姓田產一旦遭受天災破壞，即無力納賦，而政府之賑濟又有所不贍，如復以輸納，將更增其困苦。故吾國歷代常行蠲免之策，以紓民命，清人倪國璉《康濟錄》有曰：

> 歲常飢饉，小民顛沛流離，非急下蠲租之詔，頻頒濟困之恩，庶民何由而康濟乎。……洞達國體者必不以爲損朝廷之儲蓄，而以爲培國本之良圖矣。〔註66〕

〔註63〕《明世宗實錄》，卷二九六，嘉靖二十四年二月壬寅條。
〔註64〕《御選明臣奏議》（清乾隆四十六年刊本），卷三三，呂坤，〈陳天下安危疏〉，頁1。
〔註65〕註同前。
〔註66〕倪國璉（清代），《康濟錄》（台北，陽明山莊印，民國40年2月初版），頁202。

可見蠲免之舉，雖使國家稅收暫時短少，然而百姓卻因而得救，不失爲維持國家安定之良策。

故至明代，亦頗重視之，初，「太祖之訓，凡四方水旱輒免稅，豐歲無災傷，亦擇地瘠民貧者優免之」。〔註67〕此言顯示明代蠲免之策有二，一爲因災而蠲，是爲災蠲，一爲豐歲之時，擇地瘠民貧蠲之，是爲恩蠲。《明太祖實錄》亦記之曰：

> （洪武）十年（1377）九月，敕曰：「去年浙西常被水災，民人缺食，朕嘗遣官驗户賑濟。今雖時和歲豐，念去歲小民貸息必重，既償之後，窘乏猶多，今賴上天之眷，田畝頗收，若不全免舊常被水之民今年田租，不足以甦其困苦，爾中書其奉行之。」〔註68〕

此爲太祖恩蠲之美意，故於太祖之世，屢有恩蠲之舉，例如洪武元年（1368）八月，太祖「詔以浙西長興、吉安之民，自歸附以來，連歲勞於供餉，特免明年秋糧」。〔註69〕竟連明年之稅糧，已預先蠲免，故吾人可知此種恩蠲，除具有救濟百姓之作用外，亦可藉此收攬人心，使是時明代初建之國基能儘早穩定下定。〔註70〕然而恩蠲並非明代蠲免政策之重點，故今本節僅就其災蠲而論述之。

雖然《明會典》卷十七，〈災傷〉有曰：

> 凡蠲免折徵，洪武元年（1368），令水旱去處，不拘時限，從實踏勘，實災，稅糧即與蠲免。〔註71〕

但是論及明代之災蠲，首須究其蠲免工作之運作過程，亦即有關單位之報災、勘災、踏災、奏災之步驟如何進行？故筆者據《大明律》卷十三、〈檢踏災傷田糧〉條所言：

> 凡部内有水、旱、霜、雹及蝗蝻爲害一應災傷田糧，有吏應准告而不即受理申報、檢踏，及本管上司不與委官覆踏者，各杖八十。若初覆檢踏官吏不行親詣田所，及雖詣田所，不爲用心從實驗踏，止憑里長、甲首朦朧供報，中間以熟作荒，以荒作熟，增減分數，通同作弊，瞞

〔註67〕張廷玉，前引書，卷七八，志五四，〈食貨〉二，頁1908。
〔註68〕《明太祖實錄》，卷一一五，洪武十年九月丙子條。
〔註69〕《明太祖實錄》，卷三四，洪武元年八月癸未條。
〔註70〕薩孟武（民國），《中國社會政治史》（台北，三民書局，民國64年10月初版），第十二章明，頁318～321。另參閱張錫綸（民國），〈明太祖蠲賦問題研究〉，《大公報史地周刊》第134期，民國26年4月30日。
〔註71〕申時行，前引書，卷十七，〈災傷〉，頁466。

> 官害民者各杖一百，罷職役不敍，若致枉有所徵免糧數，計贓重者坐贓論，里長、甲首各與同罪，受財者並計贓以枉法從重論。〔註 72〕

以及《明會典》，卷十七，〈災傷〉，所記：

> 洪武二十六年（1393），定凡各處田禾遇有水旱災傷，所在官司踏勘明白，具實奏聞，仍申合于上司，轉達户部，立案具奏，差官前往災所覆踏是實，將被災人户姓名田地頃畝，該徵稅糧數目，造冊繳報本部立案，開寫災傷緣由，具奏。〔註 73〕

可略知明代災蠲之工作，其步驟爲先由里長、甲首提供災情之報告，地方有司須受理其申報，並踏勘具實奏聞，復由明廷委官覆踏，造冊繳報，由戶部奏聞於皇帝。此一過程，可謂頗爲嚴密，然而卻仍有少數地方官吏匿災不報，或將荒作熟，將熟作荒，使蠲免之工作無法達成賑濟百姓之功用，雖然太祖均予以逮治，〔註 74〕但是並未有顯著之改善。故至永樂五年（1407）五月，有都察院僉都御史俞士吉自浙江巡視民瘼還，上〈聖孝瑞應頌〉，成祖訓之曰：「爾以大臣出視民瘼，既歸，其民情何如？年穀何如，水患何如，未聞一語，而汲汲進諛詞，都御史行事固如此乎？」〔註 75〕其忽視民瘼竟至此地步，甚至有「言雨暘時若禾稼茂實者，及遣人視之，民所收有十不及四五者，有十不及一者，亦有掇草實爲食者」。〔註 76〕此種矇蔽之態度，不僅使朝廷無法了解民患之情形，亦無法施以賑濟，故成祖榜諭天下有司，自今民間水旱災傷，不以聞者，必罪不宥。〔註 77〕然而仍有民困益深，水、旱災不以聞，反逼民輸納者，〔註 78〕故至十年（1412），成祖復「命郡縣及朝廷遣官，遇民難不言者，悉下之獄」。〔註 79〕且爲使踏勘災情能確實起見，於二十二年（1424），「令各處災傷，有按察司處、按察司委官、直隸處、巡按御史委官，

〔註 72〕《大明律集解》（三十卷，明萬曆間奉勅，台北，學生書局，據明萬曆浙江官刊本影印，民國 59 年 12 月影印初版），田宅，卷五，〈檢踏災傷田糧條〉，頁 4。

〔註 73〕申時行，前引書，卷十七，〈災傷〉，頁 465～466。

〔註 74〕《明太祖實錄》，卷八六，洪武六年十一月甲子條；卷一八八，洪武二十一年正月辛卯條；卷一九六，洪武二十二年四月丙寅條；卷二四〇，洪武二十七年八月辛未條。

〔註 75〕《明太宗實錄》，卷六四，永樂五年五月辛巳條。

〔註 76〕書同前，卷六四，永樂五年五月辛未條。

〔註 77〕註同前。

〔註 78〕書同前，卷一二三，永樂九年閏十二月庚申條；卷一二九，永樂十年六月壬申條；卷一四四，永樂十一年十月丙寅條。

〔註 79〕書同前，卷一二九，永樂十年六月甲戌條。

會同踏勘」，〔註 80〕將踏勘之工作委以專責，以求實效。及至仁宗即位，更「諭戶部，凡災處即遣覈，如不實，罪有司，自今俱視此例」。〔註 81〕惟有嚴格要求有司，方能稍盡父母天下之責也。

本來朝廷飭令有司遇災須儘快踏勘，具實以聞，並時予賑濟或蠲免，乃出於其關懷民命之仁意，然而卻反造成「各處奏報災傷者無虛日，戶部視爲泛常，其於弭災恤民之道略無陳奏」。〔註 82〕明廷亦慮及京師供給不敷，恐減少糧額，故景帝乃於景泰七年（1456）九月，命各處巡按御史勘實所在水旱災傷，〔註 83〕以免地方有司將熟就荒，浮報虛假。自是以後，明廷雖仍常行災蠲之策，但是亦更嚴飭有司具實踏勘，如成化十二年（1476）九月，戶部以近來天下有司不計國用，多妄報災傷，概圖免徵，致糧餉缺乏，官軍無所支給，故「請行巡按御史督同按察司，凡有災傷會同布政司、都司官親詣其地，勘實奏免」。〔註 84〕亦即如係民田者，各處巡按御史、按察司會同布政司踏勘災傷，而如係軍田者，則會同都司官踏勘，以免因循姑息，奏報不實。至十七年（1481）十月，憲宗更從戶部之請，恢復仁宗之事例，「俱令巡按御史、都布按三司及府州衛所掌印會勘以聞」。〔註 85〕孝宗即位後，對於勘災之工作，頗爲積極，故於成化二十三年（1489）九月，詔示「各處奏報水旱災傷，曾經巡撫、巡按、都布按三司官具奏勘實者，該納糧草備開戶部即與停徵，若勘報扶同妄免稅糧，事發治以重罪」。〔註 86〕並於弘治二年（1489）六月，從戶部之奏議，「差屬官四員分往北直隸、河南、湖廣、及淮揚、山東查勘原奏災傷之不實者」。〔註 87〕至八年（1495），有主事高峘覈江南蘇松等府水災，偕其養子林及舊隸蔣能同行，「所至竟每遣林等出與典賦者爲關節，議諧所直多寡，若市物然，銀至百兩，而所報災數不復問其虛實，否則駁之不已，以是州縣聞之，鮮有不納賄者，孝宗聞之，下峘追贓并家屬發湖廣常德衛充軍，林等各坐罪有差」。〔註 88〕

論述至此，吾人可知明代災蠲之工作，從地方有司匿而不報，或將荒作

〔註 80〕同註 71。
〔註 81〕《明仁宗實錄》，卷三下，永樂二十二年十月癸丑條。
〔註 82〕《明英宗實錄》，卷二七〇，景泰七年九月甲戌條。
〔註 83〕註同前。
〔註 84〕《明憲宗實錄》，卷一五七，成化十二年九月癸卯條。
〔註 85〕書同前，卷二二〇，成化十七年十月甲辰條。
〔註 86〕《明孝宗實錄》，卷二，成化二十三年九月壬寅條。
〔註 87〕書同前，卷二七，弘治二年六月癸丑條。
〔註 88〕書同前，卷九九，弘治八年四月辛巳條。

熟之態度，演變爲將熟作荒之情形，其中實存有許多弊病，使朝廷無法確知地方之災情，致有百姓受災之際，卻仍須繳納田租者，或造成政府之賑濟過於濫施，徒浪費國帑者。

至於災情達到何種程度，方符合於蠲免之標準，在明代初期，似無明確之劃定，亦即災情並未分有等級，而稅糧須蠲免多少之比例爲何，亦無詳細之史料可查。雖然永樂十二年（1414）十一月，蘇、松、杭、嘉、湖五郡水災，有司議減半徵之，成祖以民田被水無收，令悉免之。〔註 89〕以及洪熙元年（1425）四月，仁宗以淮、徐、山東飢，命楊士奇草詔可全免今歲夏稅，秋糧減半徵收，〔註 90〕但亦只是概略之劃定而已。直至成化年間，由於地方有司多妄報災傷，以熟就荒，或誇大災情，始將災情與應蠲免之多寡以分數劃定。例如成化七年（1471），明廷以松江連歲災傷，從巡按御史王杲奏報，免是年稅糧五分。〔註 91〕十七年（1481），慶雲知縣宋漢以夏雨不降，麥盡枯，奏免夏稅十分之七。〔註 92〕十八年（1482）三月，敕巡撫蘇松應天左副都御史王恕、巡撫淮揚等處右副都御史張瓚賑濟飢民，免蘇松常鎮是年夏麥秋糧十之九。〔註 93〕可知至此時，明廷已以十分爲依據，而劃分應蠲免之比例，故對十九年（1483）的災蠲，《明會典》卷十七，〈災傷〉，有較明確之敘述：

> 成化十九年奏准，鳳陽等府被災，秋田糧以十分爲率，減免三分，其餘七分。除存留外，起運者，照江南折銀則例，每石徵銀二錢五分，送太倉銀庫，另項守貯備邊，以後事體相類者，俱照此例。〔註 94〕

然而並未成爲定例，故二十一年（1485）二月，當巡按直隸監察御史董復覆勘眞定、大名、廣平、順德等府州縣衛所去歲旱災時，本應免稅糧二十萬八千餘石，戶部卻奏請災至八分以上者蠲免，而七分以下者，仍徵其十之二。〔註 95〕同月，另有巡按直隸監察御史鄧庠覆勘灤州等州縣及永平等衛所去歲

〔註 89〕《明太宗實錄》，卷一五八，永樂十二年十一月庚申條。

〔註 90〕《明仁宗實錄》，卷九上，洪熙元年四月壬寅條。

〔註 91〕陳夢雷，前引書，食貨典，第八三卷，荒政部，頁 417。

〔註 92〕樊深（明代），河北《河間府志》（二十八卷，嘉靖刊本），卷四，宮室志，楊一清撰，〈慶雲宋知縣德政碑〉，頁 23。

〔註 93〕《明憲宗實錄》，卷二二五，成化十八年三月庚午條。

〔註 94〕同註 71。

〔註 95〕《明憲宗實錄》，卷二六二，成化二十一年二月戊午條。

水旱，分數應免常稅，戶部則奏請至三分以下者如舊，而四分以上者，仍徵十之三。〔註 96〕

從以上之論述，其災蠲之比例似仍未統一，亦無仔細之劃分，故容易造成勘災、報災之困難，使蠲免之工作增加許多無謂之麻煩與困擾，明廷遂於弘治三年（1490），議准「災傷應免糧草事例，全災者免七分，九分者免六分，八分者免五分，七分者免四分，六分者免三分，五分者免二分，四分者免一分，止於存留內除豁，不許將起運之數，一概混免，若起運不足，通融撥補」。〔註 97〕但是似乎亦未成爲定例，因爲至五年（1492）二月，明廷以水災免蘇松嘉湖等府衛糧草子粒，非全災者暫停徵納，以三分爲率。〔註 98〕亦即是時之蠲免法有二，一爲仍以成化十九年所奏准爲例，以十分爲率，如有被災，則一律減免三分，另一爲按弘治三年所議准之事例，尤其是至萬曆年間，似多採行後者。〔註 99〕然而此時期明代國運已衰，財政支出龐大，故明廷雖仍未改變蠲免之事例，卻提高災蠲之條件，而至崇禎年間，更屢有因災不蠲之情事，遂使災蠲之規定徒具虛文。〔註 100〕

由上觀之，明代災蠲之多寡，由明初遇災常悉數蠲免，演變爲後來只蠲免二、三分，此種僅爲顧及國家之財政，而忽略百姓沈重之負擔，實非良策，蓋「稅糧起運之數，大率十之七八，而存留之數，僅十之二三。民救死不贍，方待振業，而猶責以七八分之供，與之二三分之蠲，是猶徧體傷殘，而益之以一毛，不知有濟於民否也？」〔註 101〕甚至於即使明廷只徵三分，百姓亦覺

〔註 96〕書同前，卷二六二，成化二十一年二月癸亥條。

〔註 97〕申時行，前引書，卷十七，〈災傷〉，頁 466～467。

〔註 98〕《明孝宗實錄》，卷六十，弘治五年二月癸卯條。

〔註 99〕萬曆年間，明代災蠲之標準多依弘治三年〈災傷應免糧草事例〉，如萬曆二十六年九月，「浙江水災，戶部覆巡按方元彥、巡撫劉元霖奏准除天台……各被災三分，不准免外，將被災十分，海寧……六縣准免七分；被災九分，仁和……十縣准免六分；被災八分，餘杭……十六縣准免五分；被災七分，長興……七縣，准免四分；被災六分，嘉興……三縣，准免三分；被災五分，龍游……三縣，准免二分；被災四分，寧海……三縣，准免一分，俱於本年存留糧內照數豁免。」陳夢雷（清代），《古今圖書集成》（台北，鼎文書局，民國 66 年 4 月初版），食貨典第八十四卷，荒政部，頁 422。

〔註 100〕顏杏眞（民國），〈明代災荒救濟政策之研究——租稅蠲免政策〉，《華學月刊》第 144 期，頁 24。

〔註 101〕嚴訥（明代），〈虞邑先民傳略〉，轉引自鄧雲特（民國），《中國救荒史》（台北，台灣商務印書館，民國 67 年 7 月台三版），頁 234～235。

不堪，如成化二十一年（1484）正月，浙江道監察御史汪奎曰：

> 陝西、山西、河南等處連年水旱，死徙太半，今陝西、山西雖止徵稅三分，然其所存之民，亦僅三分，其與全徵無異。〔註 102〕

百姓之財力薄弱至此地步，如政府於災荒之年，不行賑濟與蠲免之恩，實在難以渡日。

另一可議者，即是明廷之災蠲，有時僅限於當年之稅糧，有時則僅免累年之積逋，甚少有同時皆予蠲免者，故常使民困仍然無法盡除，張居正〈請蠲積逋以安民生疏〉曰：

> 百姓財力有限，即年歲豐收，一年之所入，僅足以供當年之數，不幸遇荒歉之歲，父母凍餓，妻子流離，見年錢糧，尚不能辦，豈復有餘力完累歲之積逋哉。有司規避罪責，往往將見年所徵，那作帶徵之數，名爲完舊欠，實則減新收也。今歲之所減，即爲明年之拖欠，見在之所欠，又是將來之帶徵，如此連年，誅求無已，杼軸空而民不堪命也。〔註 103〕

萬曆九年（1581），吳之鵬亦曰：

> 江南霪雨，禾苗淹爛，廬舍漂流，非大施蠲免不可。然臣之所謂蠲者，不在積逋，而在新逋，不在存留，而在起運。蓋積逋之蠲，奸頑侵欠者獲惠，而善良供賦者不沾恩。且以凶歲議蠲，而乃免樂歲逋欠之虛數，民危在眉睫，而乃免往年可緩之徵輸，何以周急？若存留國課，不過十分之一二耳。官俸軍儲之類，詎可一日無哉？故非蠲運濟民，未有能獲甦者也。〔註 104〕

百姓遇災後，是年之稅糧即無法完納，亦更無餘力繳累年之積逋，故明廷既有意蠲免稅糧，實應將新稅與舊逋同時皆予蠲免，則百姓方可獲實質之救濟。

救災如同救火，貴在能迅速進行，不僅對災情之踏勘應儘早進行，蠲免之詔亦不得拖延，此乃安定人心之策。明代初期，報災與踏勘似乎無固定之期限，可隨時奏報，故有少數地方官對於災情，竟延至隔年始上奏者。〔註 105〕且由於明代之報災，法令具文，過於繁瑣，展轉上達，尤其費時。〔註

〔註 102〕《明憲宗實錄》，卷二六〇，成化二十一年正月己丑條。

〔註 103〕張居正（明代），《張文忠公全集》（台北，台灣商務印書館，民國 57 年 12 月台一版），奏疏十一，〈請蠲積逋以安民生疏〉，頁 166。

〔註 104〕吳之鵬奏疏，轉引自倪國璉，前引書，頁 201。

〔註 105〕《明宣宗實錄》，卷七八，宣德德六年四月庚辛條。

106〕故踏勘失時，報災遲延，蠲免後時，使百姓無法及時沾惠，人心不安，流亡者眾。明廷乃於弘治十一年（1474），將踏勘之期限加以規定，「令災傷處所，及時委官踏勘，夏災不得過六月終，秋災不得過九月終，若所司報不及時，風憲官狥情市恩，勘有不實者，聽戶部參究」。〔註 107〕然而查勘遲緩之情況，似並未改善，以致「有司之踏災，撫臣之報災，撫臣勘災輾轉往復，動經歲月，迨奉俞旨，則繳收已過半矣。奸民倖未然之惠而故意延捱，良民據已然之數而安心輸納，以故所蠲者多屬奸民，而良民不與焉」。〔註 108〕由於踏勘程序之繁複，百姓未能獲得蠲免之恩，而所蠲免者竟多爲奸民，故至萬曆九年（1581），明廷又題准：

> 地方凡遇重大災傷，州縣官親詣勘明，申呈撫按，巡撫不待勘報，速行奏聞，巡按不必等候部覆，即將勘實分數作速具奏，以憑覆請賑卹。至於報災之期，在腹裏地方，仍照舊例，夏災限五月，秋災限七月內，沿邊如延寧、甘固、宣大、山西、薊密、永昌、遼東各地方，夏災改限七月內，秋災改限十月內，俱要依期從實奏報。如州縣衛所官申報不實，聽撫按參究，如巡撫報災過期或匿災不報，巡按勘災不實，或具奏遲延，併聽該科指名參究。又或報時有災，報後無災，及報時災重，報後災輕，報時災輕，報後災重，巡按疏內，明白從實具奏，不得執泥巡撫原疏，致災民不霑實惠。〔註 109〕

此段話不僅對於踏勘奏報之期限有明確之規定，且也顧及邊地情況之特殊，而有不同之規定，同時對於有司之失職，亦予以約束。然而文中所述踏勘報災之種種缺失，正足以說明明代蠲免之策未能發揮應有之作用，乃是其來有自。甚至於當各處報水旱災荒，乞減租稅時，有司多不准減，或准者亦徒具虛文，使百姓不得受其實惠，以致窮困流徙者日益增加，〔註 110〕而社會紛亂之勢亦由是逐漸嚴重。

〔註 106〕同註 73。
〔註 107〕同註 71。
〔註 108〕徐孚遠，前引書，卷四三八，張棟，〈瑣拾民情乞賜採納以隆治安疏〉，頁 7。
〔註 109〕同註 71；另見《明神宗實錄》，卷一一九，萬曆九年十二月辛丑條。
〔註 110〕劉球（明代），《兩谿文集》（台北，台灣商務印書館，四庫全書珍本二集）卷二，〈雷震奉天殿鴟吻奏請修省疏〉，頁 7 上。

第三節 結 語

災荒發生之後，百姓受飢餓所困，復因平日爲苛稅繁役所逼，故多流亡四方，或移至他鄉，或逃入山林，但是其生活仍未能獲得改善，甚至更爲悽慘難堪，以致聚眾爲亂，形成嚴重之社會問題。故政府適時予以安輯，尤爲災荒後之重要救濟工作。就前文之論述，吾人可將明代政府安輯之策，析分爲六項，一曰給復，二曰給田，三曰齎送，四曰附籍，五曰除積欠，六曰寬禁捕。凡此皆爲主政者仁慈之一面，可使流亡之百姓樂於歸鄉復業，或寄籍耕住。同時明廷亦輔之以嚴，設有專司撫治流民之官，並且頒定許多禁令，以免流民爲亂。惜明代有司多未留心於此，對復業者仍催納積欠，而官吏撫治流民亦未盡力，故至明末，流民問題漸成尾大不掉之勢，及其爲盜爲寇之後，已無法收拾矣。

至於蠲免之策，本亦爲災荒後安撫百姓之救濟良策，然而由於明代報災程序繁複，常使蠲免之恩未能及時布施實惠予民。而少數有司復匿災不報，或將荒作熟，或將熟作荒，以致災情未能上達，或報災不實，使明廷之蠲免工作無法發揮應有之作用，及至中葉以後，明廷更一意以國家財政爲重，雖遇災荒，卻不願予災民全免，致使民命之困仍然存在，未得稍除，此亦不啻爲明末民亂蠭起原因之一乎？

第七章　結　論

吾國氣候之變化，本已受緯度、海陸分佈、洋流及地形四種因素之影響，而至明代，復正值吾國史上第四個冷期，使氣候益加乾旱寒冷，中葉以後，又因進入小冰河時期，氣候更趨不穩定，故水、旱、雪、雹、霜等災時常發生。另外，吾國有許多地帶屬於斷裂處、新生代、動斷層之地質，使震災之頻率昇高，災情亦頗慘重。如嘉靖三十四年（1555），晉陝豫三省同遭震災，死亡者竟達八十三萬之眾，甚是可怕。而由以上各災所引發之飢、蝗、疫等災，更是常相隨威脅百姓之生命、財產，使明代社會、經濟大受影響。

每當災荒之際，百姓死亡者動以千計萬數，甚至於有全戶滅絕者。而存活之人則受飢餓、苛稅、繁役之逼迫，流亡各地，接踵於道，使農村勞動力減少，田園荒蕪，農產短收，中農多賴借貸典當度日，貧苦之農則惟有鬻妻賣兒一途，悽慘之情尤足堪憐。農村經濟一旦崩潰，常波及城市百業之興廢，使國民經濟基礎發生動搖。另一可憂者，即是災荒後農民之暴動，此等農民平日於地方有司、豪商、劣紳、地主互相勾結下，有如魚肉一般，受盡剝削、侵尅，及至災荒降臨，困厄更甚，而侵逼卻倍於往日，故常忍無可忍，紛起暴動，蔓延四方。

凡此種種災荒之影響，明廷並未有所忽視，尤其始自太祖，對於災荒之救濟即多予留意。首就其預防策論之，明初，太祖以其平民之身，極力倡導重農之務，屢諭興作不得有違農時，並常移徙百姓、招流民至寬鄉從事開墾，免其數年之租，給予牛具、路費，以資鼓勵。而倉儲之法，則廣行預備倉制於各州縣，使百姓如遇凶歲，即可開倉賑給。水利之策方面，明廷對江河之整治，常委官專司其事，使其不為民患，並屢諭有司即時陳奏百姓以水利條上者，且遣官集合乘農隙，相度其宜，凡陂塘湖堰可蓄水，防旱熯、霖潦者，皆加以修治。

次論其平時救濟之策，明廷設有養濟院，以容無告者，並予月糧、歲薪、季布、冬綿、病藥、死棺之恩。貧苦之百姓，明廷則以貸穀、給錢、米、布、牛，或遷徙開墾等措施賑恤之。對於年老者，除予養老之惠外，更寓以敬意，借其經驗，委諸以督民之務。年幼者，明廷亦有關懷之仁政，尤其贖還百姓所鬻子女之舉，更屬常見。至於各州縣惠民藥局、義塚之設置，不外在於使百姓生有所賴，死有所葬。

災荒之際，明廷則行祈神、修省之舉，一方面安撫民心，一方面藉省察以除虐民之政。並以賑米、賑錢、賑貸、工賑、移粟就民及平糶之法，使百姓免受飢寒之苦。如或仍有賑之不及者，明廷更施之以粥，救其燃眉之急，延其生命。而治蝗策，則屢遣官督民合群眾之力捕瘞之。

災荒之後，百業待舉，故明廷常予災蠲之賜，以減百姓受災之苦，並有生產之餘力。對於流亡者，則行安輯之策，以給復、給田、齎送、附籍、除積欠、寬禁捕之法，使其樂於歸鄉復業，或安心寄籍耕住。

凡此救濟之仁政，明廷皆知予以重視，致力推行。然而細察明時之社會，卻是一盛行權勢魚肉百姓之社會，不僅使政府救濟之功效無法全力發揮，且於平時亦深深影響百姓防災、備災、抗災之能力。不特地方有司私派橫征，使民不堪命。而縉紳居鄉者亦多倚勢，視細民爲弱肉，上下相護，民無所訴。故貴族多占奪民業，皇莊及諸王勳戚中官莊田爲數甚巨，有力地主亦屢欺隱民田，特別是中葉以後，魚鱗冊、黃冊之圖籍漸廢，兼併之風日熾，再將之出租於民，按時取償，不問豐歉，一意催索，尤其每値舊曆二、八之月，胥吏下鄉追徵夏稅、秋糧之時，豪強者即大斛倍收，百般漁斂，及至災荒之年，追徵更厲，明廷竟視爲當然，差役追呼敲扑，致小民疾苦，閭閻凋敝，僅求苟活，尙不可得，更遑論防災、備災、抗災之力矣。

百姓處此慘境，如政府救濟之策，行之得法，則百姓或仍有苟延殘喘之望。惜乎，隨著明代國勢之演變，權貴之掊克，百姓之困頓反而加劇，賦稅之徵收亦漸殷重。而更堪憂者，此時明代救濟之策，已漸露疲態矣。

先就其預防策觀之，重農之精神及至中葉已漸淡薄，不僅百姓多有遊惰，不務農事者，甚至連朝廷所遣勸農之官吏亦營幹別差，怠於職守。墾荒之策，則因忽於平均分配，多爲權勢所占，喪失墾田之本意，形成嚴重之田土問題。

預備倉法，因州縣管倉者，不得其人，土豪奸民盜用穀粟、捏作死絕逃亡人戶借用，虛寫簿籍爲照，使倉無顆粒之儲，且倉屋年久失修，頹廢不堪，致倉數減少，或蕩然無存。而水利之策，亦因天災之頻繁，濬治困難，以及地方有司之怠忽，日趨湮廢。

再論平時救濟之策，養濟院則因詭情匿跡之徒冒濫支給，有司疏於稽察勘實，使無告者無法霑濡實惠。而恤貧、養老、慈幼之政，及惠民藥局、義塚之設，更因地方官吏奉行不逮，徒存其名，空具虛文而已。

至於災荒時之救濟，其賑米、賑錢之法，因官吏之舞弊中飽，斂散不實，致受賑者反而是貪官污吏、土豪劣紳，災民卻不得其惠。移粟就民之法，因有司不敢主動奏請截留漕糧，而坐視百姓爲飢餓所困。平糶之法，亦因地方有司之抑制米價、遏糴，而使百姓不易得米。治蝗之弊，則在於所遣之官貪酷，害人不減於蝗，且督民不力，任其踐踏田禾，喪失捕蝗之美意。災民瀕於餓死之際，本尚望政府施粥，以活餘生，然而明代施粥之法，卻因常聚於一城，不知散布諸縣，以致四遠飢民，聞風併集，擠踏穢雜，秩序紛亂，給散困難，乃有不宜輕舉之論。

災荒後之救濟，其災蠲之法，則因檢踏報災程序之繁複，以及少數有司報災不實，使蠲免之功效無法落實。而有司對於復業者仍催納逋負，以及撫治流民之官吏未盡力行事，甚至反而遣人逐捕，使安輯之法頓失作用。

論述至此，吾人可知自古聖賢之君，非無水旱之患，惟有以仁政待之，則可不爲害，故救濟之策，不可不行。且救濟無奇策，惟賴任之以眞，任之以力，自有良法。惜乎，明廷及地方有司慮天下者，常圖其所難，而忽其所易；備其所可畏，而遺其所不疑，致其禍乃發於所忽之中，亂起於不疑之事。故至中葉以後，每當災荒之時，常奏荒不理，請贍不應，因災不恤，因飢不賑，而官司猶束於功令之嚴，催科甚急，使百姓抱恨而逃，流亡異地，終日爲飢餓所逼，人人思亂，不辭死路，鋌而走險，相聚爲盜，及至流寇一起，終成不可收拾之勢，而明代國運之衰亡，遂決定於斯矣。

引用書目

壹、史　料

1. 《稗史彙編》，明，王圻，一七五卷，筆記小說大觀三編第八冊，台北，新興書局影印，民國 62 年 4 月初版。
2. 《弇山堂別集》，明，王世貞，一〇〇卷，台北，台灣學生書局影印，民國 54 年 5 月初版。
3. 《明史稿》，清，王鴻緒，七冊，台北，文海出版社影印，民國 51 年初版。
4. 《通漕類編》，明，王在晉，九卷，台北，學生書局影印，民國 59 年 12 月初版。
5. 《震澤集》，明，王鏊，三六卷，文淵閣本，四庫全書珍本五集，台北，台灣商務印書館影印，民國 67 年初版。
6. 《大清世祖章（順治）皇帝實錄》，清，巴泰，一四四卷，台北，華文書局，民國 57 年 9 月再版。
7. 《明史竊》，明，尹守衡，一百五卷，台北，華世出版社，民國 67 年 4 月初版。
8. 《大明會典》，明，申時行，二二八卷，萬曆十五年司禮監刊本，台北，台灣商務印書館，民國 57 年 3 月初版。
9. 《大學衍義補》，明，丘濬，一六〇卷，文淵閣本，四庫全書珍本二集，台北，台灣商務印書館影印，民國 59 年初版。
10. 《西村集》，明，史鑑，八卷，文淵閣本，四庫全書珍本三集，台北，台灣商務印書館影印，民國 60 年初版。
11. 《徽州府賦役全書》，明，田生金，不分卷，台北，學生書局影印，民國

59 年 12 月初版。

12. 《御製大誥》，明，朱元璋，開國文獻第一冊，台北，學生書局影印，民國 55 年 3 月初版。
13. 《御製大誥續編》，明，朱元璋，開國文獻第一冊，台北，學生書局影印，民國 55 年 3 月初版。
14. 《御製大誥三編》，明，朱元璋，開國文獻第一冊，台北，學生書局影印，民國 55 年 3 月初版。
15. 《埋憂集》，清，朱梅叔，一〇卷，筆記小說大觀正編第四冊，台北，新興書局影印，民國 49 年初版。
16. 《皇明史概》，明，朱國楨，一二〇卷，明崇禎間原刊本，國立中央圖書館公藏善本書。
17. 《古今治平略》，明，朱健，三三卷，明崇禎十二年原刊本墨批，國立中央圖書館公藏善本書。
18. 《江西賦役全書》，明，江西布政司，不分卷，明萬曆三十九年江西布政司刊本，台北，學生書局影印，民國 59 年 12 月初版。
19. 《紀錄彙編》，明，沈節甫，二一六卷，明萬曆刻本，台北，台灣商務印書館影印，民國 58 年 5 月台一版。
20. 《萬曆野獲編》，明，沈德符，三〇卷，筆記小說大觀十五編第六冊，台北，新興書局，民國 62 年 4 月初版。
21. 《皇明名臣言行錄》，明，沈雁魁，三四卷，明嘉靖三十二年刊本，國立中央圖書館公藏善本書。
22. 《通典》，唐，杜佑，二〇〇卷，台北，新興書局，民國 52 年 11 月初版。
23. 《名山藏》，明，何喬遠，二十冊，明崇禎十三年刊本影印，成文初版社，民國 61 年台一版。
24. 《典故紀聞》，明，余繼登，一八卷，百部叢書集成，畿輔叢書，台北，藝文印書館，民國 60 年初版。
25. 《大泌山房集》，明，李維楨，一三四卷，明萬曆金陵刊本，國立中央圖書館公藏善本書。
26. 《戒菴老人漫筆》，明，李詡，八卷，筆記小說大觀三三編第二冊，台北，新興書局印行，民國 71 年初版。
27. 《明一統志》，明，李賢，九〇卷，文淵閣本，四庫全書珍本七集，台北，台灣商務印書館影印，民國 65 年初版。
28. 《明典章》，佚名，不分卷，中央研究院歷史語言研究所傅斯年圖書館藏。
29. 《農桑輯要》，元，司農司，七卷，文淵閣本，四庫全書珍本別集，台北，台灣商務印書館，民國 64 年初版。

30. 《明史紀事本末》，明，谷應泰，八〇卷，點校本，台北，三民書局，民國 45 年 2 月初版。
31. 《林次厓先生集》，明，林希元，十八卷，明萬曆四十年李春開刊本，國立中央圖書館公藏善本書。
32. 《荒政叢言》，明，林希元，一卷，百部叢書集成，守山閣，荒政叢書，台北，藝文印書館，民國 56 年初版。
33. 《荒政議》，明，周孔教，一卷，百部叢書集成，守山閣，荒政叢書，台北，藝文印書館，民國 56 年初版。
34. 《明政統宗》，明，涂山，三〇卷，台北，成文初版社，民國 58 年台一版。
35. 《農政全書》，明，徐光啓，六〇卷，石聲漢（民國），農政全書校注，台北，明文書局，民國 70 年 9 月初版。
36. 《皇明經世文編》，明，徐孚遠，五〇八卷，明崇禎間刊本，台北，國聯圖書公司影印，民國 53 年 11 月初版。
37. 《國朝典彙》，明，徐學聚，二〇〇卷，台北，台灣學生書局影印，民國 54 年元月初版。
38. 《漢書》，東漢，班固，一〇〇卷，點校本，台北，鼎文書局，民國 67 年 4 月初版。
39. 《禹貢錐指》，清，胡渭，二〇卷，文淵閣四庫全書本。
40. 《備忘集》，明，海瑞，一〇卷，台北，學海初版社，民國 59 年 4 月初版。
41. 《康濟錄》，清，倪國璉，台北，陽明山莊，民國 40 年 2 月初版。
42. 《禮記集解》，清，孫希旦，三一卷，台北，台灣商務印書館，民國 57 年 3 月台一版。
43. 《明太祖實錄》，明，夏原吉，二五七卷，國立北平圖書館紅格鈔本，台北，國立中央研究院歷史語言研究所校勘影印，民國 57 年 2 月 2 二版。
44. 《明太宗實錄》，明，夏原吉，三七四卷，國立北平圖書館紅格鈔本，台北，國立中央研究院歷史語言研究所校勘影印，民國 57 年 6 月二版。
45. 《明仁宗實錄》，明，夏原吉，一〇卷，國立北平圖書館紅格鈔本，台北，國立中央研究院歷史語言研究所校勘影印，民國 57 年 2 月二版。
46. 《忠靖集》，明，夏原吉，文淵閣本，四庫全書珍本四集，台北，台灣商務印書館影印，民國 61 年初版。
47. 《新校明通鑑》，清，夏燮，九〇卷，點校本，台北，世界書局，民國 51 年 11 月初版。
48. 《灤陽消夏錄》，清，紀昀，六卷，筆記小說大觀三四編，台北，新興書局影印，民國 72 年初版。

49. 《況太守集》，明，況鍾，十七卷，清道光六年刊本，國立中央圖書館公藏善本書。

50. 《浙西水利書》，明，姚文灝，二卷，文淵閣本，四庫全書珍本三集，台北，台灣商務印書館影印，民國 60 年初版。

51. 《永樂大典》，明，姚廣孝，一百冊，明永樂三年至六年傳鈔本，台北，世界書局影印，民國 51 年 2 月初版。

52. 《荒政考》，明，屠隆，一卷，百部叢書集成，守山閣，荒政叢書，台北，藝文印書館，民國 56 年初版。

53. 《明英宗實錄》明，陳文，三六一卷，國立北平圖書館紅格鈔本，台北，國立中央研究院歷史語言研究所校勘影印，民國 57 年 2 月二版。

54. 《皇明世法錄》，明，陳仁錫，九二卷，台北，台灣學生書局影印，民國 54 年元月初版。

55. 《明詩紀事》，清，陳田，一八三卷，台北，鼎文書局，民國 60 年 9 月初版。

56. 《昭代經濟言》，明，陳子壯，十四卷，百部叢書集成之九三，嶺南遺書第六函，台北，藝文印書館，民國 57 年初版。

57. 《捕蝗考》，清，陳芳生，一卷，百部叢書集成，學海叢書，台北，藝文印書館，民國 56 年初版。

58. 《古今圖書集成》，清，陳夢雷，一○○○○卷，台北，鼎文書局，民國 66 年 4 月初版。

59. 《鐖亭外書》，明，陳龍正，九卷，明崇禎十六年刊本，國立中央圖書館公藏善本書。

60. 《煮粥條議》，明，陳繼儒，一卷，百部叢書集成，學海叢書，台北，藝文印書館，民國 56 年初版。

61. 《明史》清，張廷玉，三三二卷，台北，鼎文書局，民國 64 年 6 月台一版。

62. 《明世宗實錄》，明，張居正，五六六卷，國立北平圖書館紅格鈔本，台北，國立中央研究院歷史語言研究所校勘影印，民國 54 年 11 月初版。

63. 《明穆宗實錄》，明，張居正，七○卷，國立北平圖書館紅格鈔本，台北，國立中央研究院歷史語言研究所校勘影印，民國 54 年 11 月初版。

64. 《張太岳文集》，明，張居正，四七卷，萬曆年間刊本，中央研究院歷史語言研究所傅斯年圖書館藏。

65. 《張文忠公全集》，明，張居正，未分卷八冊，台北，台灣商務印書館，民國 57 年 12 月台一版。

66. 《三吳水考》，明，張內蘊，一〇卷，文淵閣本，四庫全書珍本三集，台北，台灣商務印書館影印，民國 60 年初版。
67. 《吳中水利全書》，明，張國維，二八卷，文淵閣本，四庫全書珍本一一集，台北，台灣商務印書館影印，民國 69 年初版。
68. 《明光宗實錄》，明，張維賢，八卷，國立北平圖書館紅格鈔本，台北，國立中央研究院歷史語言研究所校勘影印，民國 55 年 4 月初版。
69. 《救荒事宜》，明，張陛，一卷，百部叢書集成，學海叢書，台北，藝文印書館，民國 56 年初版。
70. 《皇明制書》，明，張鹵，二〇卷，明萬曆年間刊本，台北，成文初版社影印，民國 58 年初版。
71. 《陸桴亭先生遺書》，清，陸世儀，清光緒元年刊本。
72. 《玉堂叢語》，明，焦竑，八卷，筆記小說大觀三十三編第二冊，台北，新興書局影印，民國 71 年初版。
73. 《國朝獻徵錄》，明，焦竑，一二〇卷，台北，台灣學生書局影印，民國 54 年元月初版。
74. 《孟子正義》，清，焦循，十四卷，台北，台灣商務印書館，民國 57 年 3 月台一版。
75. 《皇明文衡》，明，程敏政，一〇〇卷，四部叢刊初編，台北，台灣商務印書館，民國 64 年初版。
76. 《續文獻通考》，清，清高宗，三五〇卷，台北，新興書局影印，民國 52 年 10 月台一版。
77. 《續通志》，清，清高宗，六四〇卷，台北，新興書局影印，民國 52 年 10 月台一版。
78. 《續通典》，清，清高宗，一五〇卷，台北，新興書局影印，民國 52 年 10 月台一版。
79. 《御選明臣奏議》，清，清高宗，二二卷，百部叢書集成，聚珍叢書，台北，藝文印書館，民國 61 年初版。
80. 《昭代典則》，明，黃光昇，三八卷，明萬曆庚子二十八年金陵周曰校刊本，國立中央圖書館公藏善本書。
81. 《明文海》，明，黃宗義，四八二卷，文淵閣本，四庫全書珍本七集，台北，台灣商務印書館影印，民國 67 年初版。
82. 《名臣經濟錄》，明，黃訓，五三卷，文淵閣本，四庫全書珍本三集，台北，台灣商務印書館影印，民國 60 年初版。
83. 《皇朝經世文編》，清，賀長齡，一二〇卷，台北，國風初版社，民國 52 年 7 月初版。

84. 《祐山雜說》，明，馮汝弼，百部叢書集成，寶顏堂秘笈，台北，藝文印書館影印，民國 57 年初版。

85. 《皇明經世實用編》，明，馮應京，二八卷，明萬曆間刊本，台北，成文初版社影印，民國 56 年 8 月台一版。

86. 《明神宗實錄》，明，溫體仁，五九六卷，國立北平圖書館紅格鈔本，台北，國立中央研究院歷史語言研究所校勘影印，民國 55 年 4 月初版。

87. 《明武宗實錄》，明，費宏，一九七卷，國立北平圖書館紅格鈔本，台北，國立中央研究院歷史語言研究所校勘影印，民國 53 年 4 月初版。

88. 《漕撫疏草》，明，褚鈇，存八卷，明萬曆二十五年刊本。

89. 《管子》，二四卷，國學基本叢書，台北，台灣商務印書館，民國 57 年 3 月台一版。

90. 《明書》，清，傅維麟，一七一卷，百部叢書集成，畿輔叢書，台北，藝文印書館影印，民國 55 年初版。

91. 《行水金鑑》清，傅澤洪，一七五卷，國學基本叢書，台北，台灣商務印書館，民國 57 年 12 月台一版。

92. 《皇明詔令》，明，傅鳳翔，一三四卷，據嘉靖版本影印，台北，成文初版社，民國 56 年 9 月台一版。

93. 《春明夢餘錄》，明，孫承澤，七〇卷，四庫全書珍本第六集，台北，台灣商務印書館影印，民國 64 年初版。

94. 《明宣宗實錄》，明，楊士奇，一一五卷，國立北平圖書館紅格鈔本，台北，國立中央研究院歷史語言研究所校勘影印，民國 57 年 2 月二版。

95. 《本朝（明）分省人物考》，明，過庭訓，一一五卷，天啓二年刊本，台北，成文初版社影印，民國 60 年元月台一版。

96. 《救荒備覽》，清，勞潼，四卷，附錄二卷，百部叢書集成，嶺南遺書，台北，藝文印書館影印，民國 56 年初版。

97. 《田家五行》，明，婁元禮，二卷，中央研究院歷史語言研究所傅斯年圖書館藏。

98. 《廿二史箚記》，清，趙翼，三六卷，台北，華世初版社，民國 66 年 9 月新一版。

99. 《經略熊先生全集》，明，熊廷弼，一一卷，明末廣陵汪修能重刊本，國立中央圖書館公藏善本書。

100. 《河防一覽》，明，潘季馴，一四卷，台北，文海初版社，民國 60 年初版。

101. 《潘司空奏疏》，明，潘季馴，六卷，文淵閣本，四庫全書珍本四集，台北，台灣商務印書館影印，民國 61 年初版。

102. 《河渠紀聞》，清，康基田，三一卷，台北，文海初版社，民國 59 年 9 月初版。

103. 《明憲宗實錄》，明，劉吉，二九七卷，國立北平圖書館紅格鈔本，台北，國立中央研究院歷史語言研究所校勘影印，民國 57 年 2 月二版。

104. 《兩谿文集》，明，劉球，二四卷，文淵閣本，四庫全書珍本一一集，台北，台灣商務印書館影印，民國 69 年初版。

105. 《問水集》，明，劉天和，六卷，台北，文海初版社影印，民國 59 年初版。

106. 《捕蝗集要》，清，俞森，一卷，百部叢書集成，守山閣，荒政叢書，台北，藝文印書館，民國 56 年初版。

107. 《常平倉考》，清，俞森，一卷，百部叢書集成，守山閣，荒政叢書，台北，藝文印書館，民國 56 年初版。

108. 《義倉考》，清，俞森，一卷，百部叢書集成，守山閣，荒政叢書，台北，藝文印書館，民國 56 年初版。

109. 《社倉考》，清，俞森，一卷，百部叢書集成，守山閣，荒政叢書，台北，藝文印書館，民國 56 年初版。

110. 《棗林雜俎》，明，談孺木，六卷，筆記小說大觀二十二編，台北，新興書局影印，民國 62 年 4 月初版。

111. 《國榷》，明，談遷，一○九卷，點校本，台北，鼎文書局，民國 67 年 7 月初版。

112. 《皇明詠化類編》，明，鄧球，一三六卷，明隆慶間刊本，台北，國風初版社影印，民國 54 年 4 月初版。

113. 《明會要》，清，龍文彬，八○卷，點校本，台北，世界書局，民國 52 年 4 月二版。

114. 《耳新》，明，鄭仲夔，筆記小說大觀一八編，台北，新興書局影印，民國 63 年初版。

115. 《五雜俎》，明，謝肇淛，一六卷，筆記小說大觀八編第六冊，台北，新興書局影印，民國 62 年 4 月初版。

116. 《賑豫紀略》，明，鍾化民，一卷，百部叢書集成，守山閣，荒政叢書，台北，藝文印書館，民國 56 年初版。

117. 《拙齋十議》，明，蕭良幹，一卷，百部叢書集成，涇川叢書，台北，藝文印書館，民國 56 年初版。

118. 《日知錄》，清，顧炎武，三○卷，《日知錄集釋》，清，黃汝成，台北，國泰文化事業有限公司，民國 69 年正月初版。

119. 《天下郡國利病書》，清，顧炎武，一二○卷，台北，台灣商務印書館，民國 65 年 6 月台二版。

120. 《顧亭林文集》，清，顧炎武，台北，新興書局，民國 45 年 2 月初版。

貳、地方志

1. 山東《武城縣志》，明，尤麒、陳露等纂輯，一○卷，明嘉靖二十八年刊本。
2. 河北《雄乘縣志》，明，王齊纂修，二卷，明嘉靖年間刊本。
3. 河南《開州志》，明，王崇慶纂輯，一○卷，明嘉靖十三年刊本。
4. 浙江《金華府志》，明，王懋德（明）等纂修，三○卷，明萬曆年間刊本。
5. 湖北《蘄州志》，明，甘澤纂輯，九卷，明嘉靖八年刊本。
6. 浙江《秀水縣志》，明，李培纂修，一○卷，明萬曆二十四年刊本。
7. 安徽《宿州志》，明，余鍧等纂修，八卷，明嘉靖十六年刊本。
8. 山東《莘縣志》，明吳宗器纂修，一○卷，明正德十年刊本。
9. 河南《尉氏縣志》，明，汪心等纂修，五卷，明嘉靖二十七年刊本。
10. 福建《安溪縣志》，明，汪瑀修，林有年纂，七卷，明嘉靖六年刊本。
11. 河南《光山縣志》，明，沈紹慶修，王家士纂，九卷，明嘉靖三十五年刊本。
12. 江西《九江府志》，明，何棐、馮曾等纂修，一六卷，明嘉靖六年刊本。
13. 江西《撫州府志》，明，呂傑等纂修，二八卷，明弘治年間刊本。
14. 山東《夏津縣志》，明，易時中纂修，二卷，明嘉靖十九年刊本。
15. 廣東《欽州志》，明，林希元纂輯，九卷，拾遺一卷，明嘉靖十八年刊本。
16. 江蘇《通州志》，明，林雲程修，沈明臣、陳大科等纂，八卷，明萬曆六年刊本。
17. 浙江《海鹽縣圖經》，明，胡震亨纂修，一六卷，明天啓二年刊本。
18. 《鳳書》，明，袁文新等纂修，八卷，明天啓元年刊本。
19. 浙江《黃巖縣志》，明，袁應祺纂修，七卷，明萬曆七年刊本。
20. 江西《建昌府志》，明，夏良勝等纂修，一九卷，明正德十二年刊本。
21. 安徽《天長縣志》，明，邵時敏修，王心纂，七卷，明嘉靖二十九年刊本。
22. 江西《東鄉縣志》，明，秦鎰修，饒文璧纂，二卷，明嘉靖七年刊本。
23. 《帝鄉紀略》，明，曾惟誠撰，一一卷，明萬曆二十七年刊本。
24. 福建《惠安縣志》，明，莫尚簡修，張岳纂，一三卷，明嘉靖二十四年刊本。
25. 河北《保定郡志》，明，章律修，張才纂，二五卷，明成化六年刊本。
26. 江西《徽州府志》，明，彭澤修，汪舜民纂，一二卷，明弘治年間刊本。

27. 河南《蘭陽縣志》明，褚宧修，李希程纂，一〇卷，明嘉靖二十四年刊本。
28. 江蘇《淮安府志》，明，陳艮山等纂修，一六卷，明正德十三年刊本。
29. 湖南《常德府志》，明，陳洪謨纂修，二〇卷，明嘉靖十四年刊本。
30. 浙江《杭州府志》，明，陳善等纂修，一〇〇卷，明萬曆七年刊本。
31. 江蘇《太倉州志》，明，張采等纂修，一五卷，明崇禎十五年刊本。
32. 河南《固始縣志》，明，張梯修，葛臣纂，一〇卷，明嘉靖二十一年刊本。
33. 《廣西通志》，明，楊芳撰，四二卷，明萬曆年間刊本。
34. 江蘇《鹽城縣志》，明，楊瑞雲等纂修，一〇卷，明萬曆十一年刊本。
35. 江蘇《崑山縣志》，明，楊逢春修，方鵬纂，一六卷，明嘉靖十七年刊本。
36. 廣東《惠州府志》，明，楊載鳴纂修，一六卷，明嘉靖三十五年刊本。
37. 江蘇《江陰縣志》，明，趙錦修，張袞纂，二一卷，明嘉靖二十七年刊本。
38. 河南《夏邑縣志》，明，鄭相修，黃虎臣等纂，八卷，明嘉靖二十七年刊本。
39. 福建《延平府志》，明，鄭慶雲等纂修，二三卷，明嘉靖四年刊本。
40. 安徽《青陽縣志》，明，蔡立身撰，六卷，明萬曆二十二年刊本。
41. 福建《龍溪縣志》，明，劉天授修，林魁等纂，八卷，明嘉靖十三年刊本。
42. 安徽《太和縣志》，明，劉芥、陳琯等纂修，七卷，明萬曆二年刊本。
43. 河北《河間府志》，明，樊深撰，二八卷，明嘉靖十九年刊本。
44. 福建《漳州府志》，明，謝彬等纂修，三三卷，明萬曆元年刊本。
45. 河北《隆慶志》，明，謝庭桂纂修，一〇卷，明嘉靖二十七年刊本。
46. 江蘇《嘉定縣志》，明，韓浚等纂修，二二卷，明萬曆三十三年刊本。
47. 《上海縣志》，明，顏洪範纂修，存五卷，明萬曆十年刊本。

參、工具書

1. 《中國近八十年明史論著目錄》，中國社會科學院歷史研究所明史研究室編，江蘇人民初版社，1981 年 2 月初版。
2. 《明史研究中文報刊論文專著分類索引》，吳智和編，編者印行，民國 55 年 6 月初版。
3. 《明史食貨志譯註》（上）（下），和田清編，東京，東洋文庫，1957 年初版。
4. 《東洋學文獻類目》，京都大學人文科學研究所附屬東洋學文獻セソタ，1964～1980 年度。

5. 《明人傳記資料索引》，國立中央圖書館編，台北，國立中央圖書館，民國54年元月初版。
6. 《明代史籍彙考》，傅吾康編，台北，宗青圖書初版公司印行，民國67年初版。

肆、一般論著

一、中　文

（一）專　書

1. 《中國土地制度史》，王文甲，台北，正中書局，民國63年4月台五版，492頁。
2. 《中國地理》（上）（下），王益厓，台北，正中書局，民國59年5月台三版，789頁。
3. 《宋代災荒的救濟政策》，王德毅，台北，中國學術著作獎助委員會，民國59年5月初版，202頁。
4. 《中國氣候總論》，正中書局編審委員會編，台北，正中書局，民國43年初版，295頁。
5. 《黃河通考》，申丙，台北，中華叢書編審委員會，民國49年5月初版，483頁。
6. 《中國經濟史論叢》，全漢昇，香港，新亞研究所，1972年8月初版，815頁。
7. 《普通地質學》，何春蓀，台北，國立編譯館主編，民國70年3月初版，630頁。
8. 《光緒初年（1876～1879）華北的大旱災》，何漢威，香港中文大學中國文化研究所專刊（二），164頁。
9. 《長江通考》，宋希尚，台北，中華叢書編審委員會，民國52年7月初版，275頁。
10. 《中國河川志》（一）（二），宋希尚，台北，中華文化初版事業委員會，民國44年11月二版，274頁。
11. 《歷代治水文獻》，宋希尚，台北，中華文化初版事業委員會，民國43年6月初版，177頁。
12. 《旭林存稿》，杜聯喆，台北，藝文印書館，民國67年2月初版，369頁。
13. 《明人自傳文鈔》，杜聯喆，台北，藝文印書館，民國66年元月初版，422頁。

14. 《古今治河圖說》，吳君勉，台北，文海初版社，民國 59 年初版，208 頁。
15. 《明代奴僕之研究》，吳振漢，國立台灣大學歷史研究所 71 年度碩士畢業論文，303 頁。
16. 《明代海運及運河的研究》，吳師緝華，台北，中央研究所歷史語言研究所專刊之四十三，民國 50 年 4 月初版，348 頁。
17. 《明代社會經濟史論叢》（上）（下），吳師緝華，台北，著者自印，民國 59 年，452 頁。
18. 《明代政治制度史論叢》（上）（下），吳師緝華，台北，著者自印，民國 64 年，478 頁。
19. 《中國糧倉制度概論》，曲直生，台北，中央文物供應社，民國 43 年 2 月初版，108 頁。
20. 《中華農業史》，沈宗瀚、趙雅書，台北，台灣商務印書館，民國 68 年 3 月初版，580 頁。
21. 《宋元明經濟史稿》，李劍農，台北，華世初版社，民國 70 年 12 月台一版，292 頁。
22. 《晚明流寇》，李文治，台北，食貨初版社，民國 72 年 8 月初版，272 頁。
23. 《明季流寇始末》，李光濤，台北，中央研究所歷史語言研究所專刊之五十一，民國 54 年 3 月初版，160 頁。
24. 《黃河變遷史》，岑仲勉，台北，里仁書局，民國 71 年 1 月初版，786 頁。
25. 《明代社會經濟史論集》（一）（二）（三），周康燮，香港，崇文書店，1975 年 10 月，220 頁、344 頁、373 頁。
26. 《中國民食史》，郎擎霄，台北，台灣商務印書館，民國 59 年 12 月台一版，240 頁。
27. 《中國歷代民食政策史》，馮柳堂，上海，商務印書館，民國 23 年 2 月初版，300 頁。
28. 《明代黃冊制度》，韋慶遠，北平，中華書局，1961 年 12 月初版，253 頁。
29. 《中國之自然環境》，張師其昀，台北，中華文化初版事業委員會初版，民國 45 年 1 月 2 版，205 頁。
30. 《明代災荒及其救濟之研究》，張煥卿，國立政治大學政治研究所 55 年度碩士畢業論文，462 頁。
31. 《中國文化地理》，陳正祥，台北，木鐸初版社，民國 71 年 7 月初版，290 頁。

32. 《中國土地制度》，陳登元，上海，商務印書館，民國 24 年 6 月初版，443 頁。
33. 《明清史講義》，孟森，台北，里仁書局，民國 71 年 9 月初版，747 頁。
34. 《明代經濟》，孫媛貞等，台北，學生書局，民國 57 年 7 月初版，268 頁。
35. 《中國水利史》，鄭肇經，台北，台灣商務印書館，民國 65 年 3 月台三版，345 頁。
36. 《明代倉儲之研究》，黃眞眞，私立東海大學歷史研究所 72 年度碩士畢業論文，195 頁。
37. 《中國救荒史》，鄧雲特，台北，台灣商務印書館，民國 67 年 7 月台三版，509 頁。
38. 《中國社會之史的分析》，陶希聖，台北，食貨初版社，民國 68 年 4 月初版，155 頁。
39. 《中國氣象學史》，劉昭民，台北，台灣商務印書館，民國 69 年 9 月初版，334 頁。
40. 《中國歷史上氣候之變遷》，劉昭民，台北，台灣商務印書館，民國 71 年 3 月初版，259 頁。
41. 《明代南直隸賦役制度的研究》，賴惠敏，台北，國立台灣大學初版委員會，民國 72 年 6 月初版，201 頁。
42. 《國史探微》，楊聯陞，台北，聯經初版社，民國 72 年 3 月初版，391 頁。
43. 《明代的貴族莊田》，蔣孝瑀，台北，嘉新水泥公司文化基金會初版，民國 58 年 6 月初版，95 頁。
44. 《中國土地制度史》，趙岡、陳鍾毅，台北，聯經初版事業公司，民國 71 年，433 頁。
45. 《中國的地理基礎》，薛貽源，台北，開明書局，民國 62 年 12 月台二版，122 頁。
46. 《中國天災問題》，黃澤倉，上海，商務印書館，民國 24 年初版，105 頁。
47. 《中國社會政治史》（四），薩孟武，台北，三民書局，民國 64 年 10 月初版，493 頁。
48. 《明成化年間荊襄地區的流民變亂》，藍宏，國立師範大學歷史研究所 66 年度碩士畢業論文，200 頁。
49. 《中國歷代户口田地田賦統計》，梁方仲，上海，人民初版社，1980 年初版，558 頁。

（二）論　文

1. 〈中國古代農荒預防策〉（上）（下），于樹德，《東方雜誌》第一八卷 14、15 號，頁 18～30、17～33。
2. 〈明代户口的消長〉，王崇武，《燕京學報》第二十期，民國 25 年，頁 331～373。
3. 〈明代北邊米糧價格的變動〉，全漢昇，《中國經濟史研究》，1978 年，頁 261～308。
4. 〈宋明間白銀購買力的變動及其原因〉，全漢昇，《新亞學報》第八卷第一期，1967，頁 157～186。
5. 〈論明史食貨志載太祖遷怒與蘇松重賦〉，吳師緝華，《明代社會經濟史論叢》上冊，民國 59 年 9 月，頁 17～32。
6. 〈明代劉大夏的治河與黃河改道〉，吳師緝華，《明代社會經濟史論叢》下冊，民國 59 年 9 月，頁 380～399。
7. 〈黃河在明代改道前夕河決張秋的年代〉，吳師緝華，《明代社會經濟史論叢》下冊，民國 59 年 9 月，頁 363～380。
8. 〈明代的海陸兼運及運河的濬通〉，吳師緝華，《明代社會經濟史論叢》上冊，民國 59 年 9 月，頁 174～235。
9. 〈明代賦稅項目之增減問題〉，吳師緝華，《食貨月刊》，復刊二卷四期，民國 61 年 7 月，頁 1～6。
10. 〈論明代稅糧重心之地域及其重稅之由來〉，吳師緝華，《中央研究所歷史語言研究所集》，第三十八本，民國 57 年，頁 351～374。
11. 〈論明代前期稅糧重心之減稅背景及影響〉，吳師緝華，《中央研究所歷史語言研究所集》，第三十九本，下冊，民國 58 年 10 月，頁 95～124。
12. 〈論祈雨禁屠與旱災〉，竺可楨（竺藕舫），《東方雜誌》第二十三卷第十三號，頁 15～18。
13. 〈中國近五千年來氣候變遷的初步研究〉，竺可楨，《考古學報》第一期，1972 年，頁 16～38。
14. 〈中國歷史上之旱災〉，竺藕舫（竺可楨），《史地學報》第三卷第六期，頁 47～52。
15. 〈明洪武年間的人口移徙〉，徐泓，《中央研究院三民主義研究所叢刊》（八），頁 235～296。
16. 〈宋代平時的社會救濟行政〉，徐益棠，《中國文化研究彙刊》第五期，頁 33～47。
17. 〈明代土地整理之考察〉，許宏烋，《食貨月刊》，三卷十期，頁 28～50。
18. 〈中國地形氣候與水利〉，許逸超，《貴大學報》第一期文史號，頁 124

～134。
19. 〈方志的地理學價值〉，陳正祥，《中國文化地理》，民國 71 年 7 月，頁 23～58。
20. 〈明代户口田地及田賦統計〉，梁方仲，《中國經濟發展史論文選集》(下)，聯經初版事業公司，民國 69 年 7 月，頁 941～995。
21. 〈明太祖的地方控制與里甲制〉，張哲郎，《食貨月刊》，復刊十一卷一期，民國 70 年 4 月，頁 3～18。
22. 〈明代對於農民的征斂〉，張錫綸，《大公報史地周刊》第九八期，民國 25 年 8 月 14 日。
23. 〈明代户口逃亡與田土荒廢舉例〉，張錫綸，《食貨月刊》三卷二期，頁 50～53。
24. 〈明末農民暴動之社會背景〉，楊廷賢，《食貨》五卷八期，頁 18～28。
25. 〈李自成叛亂史略〉，趙宗復，《史學年報》第二卷第四期，頁 127～157。
26. 〈中國地震區分布簡説〉，翁文灝，《東方雜誌》第二十一卷第四號，頁 144～151。
27. 〈明代災荒救濟政策之研究——災後賑濟政策〉，顏杏眞，《華學月刊》第一四二期，頁 14～24。
28. 〈明代災荒救濟政策之研究——租稅蠲免政策〉，顏杏眞，《華學月刊》第一四四期，頁 23～34。
29. 〈明代災荒救濟政策之研究——捐納政策〉，顏杏眞，《華學月刊》第一四七期，頁 40～49。
30. 〈明代江南地區水利事業之研究〉，蔡泰彬，《明史研究專刊》第五期，民國 71 年 12 月，頁 125～164。
31. 〈清代水旱災之週期研究〉，謝義炳，《氣象學報》第十七卷第 1、2、3 合期，頁 67～74。
32. 〈明大誥與明初之政治社會〉，鄧嗣禹，《燕京學報》第二十期，頁 455～483。
33. 〈水利與水害〉，錢穆，《禹貢半月刊》第一期、第四期，頁 1～8，1～7。
34. 〈明代莊田考略〉，萬國鼎，《金陵學報》三卷二期，民國 22 年，頁 295～310。

二、日 文

(一) 專 書

1. 《中國封建國家の支配構造——明清賦役制度史の研究》，川勝守，東京，東京大學初版會，1980 年 2 月初版，716 頁。

2. 《明代徭役制度の展開》，山根幸夫，東京女子大學學會，1966年3月，219頁。

3. 《中國食貨志考》，市古尚三，東京，東華書院，1970年10月初版，483頁。

4. 《明代漕運の研究》，星斌夫，東京，學術振興社，1963年初版，517頁。

5. 《明代土地制度史》，清水泰次，東京，大安株式會社，1968年11月初版，592頁。

6. 《明代江南農村社會の研究》，濱島敦俊，東京，東京大學初版會，1982年2月，643頁。

（二）論　文

1. 〈明代糧長について－特に前半期の江南デルタ地帶を中心として〉，小山正明，《東洋史研究》，二七卷四號，1969年4月，頁24～68。

2. 〈明代における北邊の米價問題について〉，寺田隆信，《東洋史研究》第二六卷第二號，1967年2月，頁48～70。

3. 〈明の嘉靖前後に於ける賦役改革について〉，岩見宏，《東洋史研究》十卷五號，1949年5月，頁1～25。

4. 〈明初江南の官田について——蘇州、松江二府におけるの具體像〉，森正夫，《東洋史研究》十九卷三號、四號，1960年12月、1961年3月，頁1～22、1～18。

5. 〈十六世紀太湖周邊地帶における官田制度の改革〉，森正夫，《東洋史研究》二十一卷四號、二十二卷一號，1963年3月、1963年7月，頁58～92、67～87。

6. 〈明代の養濟院について〉，星斌夫，《星博士退官記念中國史論集》，1978年1月，頁131～150。

7. 〈明代の豫備倉と社倉〉，星斌夫，《東洋史研究》第十八卷二號，1959年，頁1～21。

8. 〈明初の漕運について〉（上、下、完），星斌夫，《史學雜誌》第四八卷五號、六號，1937年，頁1～54、50～98。

9. 〈明初の田賦につきて〉，清水泰次，《東洋學報》第十一卷三期，頁425～444。

10. 〈明代之漕運〉，清水泰次，王崇武譯《明代經濟》，民國57年，台北，學生書局，頁165～187。

11. 〈明初に於ける臨濠地方徙民について〉，清水泰次，《史學雜誌》第五三卷一號，1942年，頁1～40。

12. 〈明代の税、役と詭寄〉（上）（下），清水泰次，《東洋學報》第十七卷

三、四號，1929 年，頁 386～410、498～532。

13. 〈明代の救濟制度〉，清水泰次，《經濟論叢》第十二卷四號，1921 年，頁 150～160。
14. 〈明代の田地面積について〉，《史學雜誌》三二編七號，頁 523～540。
15. 〈明代田土的估計〉，清水泰次，張錫綸譯，《食貨》第三卷第十期，頁 507～508。
16. 〈明初祿田の性質〉，清水泰次，《加藤博士還曆紀念東洋史集說》，東京，富山房，1942 年，頁 341～361。
17. 〈明代莊田考〉，清水泰次，《東洋學報》一六卷三、四期，1927 年，頁 423～451。
18. 〈明代の流民と流賊〉（一）（二），清水泰次，《史學雜誌》四六編二、三號，頁 48～86，74～110。
19. 〈明代に於ける戶口の移動現象に就いて〉（上）（下），橫田整三，《東洋學報》二六卷一、二號，頁 121～164，292～313。
20. 〈姚文灝登場の背景〉，濱島敦俊，《佐藤博士還曆記念中國水利史論集》，頁 249～265。
21. 〈明代田土統計に關まる一考察〉（一）（二）（三），藤井宏，《東洋學報》三○卷三、四期，三一卷一期，頁 386～419、506～533、97～134。

三、英文

（一）專　書

1. Chi-yun Chang, *Climate and Man in China*, Taipei, China Culture Publishing Foundation, 1953, 74 p. p.
2. Ping-ti Ho, *Studies on the Population of China, 1368～1953*, Cambridge: Harvard University Press, 1959, 333 p. p.
3. Ray Huang, *Taxation and Governmental Finance in Sixteeth-Century Ming China*, New York, Cambridge University Press, 1974, 385 p. p.
4. Walter H. Mallory, *China: Land of Famine Special Publication*, No6, New York: American Geographical Society, 1926, 224 p. p.

（二）論　文

1. Co-ching Chu, "The Aridity of North China," in Pacific Affairs, Vol. , V III, No. 2 June 1955, p. p. 211～215.